高职高专"十三五"规划教材

工程力学

第二版

樊爱珍　主　编
翟芳婷　副主编

化学工业出版社
·北京·

内容简介

本教材是以高职培养目标及教育部最新颁布的专业教学标准为指导思想，根据教育部关于高职高专基础课程教学和高职高专人才培养方案、课程体系和课程标准等相关的要求，以培养学生受力分析能力和解决工程实际问题能力为主线，以"必须、够用"为度的原则进行编写的。

教材以构件承载能力分析为主线，展开与之密切相关的静力平衡、内力、应力、强度和刚度等课程内容，形成课程体系。全书分为两部分：第一部分为静力学，包括静力学分析基础和基本研究方法，主要介绍对工程构件的力学建模、受力分析和平衡问题求解；第二部分为材料力学，主要介绍构件变形形式以及承载能力（强度、刚度和稳定性问题）的研究。

本书的课后习题有配套的习题过程详解，可登录 www.cipedu.com.cn 免费下载。

本书可作为高职高专院校工科各专业、成人高校机电类基础力学课程教材，也可作为本科院校理工科学生的辅助工具，以及初级、中级工程技术人员的参考资料。

图书在版编目(CIP)数据

工程力学/樊爱珍主编. —2版. —北京：化学工业出版社，2020.10
ISBN 978-7-122-37409-7

Ⅰ.①工… Ⅱ.①樊… Ⅲ.①工程力学-高等职业教育-教材 Ⅳ.①TB12

中国版本图书馆CIP数据核字（2020）第129555号

责任编辑：蔡洪伟　　　　　　　　　　　文字编辑：林　丹　郭　伟
责任校对：王佳伟　　　　　　　　　　　装帧设计：史利平

出版发行：化学工业出版社（北京市东城区青年湖南街13号　邮政编码100011）
印　　刷：三河市航远印刷有限公司
装　　订：三河市宇新装订厂
787mm×1092mm　1/16　印张14½　字数365千字　2020年10月北京第2版第1次印刷

购书咨询：010-64518888　　　　　　　　售后服务：010-64518899
网　　址：http://www.cip.com.cn
凡购买本书，如有缺损质量问题，本社销售中心负责调换。

定　　价：39.00元　　　　　　　　　　　　　　　　　　版权所有　违者必究

第二版前言

为适应我国高职高专教育的大力发展和改革，考虑到教育部关于高职高专基础课程教学和高职高专人才培养目标的基本要求，我们根据多年来的教学经验，汲取了各高职院校近年来力学课程改革的成功案例，渗透课程思政元素，以学生为主体，突出学生综合能力培养，以应用为重点，以适应社会力学技术的发展为目标编写了这本书。

本书按照机械大类工程力学编写大纲的要求，结合了高职高专学生的特点，考虑到知识的完整性和专业的拓展需求，在内容设计上既有普遍性，又有针对性，删去了以往教材中过多的理论推导和数学计算，更加注重基本概念、基本原理和基本方法的阐述和应用。为适应多样化高职生源和高层次发展，机械、材料及数控等专业可根据专业需求取舍，每一章节中选择的典型工程案例不一定全部讲授，教师可以根据实际情况做一些必要的取舍。同时，教材配套建设的教学微视频、动画、微课等信息化资源以二维码的形式链接在教材中。通过手机扫描二维码，可以直接观看学习。与教材配套的《工程力学》在线课程被评为陕西省职业教育在线精品课程。

本书特色如下：

（1）加强了力学建模和力学的工程实用性；
（2）将思想政治教育内容与专业知识技能教育内容有机融合；
（3）突出以构件的承载能力为主线的学习思路；
（4）教材采用新形态一体化形式编写；
（5）本书有配套的习题过程详解，可登录www.cipedu.com.cn免费下载。

参加本教材第一版编写工作的有：陕西工业职业技术学院樊爱珍（第一、二、三、六、八、十章），乔琳（第四、九章），翟芳婷（第五、七章）。

参加本教材第二版编写的有：陕西工业职业技术学院樊爱珍（第一、二、三、七章），西安航空学院杨晓龙（第九、十章），西安航空职业技术学院张晓军（第四、五、六、八章）。由樊爱珍统稿。

本书由樊爱珍担任主编，翟芳婷担任副主编。

本书承蒙河南工业职业技术学院杜建根教授和陕西工业职业技术学院张翠花教授担任主审，他们提出了很好的意见和建议，在此表示感谢！

本书在编写过程中还得到了杨兵兵教授和张娟老师的热情帮助，在此一并表示感谢。

尽管本书在体系、篇幅、内容上进行了大量的探索，但限于编者水平，书中疏漏、欠妥之处在所难免，恳请广大教师和读者批评指正。

编 者
2020年9月

目　录

绪论 ·· 1

静　力　学

第一章　静力学分析基础 ·· 6
　　第一节　静力学基础 ·· 7
　　第二节　约束与约束力 ·· 11
　　第三节　物体的受力图 ·· 15
　　本章小结 ·· 19
　　思考题 ·· 20
　　习题 ·· 21

第二章　平面力系 ·· 25
　　第一节　力的投影 ·· 26
　　第二节　平面汇交力系的合成与平衡 ·· 27
　　第三节　力矩和力偶 ·· 31
　　第四节　平面力偶系的合成与平衡 ··· 36
　　第五节　平面任意力系的合成与平衡 ·· 38
　　第六节　固定端和均布载荷 ··· 45
　　第七节　物体系统的平衡 ·· 47
　　第八节　考虑摩擦时物体的平衡问题 ·· 50
　　本章小结 ·· 55
　　思考题 ·· 56
　　习题 ·· 59

第三章　空间力系 ········· 67
第一节　空间力的投影和空间力对坐标轴的矩 ········· 68
第二节　空间任意力系的平衡条件的应用 ········· 71
第三节　重心和形心 ········· 76
本章小结 ········· 81
思考题 ········· 81
习题 ········· 82

材料力学

第四章　轴向拉伸和压缩 ········· 90
第一节　轴向拉（压）的实例分析 ········· 91
第二节　轴力与轴力图 ········· 91
第三节　轴向拉（压）杆横截面上的应力 ········· 93
第四节　轴向拉（压）杆的变形 ········· 97
第五节　材料拉（压）的力学性能 ········· 101
第六节　许用应力和强度准则 ········· 106
第七节　应力集中与轴向拉（压）静不定问题 ········· 106
本章小结 ········· 109
思考题 ········· 110
习题 ········· 111

第五章　剪切和挤压 ········· 115
第一节　剪切和挤压的实例分析 ········· 116
第二节　剪切和挤压的强度计算 ········· 117
第三节　剪切胡克定律 ········· 121
本章小结 ········· 122
思考题 ········· 123
习题 ········· 123

第六章　圆轴扭转 ········· 125
第一节　圆轴扭转的实例分析 ········· 126
第二节　扭矩和扭矩图 ········· 127

	第三节　圆轴扭转时横截面上的应力和强度计算	129
	第四节　圆轴扭转时的变形和刚度计算	133
	本章小结	136
	思考题	137
	习题	138

第七章　直梁弯曲 …… 141

  第一节　平面弯曲的实例分析 …… 142
  第二节　剪力和弯矩 …… 143
  第三节　剪力图和弯矩图 …… 145
  第四节　梁弯曲时横截面上的应力和强度 …… 151
  第五节　组合截面的惯性矩 …… 154
  第六节　提高梁抗弯强度的主要措施 …… 161
  第七节　弯曲切应力概念 …… 163
  第八节　弯曲的变形和刚度计算 …… 164
  第九节　弯曲静不定梁的平衡 …… 170
  本章小结 …… 171
  思考题 …… 172
  习题 …… 174

第八章　组合变形 …… 179

  第一节　组合变形简介 …… 180
  第二节　拉伸（压缩）与弯曲组合变形 …… 181
  第三节　强度理论简介 …… 184
  第四节　弯曲与扭转组合变形 …… 191
  本章小结 …… 196
  思考题 …… 197
  习题 …… 198

第九章　压杆稳定性 …… 201

  第一节　压杆稳定的实例分析 …… 202
  第二节　压杆的临界应力 …… 203
  第三节　压杆的稳定性计算 …… 206
  本章小结 …… 208
  思考题 …… 209

习题 ··· 210

第十章　交变应力和疲劳破坏 ·· 212

　　第一节　交变应力与循环特性 ·· 212
　　第二节　疲劳破坏与持久极限 ·· 214
　　第三节　构件的持久极限与疲劳强度计算 ···························· 215
　　本章小结 ··· 217
　　思考题 ··· 217

附录　型钢表 ·· 219

参考文献 ··· 223

二维码资源目录

序号	标题	资源类型	页码
1	职业责任感	ppt	2
2	绝对性与相对性	ppt	7
3	例题详解	ppt	16
4	杆件的受力图	ppt	18
5	动画：曲柄滑块机构	动画	26
6	力的投影	ppt	26
7	平面汇交力系的平衡	ppt	29
8	严肃认真的态度	ppt	29
9	力矩	ppt	31
10	空间力的投影	ppt	68
11	空间力对轴之矩	ppt	69
12	普遍性与特殊性	ppt	73
13	求解未知力	ppt	73
14	材料力学概述	ppt	88
15	动画：拉压概念	动画	91
16	量变与质变	ppt	106
17	动画：铆钉受力变形	动画	116
18	视频：键的设计	视频	117
19	强与弱	ppt	118
20	动画：扭转	动画	126
21	安全与经济	ppt	131
22	主要矛盾与次要矛盾	ppt	142
23	梁在集中力作用下的内力	ppt	143
24	梁在集中力作用下的内力图	ppt	146
25	组合截面的惯性矩	ppt	154
26	梁弯曲变形的强度	ppt	156
27	钻床立柱直径	ppt	182
28	团队协作精神	ppt	184
29	强度理论	ppt	189
30	弯扭组合变形强度计算	ppt	197
31	动画：稳定性	动画	202
32	大国工匠精神	ppt	206
33	动画：交变应力	动画	212
34	稳中求发展	ppt	213

绪 论

工程力学是工科院校机械大类专业必修的一门重要的技术基础课程。它以高等数学、普通物理为基础,为有关后续课程的学习和相关岗位的工作打基础。其主要研究工程机械和工程结构中构件的受力、平衡、变形,构件的强度、刚度和稳定性计算,为解决工程设计和使用过程中的实际问题提供基本的力学理论知识和实用的计算方法。

一、工程力学的研究对象和任务

1. 研究对象

各种各样的工程机械或工程结构都由许多不同的构件所组成。常见的构件类型有四种——杆、板、块、壳,我们主要研究杆系结构。当机械或工程结构工作时,这些构件都将受到力的作用,运用工程力学的基础知识有助于解决机械或工程结构的设计、制造以及使用等。因此,工程力学的研究对象是工程实际中的各种机械或工程结构。由于工程实际构件比较复杂,为研究方便,我们常常略去次要因素,画出构件的计算简图,这个过程就是建立力学模型的过程,计算简图称为力学模型。

2. 任务

本书的主要内容有两个。一是静力学,当机械或工程结构工作时,这些构件都将受到力的作用,主要研究构件的平衡规律,讨论其静力分析的基本理论、各种力系作用下的平衡条件及其在工程上的应用。二是材料力学,为保证机械或工程结构的安全,每一个构件都应有足够的能力,担负起所应承受的载荷。主要研究构件在保证正常工作条件下的强度、刚度和稳定性的基本概念和计算公式。

工程力学的任务是:为简单机械或工程结构的静力分析,强度、刚度和稳定性问题提供最基本的力学理论基础和计算方法。

构件因外力作用而产生的变形量远远小于其原始尺寸时,就属于微小变形的情况。工程力学所研究的问题大部分只限于这种情况。这样在研究平衡问题时,就可忽略构件的变形,看成是刚体,按其原始尺寸进行分析,使计算得以简化。必须指出,对构件作强度、刚度和稳定性研究以及对大变形平衡问题分析时就不能忽略构件的变形。

3. 构件变形的基本形式

在外力作用下,构件会发生不同的变形。根据受力的不同,变形分为基本变形和组合变形。

基本变形主要包括四种：轴向拉压变形、剪切和挤压变形、圆轴扭转变形和直梁弯曲变形。

组合变形主要包括：拉伸和弯曲组合变形以及弯曲和扭转组合变形等。

二、工程力学的研究方法

（1）找研究对象。观察分析生活和工程实践中的各种受力现象，确定要研究的对象。

（2）建立力学模型。这一步包括对研究对象性能的研究以及对真实情况的理想化和简化，即力学建模。

（3）根据物体所处的状态，建立相应方程或其他表达式。

（4）求解方程或其他表达式。

分析构件的受力情况，就需要了解力的基本性质和力系的简化方法，掌握建立力学模型的技能和构件平衡应满足的必要和充分条件，掌握构件的运动规律和运动状态变化与其上作用力之间的关系。构件由于受力作用，在工作时还可能产生破坏或过大的变形，以致构件不能正常工作。为了保证机械及其构件具有足够的承载能力，就要根据构件受力情况，选择合适的材料和合理的截面尺寸以使构件安全可靠地工作。

三、学习工程力学的注意事项

工程力学是一门理论性、方法性、应用性都很强的学科，研究的工程实际问题具有普遍性、复杂性、多变性，是观察—实验—分析—计算的过程。所以应注意以下事项。

注重培养辩证唯物主义世界观。研究实际中机构或机器中构件问题的复杂多样，需要对同一个研究对象，为了不同的研究目的，进行多次实验，反复观察，仔细分析，抓住问题的主要因素，略去次要因素，做出正确的假设，把机器或机构中的实际物体抽象为力学模型。这就要求我们要增强大局意识、团结共事，构建和谐社会。

始终保持严肃认真的态度。学习静力学的过程是绘制受力图，建立坐标系，到列平衡方程计算解出结果，这个过程说明平衡问题的计算一直要求我们要正确分析物体的受力，严格按照平衡条件写出相应的平衡方程，认真对待公式中繁杂的每一个数字。在我们的生活和学习中，应该遵循客观规律，按照规章制度办事，遵纪守法，以法治推动和保障"法治中国梦"的实现。

强化工程安全意识，培养职业责任感。在进行平衡问题计算、承载能力求解的教学过程中会遇到准则、理论，应强调这些标准、准则的严谨和威严。工程中的事故屡见不鲜，比如加拿大魁北克大桥历经两次倒塌。1907年第一次由于设计的跨度过度增大，引起桥梁在建筑过程中因自重作用发生下弦杆突然压溃导致的桥梁坍塌，重新建造后第二次在吊装预制桥梁中央段时，大桥再次倒塌，所以必须具有高度的责任感去设计安全、牢固和有用的结构。

职业责任感

注重发展现代设计理念，培养创新精神。随着力学研究的蓬勃发展，创立了许多新的理论，同时也解决了工程技术中大量的关键性问题，如航空工程中的声障问题和航天工程中的热障问题等。所以在应用强度准则、刚度准则设计工程构件过程中必须强化现代设计理念，培养学习者的创新意识、创新能力和创新技能。

增强民族自豪感，培养学生大国"工匠精神"。力学在建造桥梁上广泛应用。隋朝赵州桥坚固美观，它的原料是石头里面的金刚石，独特的设计，可以减轻桥身15%的自身重力；南京长江大桥是我国自主设计创建的公铁两用双层式桥梁，桥梁结构钢生产全部实现国产化,首次使用高强度螺栓代替铆钉,桥梁跨越了"天堑"。学生应从现在开始掌握更多知识,提高自己的实力,树立为国奉献精神。

魁北克大桥　　　　　　　　　赵州桥

四、工程力学的学习目的

（1）为后续专业课学习提供必要的理论基础和分析计算方法。工程力学是机械类高职高专的一门重要的技术基础课,在基础课和专业课之间起桥梁作用,在工科各专业的教学计划中有重要的地位。

（2）工程力学为解决工程实际问题,培养高等技能型人才打下一定的理论基础。有些简单的工程实际问题可以直接应用工程力学的基本理论去解决,有些比较复杂的工程实际问题,就需要用工程力学基本理论和计算与其他知识共同解决。

（3）工程力学为其他科学领域提供一定的理论和计算基础。工程力学研究工程中最普遍、最基本的规律。它是很多工程专业课程（如机械原理、机械零件、结构力学、飞行力学、振动力学、断裂力学以及其他课程等）的重要基础,同时随着现代科学技术的发展,力学的研究内容已渗入到其他科学领域。

（4）工程力学有助于培养学习者正确的世界观和方法论。工程力学的研究是从实践中来、到实践中去,遵循客观规律,有助于培养学生的辩证唯物主义世界观以及正确分析问题和解决问题的能力,培养学生的观察力、想象力和创新能力,求实创新,爱国敬业,不忘初心,培养"大国工匠精神",为培养社会主义接班人打下坚实的基础。

静力学

第一章 静力学分析基础 /6

第二章 平面力系 /25

第三章 空间力系 /67

第一章 静力学分析基础

本章主要介绍静力学的基本概念、基本公理、约束和构件力学模型的建立以及构件受力图的画法。因为一般情况下，工程上的结构构件和机械零件的变形都是很微小的，这种微小的变形对结构构件和机械零件的受力平衡没有实质性的影响，所以静力学所研究的物体均看成是刚体。

知识目标

1. 了解力的概念及基本公理；
2. 认知刚体与变形体；
3. 理解掌握工程中约束与约束力；
4. 掌握结构中构件受力分析的方法和步骤。

能力目标

1. 能恰当选取研究对象，建立力学模型；
2. 正确判断和绘制二力构件的受力图；
3. 能掌握物体系统的受力分析方法。

素质目标

1. 养成良好的学习习惯；
2. 培养工程观察意识；
3. 树立正确的世界观。

重点和难点

1. 约束类型和约束力；
2. 构件的受力图。

任务引入

如图1-1所示的结构中，各杆件的自重不计，试指出二力杆件，并分别画出各个杆件的受力图。

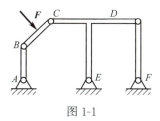

图 1-1

知识链接

第一节 静力学基础

一、静力学的基本概念

1. 力的概念

力是物体之间相互的机械作用。力可能在两个直接接触的物体之间产生,也可能在两个不直接接触的物体之间产生。

(1) 力的作用效应 一是使物体的运动状态发生改变;二是使物体的形状发生改变。前者称为外效应,后者称为内效应。

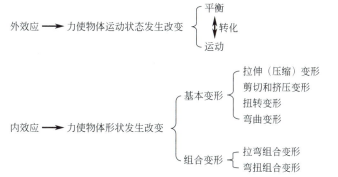

(2) 力的单位 在国际单位制中,力的单位是牛顿(N)或千牛顿(kN)。

(3) 力的表示 力是矢量,可以用三要素表示,即力的大小、力的方向和力的作用点。如图 1-2 所示,用一个带箭头的线段来表示力的三要素,线段的起点(或终点)表示力的作用点,线段的方位和箭头的指向表示力的方向,按照一定的比例尺画出的线段长度表示力的大小。

图 1-2

2. 刚体

在力的作用下内部任意两点之间的距离始终保持不变的物体称为刚体,是一个抽象化理想的力学模型。在静力学中研究的对象因为受力发生的变形远远小于构件的原始尺寸,视之为刚体;在材料力学中研究的对象受力时发生的变形不能忽略,称之为变形固体。

注意:在研究一个构件平衡问题时,把它看作刚体来研究;但在研究其承载能力时,把它转化为变形固体来研究,说明刚体和变形固体在一定条件下可以相互转化。同样一个学生学习的好与差不是绝对的,差生在经过刻苦努力后就能迎头赶上,转化为好学生,所以从现在开始继续努力学习。

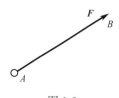

绝对性与相对性

3. 力系与平衡

两个及两个以上的力构成力系。若一个力系与另一个力系对物体产生的作用效应相同，这两个力系互为等效力系。若物体在一个力系作用下相对于地球静止或匀速直线运动，则物体处于平衡。使物体处于平衡状态的力系称为平衡力系。

4. 合力和分力

若一个力与一个力系等效，则称此力为该力系的合力，该力系中的各力称为这个力的分力。把分力等效替换为合力的过程称为力系的合成，将合力等效替换为分力的过程称为力系的分解。

二、静力学基本公理

1. 平行四边形法则

平行四边形法则主要对力进行合成与分解。作用在物体上同一点的两个力，应用此法则可以合成一个合力，即以这两个力为邻边作平行四边形，合力作用于该点，沿着平行四边形的对角线方向。如图 1-3 所示，F_R 就是两分力 F_1、F_2 的合力，即

$$F_R = F_1 + F_2$$

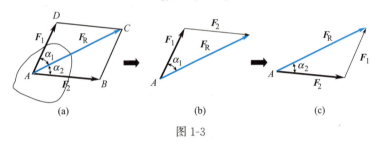

图 1-3

2. 二力平衡公理

一个刚体上只受到两个力的作用处于平衡，则这两个力的合力肯定为零，它们的大小相等，方向相反，作用在同一直线上，如图 1-4 所示。

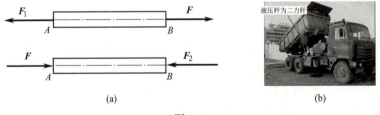

图 1-4

我们把只受两个力作用处于平衡状态的构件称为二力构件。

二力构件的判断方法：

（1）构件上只有两个约束，而且每个约束的约束力方向一般是不确定的。

（2）除了受到两个约束力以外，再没受到其他力的作用。

本书中的构件没有特别说明或没有表示出自重的，一律按不计自重处理。如图 1-5 所示结构中的 **BC** 构件虽然形状不相同，但都属于二力构件，受到的两个力作用在两个铰链中心的连线上，作用点在两个铰链处。由图 1-5 可以看出，二力构件受到的两个力与构件的形状无关。

推论 1：加减平衡力系原理　在力系作用的刚体上，加上或减去任何平衡力系，不会改变原力系对刚体的外效应。应用加或减平衡力系后所得到的力系与原力系互为等效力系。此原理只适用于刚体，如图 1-6 所示。

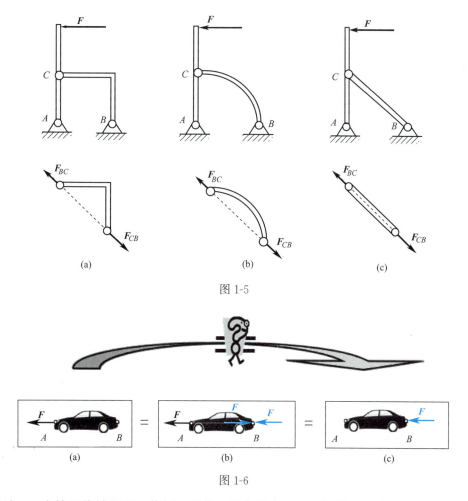

图 1-5

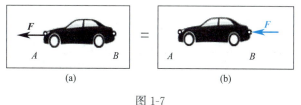

图 1-6

推论 2：力的可传性原理 作用于**刚体**上某点的力，只要保持力的大小和方向不变，可以沿着力的作用线在刚体内任意移动，不会改变力对刚体的外效应，如图 1-7(a)、(b) 所示。

图 1-7

3. 三力平衡汇交原理

刚体受同一平面内互不平行的三个力作用平衡时，这三个力的作用线必定汇交于一点。

在三个力作用下处于平衡状态的构件称为**三力构件**。由其中两个力的作用线可以求出第三个力。如图 1-8(a) 所示，设在同一平面内有三个互不平行的力 F_1、F_2 和 F_3 分别作用在刚体上 A、B、C 三点，使刚体处于平衡状态。根据力的可传性，可将力 F_1 和 F_2 沿各自的作用线移动到它们的交点 O，根据力的平行四边形法则，这两个力的合力为 $F_{12}=F_1+F_2$，那么刚体就可视为只受两个力（F_{12} 和 F_3）作用。根据二力平衡原理，可知力 F_{12} 和 F_3 大小相等、方向相反，作用在同一直线上。所以力 F_3 的作用线必定过 F_1 和 F_2 的交点 O [图 1-8(b)]，由此得出三个力的作用线必定交于一点，且合力为零 [图 1-8(c)]。

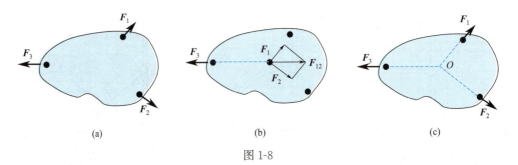

图 1-8

对作用于物体上同一点的多个力进行合成时，也是应用力的平行四边形法则进行合成。在任选一点处将力系中的各力依次首尾相连，最后从起点指向终点的有向线段就是该力系的合力，如图 1-9 所示。各力依次首尾相连时，没有固定顺序，各个力是随机依次相连的。

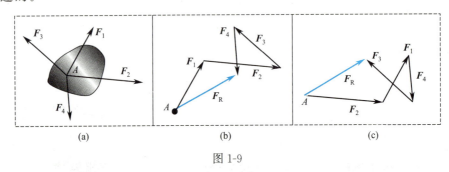

图 1-9

4. 作用与反作用原理

作用与反作用总是同时存在，两作用力的大小相等、方向相反，作用在同一条直线上，分别作用在两个相互作用的物体上，如图 1-10、图 1-11 所示。

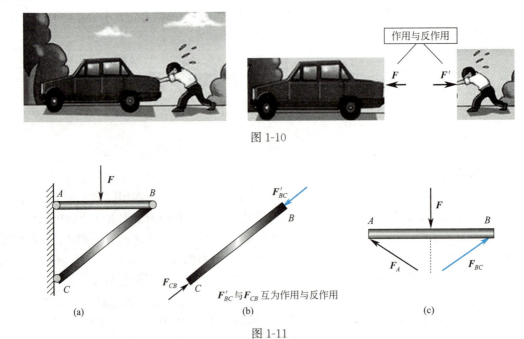

图 1-10

F'_{BC} 与 F_{CB} 互为作用与反作用

图 1-11

第二节　约束与约束力

一、约束概念

(1) 自由体　自由体是指只受主动力作用，而且能够在空间沿任何方向完全自由运动的物体。位移不受限制，它是不受外力约束的。例如：图1-12（a）所示的空气中的热气球。

(2) 非自由体　运动在某些方向上受到了限制而不能完全自由运动的物体，即位移受到限制的物体。例如：图1-12（b）所示的机车；再如轴只能在轴承孔内转动，不能沿轴孔径向移动，于是轴就是非自由体，而轴承就是轴的约束；塔设备被地脚螺栓固定在基础上，任何方向都不能移动，地脚螺栓就是塔的约束；重物被吊索限制使重物不能掉下来等等。可以看出，无论是轴承、基础还是吊索，它们的共同特点是直接和物体接触，并限制物体在某些方向的运动。

(3) 约束　对非自由体的一些位移起限制作用的周围物体称为约束。例如图1-12（b）所示铁轨对机车竖直方向的自由加以限制约束，以达到机车正常行驶的目的。地球上的物体都受到力的作用，通过力达到对物体的自由加以限制约束的目的。同理，如果一个人对自己放任自流，过于追求个人自由，就必将损害他人的利益，只有适当地对自己的行为加以限制约束，遵纪守法，才能成为一个对社会和国家有用的人。

(a)　　　　　　　　　　　(b)

图1-12

二、常见约束类型及约束反力的确定

1. 柔体约束

约束概念：由柔软的绳索、链条、皮带等构成的约束称为柔性约束。

约束反力：由于这类物体只能承受拉力，因此，柔性约束对构件的约束力也只能是**拉力，其作用点应在约束与构件的相互连接处，方向沿着柔性体的中心线背离构件**。柔性约束的约束力用符号 F_T 来表示。

如图1-13（a）所示的灯泡，受到拉力 F_T。如图1-13（b）所示皮带轮，皮带绕在两个皮带轮上，皮带轮顺时针转动时，皮带张紧，皮带轮受到皮带给的力作用。根据柔性约束的特点，可以确定皮带给皮带轮的约束力是拉力（F_{T1}，F_{T2}，F'_{T1} 和 F'_{T2}）。

工程中的带传动或链传动等柔性体环绕了转动轮的一部分，通常把环绕传动轮上的柔性体看成传动轮的一部分，从柔性体受拉的中心线与传动轮的切点处解除柔性体，画出拉力。如图1-13(b) 所示为胶带传动机构中胶带对转动轮的约束力的画法。

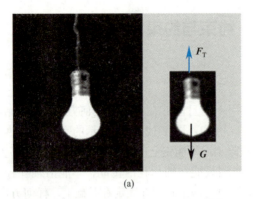
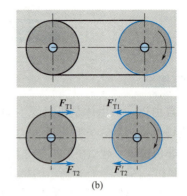

(a)   (b)

图 1-13

2. 光滑面约束

约束概念：两个相互接触的物体，如果略去接触面之间的摩擦和变形，就可以看成是相互之间完全光滑的约束，称为光滑面约束。

约束反力：光滑面约束的接触面无论是平面还是曲面，只能限制物体沿接触面法线方向的运动，因此，**光滑面约束的约束反力作用在接触点，垂直于接触面，指向被约束的物体**，用符号 F_N 来表示。

光滑面约束在工程中是常见的。图 1-14(a) 所示重为 G 的杆件搁置在凹槽中所受的约束反力均垂直于各自接触面指向杆件；图 1-14(b) 所示重为 G 的圆柱体搁在 V 形槽内，受到垂直于两斜面指向圆柱体的约束反力；图 1-14(c) 所示的齿条与齿轮啮合时，齿轮齿条接触点之间的约束反力垂直于切线指向齿条啮合面。

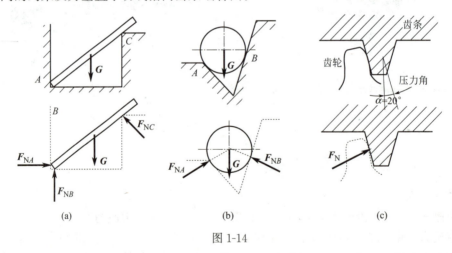

图 1-14

3. 光滑铰链约束

如图 1-15(a) 所示，通过圆柱销连接两个构件的约束称为铰链约束。对于具有这种特性的连接方式，忽略不计连接处的变形和摩擦，就得到理想化的约束模型——光滑铰链约束。

(1) 中间铰链 通过圆柱销连接两个构件的约束通常称为中间铰链，只限制了两个构件的相对移动，不限制构件绕圆柱销的相对转动。中间铰链常用正交分力来表示，如图 1-15(b)、(c) 所示。

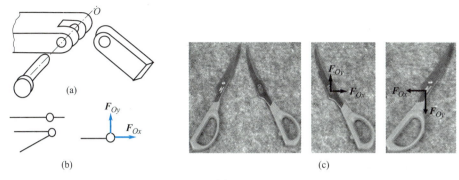

图 1-15

(2) 固定铰链支座 把圆柱销连接的两构件中的一个固定起来的约束，称为固定铰链支座，如图 1-16(a)、(d) 所示，它限制了活动构件的相对移动，不限制构件绕圆柱销的转动。

图 1-16(b) 所示的圆柱销和销孔在主动力作用下，是两个圆柱光滑面在 O 点的点接触，其约束力必沿接触面 O 点的公法线通过铰链的中心。由于主动力的作用方向不同，构件与销钉的接触点 O 就不同，所以约束力的方向不能确定，常用正交分力来表示，如图 1-16(c)、(d) 所示。

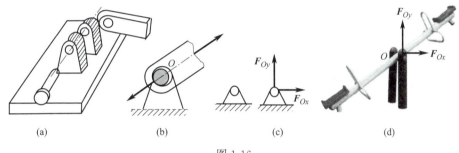

图 1-16

必须指出的是，当中间铰链或固定铰链约束的是二力构件时，其约束力必须满足二力平衡条件，不能用正交分力表示，应该沿着两个约束力作用点的连线作用，约束力的方向是确定的。如图 1-17(a) 所示结构，AB 杆中点作用力 F，杆件 AB、BC 不计自重。杆件 BC 在 B 端受到中间铰链约束，约束力的方向不确定。在 C 端受到固定铰链

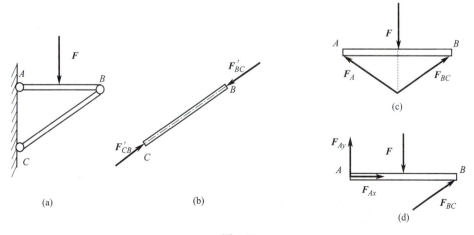

图 1-17

第一章 静力学分析基础 13

支座约束，约束力的方向不确定，但由于 BC 杆是二力构件，受到两个力作用处于平衡状态，这两个约束力必作用在 B、C 两点的连线上 [图 1-17（b）]，不能用正交分力表示。杆 AB 在 A、B 两点受到约束力并受主动力 F 作用而处于平衡，所以杆 AB 是三力构件。力 F 的方向已确定，杆 AB 在 B 点受到 BC 杆 B 端的反作用力 F_{BC}，方向也确定。A 端固定铰链支座的约束力必过 F 和 F_{BC} 的交点 [图 1-17（c）]。因此，当中间铰链或固定铰链支座约束的是三力构件时，利用三力平衡汇交原理确定其约束力。但为了方便计算，当中间铰链或固定铰链支座约束的是三力构件时，都用正交分力 F_{Ax}、F_{Ay} 表示，如图 1-17（d）所示。

（3）活动铰链支座 如图 1-18（a）所示，在固定铰链支座的下边安装上滚珠就称为活动铰链支座。活动铰链支座限制了构件沿滚珠与构件的支承面法线方向的运动，所以活动铰链支座约束反力作用点在轮子和支承面接触处，通过铰链中心垂直于辊子支承面指向构件并垂直于辊子支承面，用符号 F_N 表示。图 1-18（b）、（c）为活动铰链支座的几种力学简图及约束力的画法。

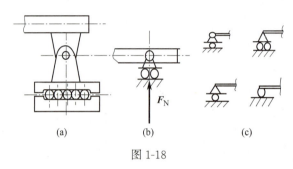

图 1-18

图 1-19（a）所示的杆件 AB 在主动力 F 作用下，其 A、B 两端铰链支座的约束反力如图 1-19（b）所示。注意 A 端的约束反力也可以根据三力平衡汇交原理确定，求出力 F 和 F_{NB} 的交点，A 端固定铰链支座的约束力 F_{NA} 必过 F 和 F_{NB} 的交点，如图 1-19（c）所示。

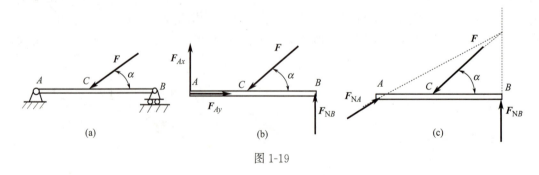

图 1-19

三、工程实例

工程桥梁由桥墩支承，两端分别支撑在柱子上的梁可以简化为一端活动铰支座和另一端固定铰支座的梁，即为简支梁——力学模型，如图 1-20（a）所示。轴类零件用轴承支承如图 1-20（b）所示，两个轴承可以分别简化为一端活动铰支座和另一端固定铰支座，此时轴看成是外伸梁——力学模型。

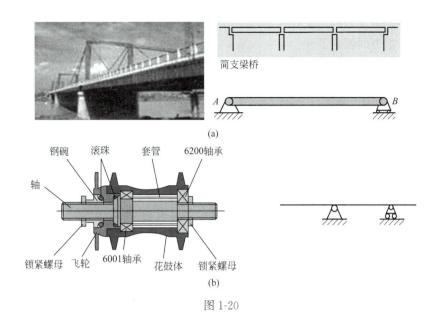

图 1-20

第三节　物体的受力图

一、什么是受力图

物体的受力图：选取研究对象，解除其周围的约束，将作用于研究对象的所有主动力和约束反力在计算简图上画出来，这样的简图称为研究对象的受力图。

二、受力图的作用

正确绘制受力图，是求解静力学问题的关键。前文已指出，物体上一般作用有主动力和约束力，受力分析是指分析所研究物体的受力情况，它的任务是首先要确定作用在物体上有哪些力，以及这些力的作用位置和方向；其次还要确定哪些力是已知的，哪些力是未知的，以及未知力的数值。

受力分析时所研究的物体称为"研究对象"。为正确进行受力分析，必须将研究对象的约束全部解除，并将其从周围物体中分离出来。这种解除了约束并被分离出来的研究对象称为"分离体"。

将分离体所受的主动力和约束力都用力矢量标在分离体相应的位置上，得到分离体的受力图，简称"受力图"。

三、画受力图的步骤

（1）取出分离体。选择合适的研究对象为分离体，它可以是一个物体，也可以是几个物体的组合或整个系统。去掉约束（限制物体运动的周围物体），根据问题的条件和要求，单独画出研究对象的简单几何图形。

（2）画出全部主动力，即重力和已知力。

（3）画出全部约束反力。首先明确研究对象周围所受约束，然后确定约束类型，最后根据约束性质画出约束反力。必要时需用二力平衡共线、三力平衡汇交以及作用与反作用关系等条件确定某些约束反力的指向或作用线的方位。

图中未画出重力的就是不计自重,没有提及摩擦时,则视为光滑面接触。下面举例说明受力图的画法。

【**例 1-1**】 用一根绳索将放在光滑斜面上重量为 G 的球体固结在墙壁 B 点[图 1-21(a)],画出球体的受力图。

例题详解

解:(1)取球体为研究对象,解除绳索和光滑斜面约束单独画出分离体。

(2)画主动力。分离体上有重力 G。

(3)画约束反力。根据柔性约束反力性质,拉力应沿绳索的中心线并背离物体;再根据光滑面约束的约束反力应垂直于斜面指向物体的特性,画出其相应的约束力 F_T 和 F_N。必须注意:球体受同一平面上三个力作用而平衡,此三个力的作用线必定汇交于球心。球体的受力图如图 1-21(b) 所示。

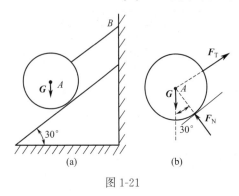

图 1-21

【**例 1-2**】 水平梁 AB 用钢制成的杆 CD 支撑,A、C、D 均为光滑铰链连接,梁 AB 重为 G,其上放置一重为 G_1 的电动机[图 1-22(a)]。如不计 CD 杆的自重,试分别画出 CD 杆、梁 AB(包括电动机)及整体的受力图。

解:(1)取 CD 杆为研究对象。由于不计自重,因此只在杆的两端分别受到铰链 C 和 D 的约束反力作用,可以判断出杆 CD 是受压的二力杆,受力如图 1-22(b) 所示。

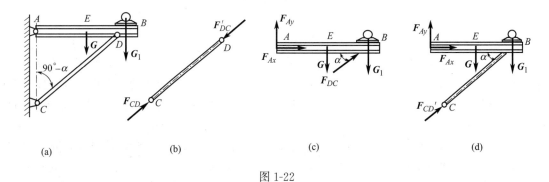

图 1-22

(2)取 AB 梁(包括电动机)为研究对象。解除 A 和 D 的铰链约束,取出分离体 AB。画出主动力 G 和 G_1;梁在铰链 D 处作用有 CD 杆给它的约束力 F_{DC},根据作用与反作用力原理,$F_{DC} = F'_{DC}$;梁在 A 处作用有固定铰链支座给它的约束反力 R_A,由于约束反力的大小和方向未知,故用两个大小未定的相互垂直分力 F_{Ax} 和 F_{Ay} 表示。梁 AB 的受力图如图 1-22(c) 所示。

(3)取整体为研究对象。AB 和 BC 构件不分开,作为一个研究对象,受力图如图 1-22(d) 所示。

【**例 1-3**】 某铣床夹具如图 1-23(a) 所示,拧紧螺母时,压块就压紧工件,试分别画出螺栓连同螺母、压块和工件 1 的受力图。

解:(1)取螺栓同螺母一起作为研究对象,解除约束,画出分离体。压块作为螺母的约束，拧紧螺母时，它限制了螺母向下的运动，其接触属于光滑面约束，所以压块给螺母的约束力沿接触面的公法线（螺栓中心线）指向螺母，用 F' 表示。在 F' 作用下，螺栓有向上运动的趋势，但螺栓与底座相连，故底座给螺栓亦产生约束力，用 F'' 表示，于是螺栓为二力构件，其约束力 F' 与 F'' 必定等值、反向和共线。由此，可画出螺栓连同螺母的受力图，如图 1-23(b) 所示。

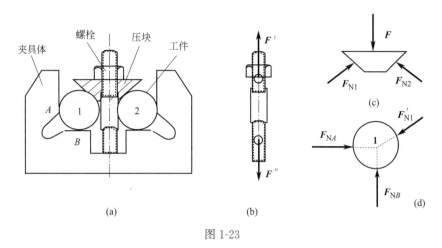

图 1-23

(2) 选取压块为研究对象，解除约束，画出分离体。螺母施加于压块上的力用 F 表示（可视为主动力），它与 F' 为作用力和反作用力关系。压块与工件 1、2 之间的接触亦为光滑面约束，所以工件给压块的约束力通过接触面的公用法线并指向压块，用 F_{N1} 和 F_{N2} 表示。压块的受力图如图 1-23(c) 所示。

(3) 取工件 1 为研究对象，解除约束，画出分离体。压块给工件 1 的约束力用 F'_{N1} 表示，它与 F_{N1} 为作用力与反作用力。工件 1 在 A、B 二处与夹具体底座接触，亦为光滑面约束，这两处的约束力分别通过 A、B 两点沿接触面的公用法线并指向工件，用 F_{NA} 和 F_{NB} 表示。其受力图如图 1-23(d) 所示。

【**例 1-4**】 如图 1-24(a) 所示为曲柄滑块机构，曲柄 OA 作用力偶 M，滑块 B 受 F，系统处于平衡。画出各零件及机构整体的受力图。

解：分别取曲柄 OA、连杆 AB、滑块 B 为分离体，画出受力图。

(1) 画出连杆 AB 受力图 因不计自重，AB 为受压的二力杆，其约束反力作用点为 A、B，作用线在两铰链 A、B 中心连线上，受力图如图 1-24(d) 所示。

(2) 画出滑块 B 受力图 除受主动力 F 外，还受到气缸对活塞的光滑面约束，可假设法向的约束力 F_{NB} 向上，连杆对活塞的约束力为 F_{BA}，受力图如图 1-24(e) 所示。

(3) 画出曲柄 OA 受力图 曲柄 OA 受到力偶 M 的作用，不是二力杆，A 处受到连杆的约束，根据作用与反作用公理有 F_{AB}，O 铰链处的约束力为 F_{Ox} 和 F_{Oy}，受力图如图 1-24(c) 所示。由于力偶必须与力偶平衡，也可以断定 F_{Ox} 和 F_{Oy} 的合力 F_{ON} 的作用线与 F_{AB} 平行，且构成力偶，受力图如图 1-24(f) 所示。

(4) 画出曲柄连杆机构整体受力图 A、B 两铰链处所受力为内力（是两个物体之间的相互作用力），不画出。只要求画出所受外力，曲柄连杆机构整体的受力图如图 1-24(b) 所示。

应该指出，在分析和解决工程实际问题时，二力构件的受力图是其他构件受力分析的基础，如图 1-24(d) 所示。

通过上述实例分析，可归纳出**画受力图时应注意的事项**：

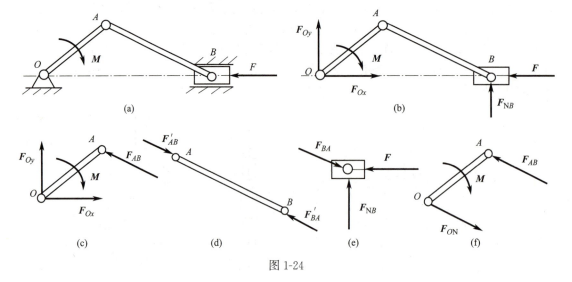

图 1-24

(1) 只画受力，不画施力。

(2) 只画外力，不画内力。例如，曲柄滑块机构中，当取连杆为分离体时，F'_{AB} 和 F'_{BA} 属于外力，当取整体为分离体时，F'_{AB} 和 F'_{BA} 又成为内力，内力成对出现，不用画出。可见内力与外力的区分不是绝对的，只有相对于某一确定的分离体才有意义。

(3) 解除约束后，才能画上约束反力。

(4) 画受力图时，通常应先找出二力构件，根据作用和反作用力的关系推出与之相连处的约束力。

通过取分离体和画受力图，我们就把物体之间的复杂联系简化成力的关系。这样就为分析和解决力学问题提供了依据。因此，我们必须熟练地掌握这种科学的思维方法。

任务实施

杆件的受力图

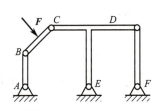

图 1-25

如图 1-25 所示的结构中，各杆件的自重不计，试指出二力杆件，并分别画出各个杆件的受力图。

解：AB 和 DF 杆件是二力构件。

(1) 将结构中的各个杆件都分离出来，如图 1-26 所示；

(2) 先画二力杆 AB、DF 的受力图；

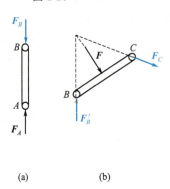

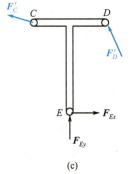

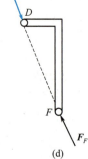

图 1-26

(3) 根据作用与反作用关系绘制相邻接触点的受力；
(4) 根据约束类型或三力平衡汇交原理绘制其他受力。

本章小结

一、力的基本概念和公理

（1）力的定义：力是物体之间相互的机械作用。
（2）合力和分力的关系：即为力的合成与分解。
（3）平衡力系：合力等于零的力系。
（4）四个基本公理：
①平行四边形法则［图 1-27(a)］。②二力平衡公理：N 与 G［图 1-27(b)］。③三力平衡汇交原理［图 1-27(c)］。④作用与反作用原理：图 1-27（b）中的小球受到的支持力 N' 与地面受到的压力 N。

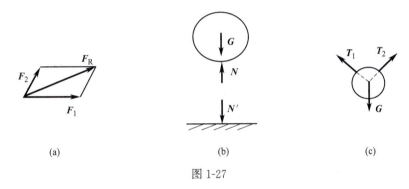

图 1-27

二、约束

1. 概念

限制物体运动的周围物体称为约束。

2. 类型与约束力

（1）柔体约束：像柔软的绳索、链条、皮带等，约束力只能是拉力，用符号 T 表示。
（2）光滑面约束：沿接触面的法线，指向被约束的物体，用符号 F_N 表示。
（3）光滑铰链约束：
① 固定铰链支座：用过铰链中心正交的分力 F_{Oy}、F_{Ox} 表示。
② 活动铰链支座：过铰链中心并垂直于接触面，指向构件，用符号 F_R 表示。

三、构件的受力图

（1）取分离体：去掉约束。
（2）画主动力：G 和已知力。
（3）画约束反力。

四、主要事项

（1）按照受力图绘制的步骤画物体的受力图。
（2）从结构中取分离体时，应将其周围其他所有物体和约束都去掉。
（3）先画出二力构件受力图或者受力最少的构件受力图。
（4）注意作用与反作用关系的表达。
（5）根据约束类型绘制其约束反力。

(6) 只受三个力作用平衡时可用三力平衡汇交原理绘制。
(7) 不要多画或者少画力。
(8) 约束反力方向尽量画其正方向。

思考题

1-1　何谓力系、等效力系、平衡力系？何谓合力、分力、力系的合成？
1-2　如何理解刚体和变形体，作用在刚体和变形体上的力所产生的效应是否相同？
1-3　力的可传性在什么情形下是正确的，在什么情形下是不正确的？
1-4　分析图 1-28(a) 中的结构，作用在 AB 杆上 D 点的力 F 能否沿作用线传至 AC 杆上的 E 点 [图 1-28(b)]。

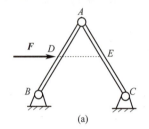
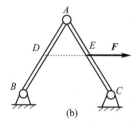

图 1-28

1-5　图 1-29 所示的两种情况下，力 F 的大小相等，试分析：
(1) 两种情况下，力 F 在 x 方向的分力是否相等。
(2) 两种情况下，力 F 在 x 轴上的投影是否相等。
(3) 总结投影与分力的区别和联系。

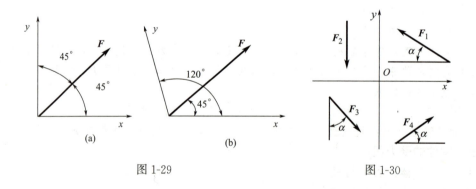

图 1-29　　　　　图 1-30

1-6　分别求出图 1-30 中四个力分别沿两个坐标轴的分力。
1-7　合力是否一定比分力大？试举例说明。
1-8　图 1-31 所示的平面汇交力系四个力的多边形中，哪个力系是平衡力系？哪个力系有合力？哪个力是合力？
1-9　两个大小相等、方向相同的力，对同一物体的作用效果是否相同？
1-10　构件上只要作用两个力，这个构件一定是二力构件？为什么？举例说明。
1-11　二力平衡条件与作用和反作用定律都是说二力等值、反向、共线，两者有什么区别？

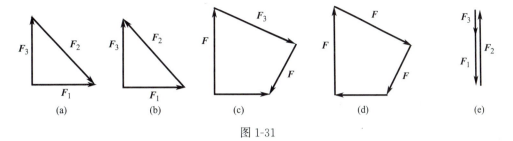

图 1-31

1-12　分析二力构件受力时与构件的形状有无关系。

1-13　刚体受不平行的三力作用而平衡时，这三个力的作用线是否在同一平面上？如果作用在刚体上的三个力的作用线交于一点，刚体是否处于平衡状态？

1-14　力的可传性能否适于变形体？

1-15　常见约束有哪些类型？

1-16　图 1-32 所示的结构中，哪些构件是二力构件？哪些构件是三力构件？其约束力的方向能否确定？

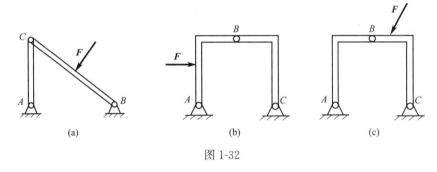

图 1-32

1-17　物体分别受到三个力作用，且各个力都不为零，图 1-33(a) 中三力汇交于一点，图 1-33(b) 中三力作用线构成三角形，图 1-33(c) 中 F_2、F_3 共线，试判断哪三个力能使物体平衡。

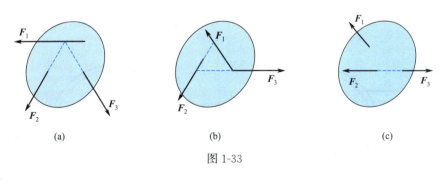

图 1-33

习　题

注：本习题中未给出重力的自重不计，所有接触处均为光滑接触。

1-1　分析图 1-34 中各物体的受力图画得是否正确。如不正确，请将错误改正。

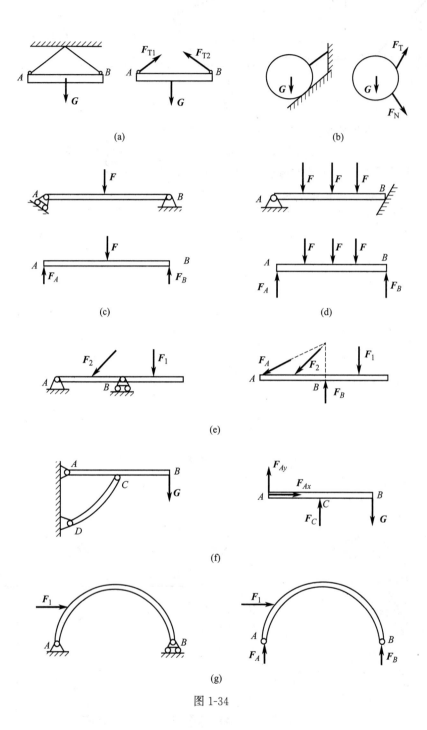

图 1-34

1-2 试画出图 1-35 中各物体的受力图。

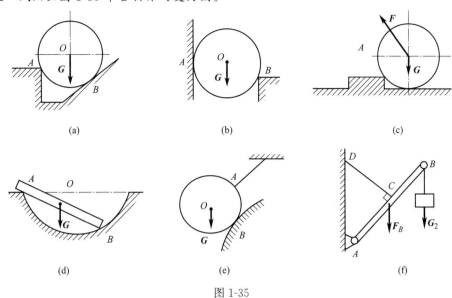

图 1-35

1-3 如图 1-36 所示结构中各构件的自重不计，判断哪个构件是二力构件。画出二力构件的受力图。

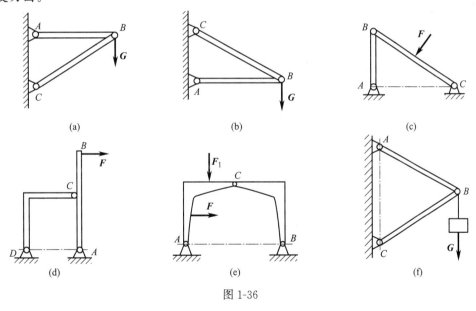

图 1-36

1-4 如图 1-37 所示的两个结构有什么区别？试分别画出图中各构件的受力图。

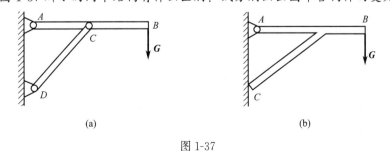

图 1-37

1-5 试分别画出图1-38所示结构中所有物体的受力图。

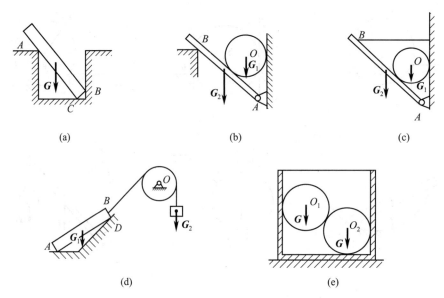

图 1-38

1-6 判断图1-39各结构中哪个构件是二力构件。画出结构中各构件和结构的整体受力图（各构件自重不计）。

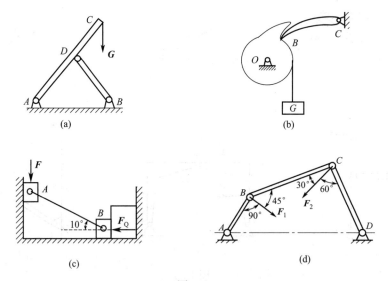

图 1-39

第二章 平面力系

知识目标

1. 认知平面力系的概念；
2. 理解平衡条件；
3. 熟练掌握各种平面力系作用下构件平衡问题求解。

能力目标

1. 能正确判断力系类型；
2. 能分析各种力系的平衡条件；
3. 能独立完成工程实际构件的平衡计算。

素质目标

1. 强化服务人民意识；
2. 培养工程安全意识；
3. 树立严谨求实的作风。

重点和难点

1. 平衡方程；
2. 构件的受力分析。

任务引入

已知图 2-1 为曲柄滑块机构，在图示位置时，$F=400\text{N}$，试求曲柄 OA 上应加多大的力偶矩 M 才能使机构平衡。

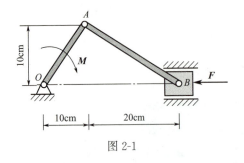

动画：曲柄滑块机构

图 2-1

> **知识链接**

工程机械或工程结构中的构件所受到的力系有不同类型。根据力系中各个力是否在同一个平面内可将力系分为平面力系和空间力系。本章主要讲述平面力系（包括平面汇交力系、平面平行力系、平面力偶系和平面任意力系）的平衡问题（表 2-1）。

表 2-1　平面力系分类表

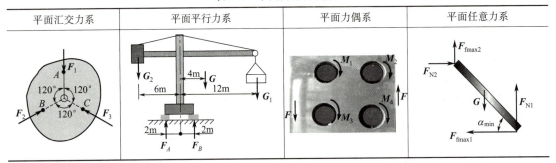

第一节　力的投影

一、力在直角坐标轴上的投影

生活中经常见到投影的现象，如图 2-2 所示。圆柱垂直投到地平面的投影是一个圆，力在垂直屏幕的光源下垂直投到屏幕上，投影是一条线段。

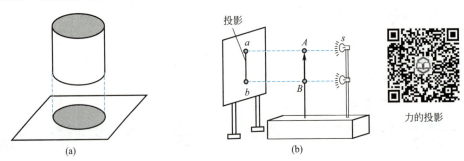

力的投影

图 2-2

设有一力 F，在其作用线所在的平面内取坐标轴 x，如图 2-3 所示。从这个力 F 的起点 A 和终点 B 分别向 x 轴作垂线，得垂足 a、b，则 x 轴上线段 ab 即为 F 在 x 轴的投影，用

F_x 表示。若从 a 到 b 的指向与 x 轴的正向相同，则力 $\boldsymbol{F}$ 在 x 轴上的投影为正；反之为负。同理将力向 y 轴上作垂线，y 轴上线段 $a'b'$ 即为 $\boldsymbol{F}$ 在 y 轴的投影，若 $\boldsymbol{F}$ 与 x 轴的正向夹角为 α，则有

$$\left.\begin{array}{l}F_x = \pm F\cos\alpha \\ F_y = \pm F\sin\alpha\end{array}\right\} \quad (2\text{-}1)$$

力的投影是代数量而不是矢量，计算力的投影时要特别注意它的正负号。由式(2-1) 可得出：当 $\alpha=0°$ 时，$F_x=F$；当 $\alpha=90°$ 时，$F_x=0$；当 $\alpha=180°$ 时，$F_x=-F$。若已知力 $\boldsymbol{F}$ 在直角坐标轴上的投影 F_x 和 F_y，则力 $\boldsymbol{F}$ 的大小和方向为

$$\left.\begin{array}{l}F=\sqrt{F_x^2+F_y^2} \\ \tan\alpha=\left|\dfrac{F_y}{F_x}\right|\end{array}\right\} \quad (2\text{-}2)$$

力的两个投影和力的两个分力大小相等，但投影是代数量，有正负；力是矢量，有方向。

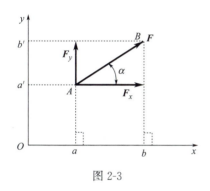

图 2-3

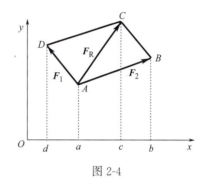

图 2-4

二、合力投影定理

力系的合力在任何轴上的投影等于各分力在同一轴上投影的代数和，如图 2-4 所示，即

$$\left.\begin{array}{l}F_{Rx}=F_{1x}+F_{2x}+\cdots+F_{nx}=\sum F_x \\ F_{Ry}=F_{1y}+F_{2y}+\cdots+F_{ny}=\sum F_y\end{array}\right\} \quad (2\text{-}3)$$

第二节　平面汇交力系的合成与平衡

一、平面汇交力系的合成

工程实际中若构件受到的力系在同一个平面内且作用线汇交于一点，则称为平面汇交力系。

1. 平面汇交力系合成的几何法

设刚体上作用了平面汇交力系 $\boldsymbol{F}_1$、$\boldsymbol{F}_2$、$\boldsymbol{F}_3$，这些力分别作用在 A_1、A_2、A_3 点，且作用线都汇交于一点 O，如图 2-5(a) 所示。根据力的可传性，将这三个力分别沿各自的作用线移动至交点 O，如图 2-5(b) 所示。为了求力系的合力，可连续应用力的三角形法则将各分力依次首尾相连，即得力系的合力 $\boldsymbol{F}_R$ [图 2-5(c)]。用矢量式表示为

$$\boldsymbol{F}_R = \boldsymbol{F}_1 + \boldsymbol{F}_2 + \boldsymbol{F}_3$$

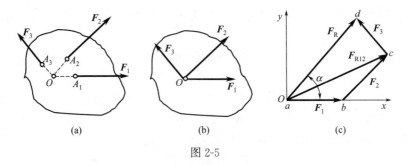

图 2-5

由图 2-5(c) 可以得出,若中间的力 F_{R12} 不画出,同样可以得到力系的合力 F_R。这样就使得图形更简单。多边形 abcd 称为力的多边形,其封闭边 ad 就代表合力 F_R 的大小和方向。这种求合力的方法称为几何法。上述方法可以推广到平面汇交力系有 n 个力的情况,于是可以得出如下的结论:**平面汇交力系合成的结果是一个合力,合力的作用线从汇交点指向最后力终点的有向线段,合力的大小和方向就是各分力的矢量和。**

2. 平面汇交力系合成的解析法

(1) 合力投影定理 将图 2-6(a) 中各力分别向直角坐标轴上进行投影,合力 F_R 的投影等于分力 F_1 和 F_2 投影的和,这就是合力投影定理。

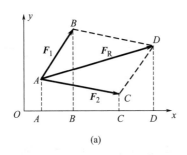

图 2-6

(2) 合力投影定理的推广 利用合力投影定理,将图 2-5(b) 中三个力分别向 x 轴、y 轴进行投影,得到

$$\left. \begin{array}{l} F_{Rx}=F_{1x}+F_{2x}+F_{3x} \\ F_{Ry}=F_{1y}+F_{2y}+F_{3y} \end{array} \right. \tag{2-4}$$

推广到平面汇交力系有 n 个力的情况,可以得出

$$\left. \begin{array}{l} F_{Rx}=\sum F_{ix} \\ F_{Ry}=\sum F_{iy} \end{array} \right\} \tag{2-5}$$

根据式(2-5),就可以求出合力 F_R 的大小和方向:

$$\left. \begin{array}{l} F_R=\sqrt{F_{Rx}^2+F_{Ry}^2}=\sqrt{\sum F_{ix}^2+\sum F_{iy}^2} \\ \tan\alpha=\left|\dfrac{F_{Ry}}{F_{Rx}}\right|=\left|\dfrac{\sum F_{iy}}{\sum F_{ix}}\right| \end{array} \right\} \tag{2-6}$$

式中,α 为合力 F_R 作用线与 x 轴的夹角,α 为锐角。合力 F_R 的指向可由 F_{Ry}、F_{Rx} 的正负号来确定。用解析法和几何法求解出的合力应该是相同的。

二、平面汇交力系的平衡

平面汇交力系平衡的必要与充分条件是力系的合力等于零，即

$$F_R = \sum_{i=1}^{n} F_i = 0 \qquad (2-7)$$

平面汇交力系的平衡

1. 平面汇交力系平衡的几何条件

当平面汇交力系的合力等于零时，力的多边形的封闭边矢量等于零，由力系中各个力依次首尾相连，其终点与起点应重合在一起，构成一个封闭的力多边形，如图 2-7(b) 所示。由此得出结论：**平面汇交力系平衡的充分必要几何条件是力系构成的力多边形自行封闭。**

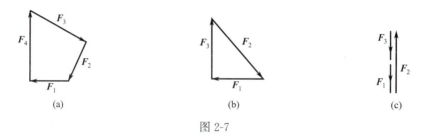

图 2-7

2. 平面汇交力系平衡的解析条件

当平面汇交力系平衡时，合力 F_R 必等于零，当 $F_R = 0$ 时，必须同时满足

$$\left.\begin{array}{l}\sum F_x = 0 \\ \sum F_y = 0\end{array}\right\} \qquad (2-8)$$

上式说明，平面汇交力系平衡的解析条件是：**力系中各个力在直角坐标系 Oxy 中各个轴上投影的代数和分别都等于零。** 式(2-8) 称为平面汇交力系的平衡方程。它建立了已知力与未知力之间的关系，应用该方程可以求解两个未知量。

注意： 平衡方程建立的过程是应用数学几何关系推导的过程，说明学力学要保持严肃认真的态度，严谨的工作作风，按标准执行。同样，这也是解决学习和生活中存在问题的关键。

严肃认真的态度

【**例 2-1**】 如图 2-8 所示，已知 AB、BC 两个构件在 B 点铰链连接，并在 B 点吊一重物，$G = 10\text{kN}$，构件自重不计，求两个构件受到的力。

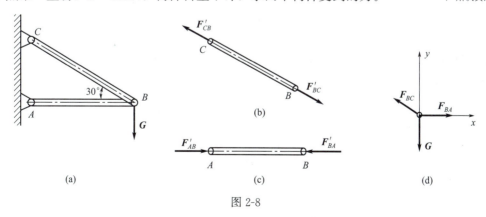

图 2-8

解：（1）画出 B 点的受力图。为了画出 B 点的受力图，需要先画出 AB、BC 构件

的受力图。由于两个构件都是二力构件，所以根据作用与反作用关系画出 B 点的受力图，如图 2-8(d) 所示。

(2) 建立直角坐标系。

(3) 列静力学平衡方程。

$\sum F_x = 0 \qquad F_{BA} - F_{BC}\cos 30° = 0$

$\sum F_y = 0 \qquad F_{BC}\sin 30° - G = 0$

$$F_{BC} = 2G$$

$$F_{BA} = \sqrt{3}G$$

【例 2-2】 一杆件受到三个力的作用，如图 2-9(a) 所示。已知 $F = F_A = F_B$，试用平面汇交力系合成的解析法来求合力的大小和方向。

解： 以三力作用线的交点为坐标原点，取坐标轴如图 2-9 所示，由式(2-8) 可得

$$F_{Rx} = F_B \sin 60° - F_A \sin 60° = 0$$

$$F_{Ry} = F_B \cos 60° + F_A \cos 60° - F = 0$$

由于 F_{Rx} 和 F_{Ry} 都等于零，所以合力 $F_R = 0$，说明力系处于平衡。

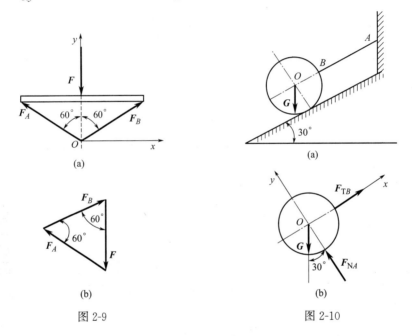

图 2-9

图 2-10

【例 2-3】 已知圆柱体重 G，放置在倾角为 30° 的光滑斜面上，用一平行于斜面的绳子系住，如图 2-10(a) 所示。圆柱体的受力图如图 2-10(b) 所示。试用平面汇交力系的平衡方程求绳子的拉力和斜面所受到的压力。

解： 沿着未知力作用线建立 Oxy 坐标系，如图 2-10(b) 所示。由式(2-8) 可得

$\sum F_x = 0 \qquad F_{TB} - G\sin 30° = 0$

$\sum F_y = 0 \qquad F_{NA} - G\cos 30° = 0$

解方程得

$$F_{TB} = G\sin 30° = 0.5G$$

$$F_{NA} = G\cos 30° = 0.866G$$

计算出绳子的拉力 $F_{TB} = 0.5G$，斜面所受到的压力 $F'_{NA} = 0.866G$。

应该指出：应用平面汇交力系平衡的解析条件求解工程实际问题时，直角坐标系的选取尽量使坐标轴与某个未知力的作用线平行或垂直，这样就可以使每个平衡方程式只包含一个未知数，避免求解联立方程，使计算工作量大大减少。

【例 2-4】 压紧工件的装置简图如图 2-11(a) 所示，在铰接点作用主动力 $F=300\text{N}$，$\alpha=8°$，如不考虑杆件的自重和接触处的摩擦，求 AB 和 BC 杆受到的约束力及工件所受的压紧力。

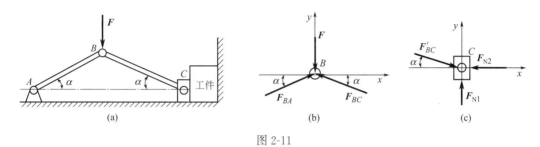

图 2-11

解：（1）根据约束性质分析约束力。取铰链 B 为研究对象。假设二力杆 AB 和 BC 受压力，铰链 B 的受力情况如图 2-11(b) 所示。选取直角坐标系 Bxy，如图 2-11(b) 所示。根据平面汇交力系的平衡条件，列出平衡方程：

$$\sum F_x=0 \qquad F_{BA}\cos\alpha-F_{BC}\cos\alpha=0$$

得

$$F_{BA}=F_{BC}$$

$$\sum F_y=0 \qquad F_{BC}\sin\alpha+F_{BA}\sin\alpha-F=0$$

得

$$F_{BA}=F_{BC}=\frac{F}{2\sin\alpha}=\frac{300}{2\sin 8°}=1077.8(\text{N})$$

（2）要计算压头对工件的压紧力，可根据作用与反作用定律，通过求工件对压头的约束力 F_{N2} 而得到，因此可取压头 C 为研究对象，受力图如图 2-11(c) 所示。通过二力杆 BC 的平衡，可知 $F_{BC}=F'_{BC}$。取直角坐标系 Cxy，如图 2-11(c) 所示，建立平衡方程，求解未知力。根据平面汇交力系的平衡条件，列出平衡方程：

$$\sum F_x=0 \qquad F'_{BC}\cos\alpha-F_{N2}=0$$

得

$$F_{N2}=F'_{BC}\cos\alpha=\frac{F}{2}\cot\alpha=\frac{1}{2}\times 300\times\cot 8°=1067.3(\text{N})$$

根据作用力与反作用力定律，工件受到的压紧力 F'_{N2} 也为 1067.3N。从上面分析可以看出，倾角 α 越小，工件受到的压紧力越大。

第三节　力矩和力偶

一、力矩

1. 力矩概念

常见的工具（如扳手、杠杆等）和简单机械（滑轮等）的工作原理中都包含着力矩的概念。经验告诉我们，力 F 对物体绕固定点的转动效应不仅与力 F 的大小有关，而且与该点到力的作用线的垂直距离有关。

力矩

2. 力矩计算

在力学上，用乘积 $F \times d$ 并加上适当的正负号作为力 F 使物体绕 O 点转动效应的度量，称为力 F 对 O 点的矩，简称力矩，用符号 $M_O(F)$ 表示，则

$$M_O(F) = \pm Fd \tag{2-9}$$

式中，O 称为力矩中心，简称"矩心"；d 是 O 点到力 F 作用线的垂直距离，称为力臂。力矩为代数量。通常规定：力使物体绕力矩中心作逆时针转动时，力矩取正号；作顺时针转动时，力矩取负号。力矩的国际单位为 N·m 或 kN·m。

必须指出，以上由力对物体上固定点的作用引出力矩的概念，适用于作用在物体上的力对任意点的力矩，但必须指明"矩心"。

3. 力矩性质

（1）力对点的矩，不仅与力的大小和方向有关，而且与力矩中心的位置有关。因此计算力矩时，应说明是哪一个力对哪一点的矩。

（2）力对点的矩，不会因为力矢沿其作用线移动而改变。因此，当力矢与"矩心"相距较远时，可将其作用线向"矩心"较近的方向延长，然后从力矩中心作此延长线的垂线，即可得到力臂。

（3）力的数值为零，力的作用线（包括延长线）通过力矩中心时，力矩为零。

（4）平衡的两个力或两个以上的力对于同一点力矩的代数和等于零。

4. 合力矩定理

如图 2-12 所示，作用于物体平面上 A 点的力 F 根据力的可传性可沿着其作用线传到 B 点（AB 垂直于 OB）。在 B 点将力 F 分解为 F_x、F_y，由图 2-13 可推知**平面汇交力系的合力对其作用平面内任一点的力矩，等于其所有分力对同一点的力矩的代数和**，即

$$M_O(F_R) = M_O(F_1) + M_O(F_2) + \cdots + M_O(F_n) = \sum M_O(F_i) \tag{2-10}$$

一般情况下对于力臂容易求出的问题，可直接应用式(2-9)；对于力臂不容易求出的问题，应用合力矩定理公式(2-10)进行计算。

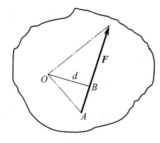

图 2-12

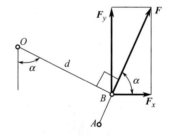

图 2-13

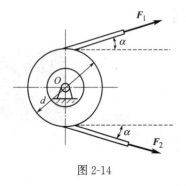

图 2-14

【例 2-5】 图 2-14 所示的胶带轮的直径 $d = 400\text{mm}$，由胶带带动绕 O 轴匀速转动，平带拉力 $F_1 = 1500\text{N}$，$F_2 = 750\text{N}$，与水平线的夹角 $\alpha = 15°$。求：平胶带拉力 F_1、F_2 对转动中心 O 的矩，以及二者对转动中心 O 的合力矩。

解：平带拉力沿着胶带轮的切线方向，胶带轮的半径就是平带拉力对转动中心 O 矩的力臂，即 $h = d/2 = 200\text{mm} = 0.2\text{m}$，而与 α 角无关。根据式(2-10)得

$$M_O(F_1) = -F_1 h = -F_1 \frac{d}{2} = -1500 \times \frac{0.4}{2} \text{N} \cdot \text{m} = -300 \text{N} \cdot \text{m}$$

$$M_O(F_2) = F_2 h = F_2 \frac{d}{2} = 750 \times \frac{0.4}{2} \text{N} \cdot \text{m} = 150 \text{N} \cdot \text{m}$$

根据合力矩定理，两拉力对转动中心 O 的合力矩等于上述每一个拉力对转动中心 O 力矩的代数和，即

$$M_O(F) = M_O(F_1) + M_O(F_2)$$
$$= (-300 + 150) \text{N} \cdot \text{m} = -150 \text{N} \cdot \text{m}$$

负号说明两拉力对带轮作用的总效应是使胶带轮围绕轴心 O 作顺时针方向转动。

【例 2-6】 如图 2-15(a) 所示，已知力 $F=3$kN，试求出力 F 对 A 点的力矩。

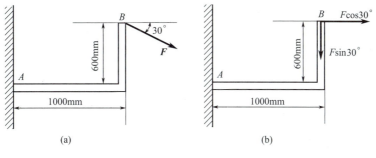

图 2-15

解：将作用于 B 点的力分解为正交分力 $F\cos 30°$ 与 $F\sin 30°$，如图 2-15(b) 所示。由合力矩定理可求得

$$M_A(F) = M_A(F\cos 30°) + M_A(F\sin 30°)$$
$$= -(0.6F\cos 30° + 1F\sin 30°) = -(0.6 \times 0.866 \times F + 1 \times 0.5 \times F)$$
$$= -(0.52F + 0.5F) = -1.02F = -1.02 \times 3 \text{kN} \cdot \text{m}$$
$$= -3.06 \text{kN} \cdot \text{m}$$

应该指出：工程力学在应用力矩的平衡条件解决实际问题时，通常将力矩中心选在两个未知力的交点上，就可以使方程中只包含一个未知数，简化计算。

二、力偶

1. 力偶定义

两个大小相等、方向相反、作用线平行但不重合的力组成的力系称为力偶。力偶是一种只有合转矩、没有合力的力系，力偶作用于物体上对物体不呈现任何平移运动，只对物体产生纯转动作用。工程中物体受力偶作用的情况是很多的，例如钳工用丝锥攻螺纹 [图 2-16(a)]，汽车司机用手转动方向盘时，两手作用在方向盘上的力组成一力偶 [图 2-16(b)]。作用在水龙头上的两个力 F 和 F' [图 2-16(c)] 以及作用在螺丝刀上的力偶 [图 2-16(d)]。

2. 力偶矩

力偶对刚体只产生转动效应，其转动效应用力偶矩度量。力偶的两个力对空间任一点之矩的和是一个常矢量，其大小由如下公式确定：

$$M = M(F, F') = \pm Fd \tag{2-11}$$

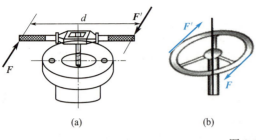 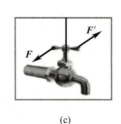 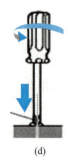

图 2-16

式中，F 和 F' 为组成力偶的两个力；d 为两个平行力作用线之间的垂直距离，称为力偶臂。力偶矩的正负与力偶使物体转动的方向有关：物体逆时针转动时，力偶矩规定为正；物体顺时针转动时，力偶矩规定为负。**力偶的方向也可用右手螺旋定则的方式来判断：伸出右手，四指（弯曲状）的绕向与力偶的作用效果（使物体可能转动的方向）方向相同，那么拇指指向与坐标轴方向相同时力偶为正，相反时力偶为负。**力偶矩的单位与力矩相同，为 N·m、N·mm 或 kN·m。力偶对其作用面内任一点之矩恒等于力偶矩。

力偶矩的三要素：力偶的大小、力偶的转向、力偶的作用面。

3. 力偶的基本性质

根据力偶的定义和力偶的等效定理可得力偶的性质如下。

性质 1　力偶无合力，不能与一个力等效。

由于力偶中两个力的大小相等、方向相反，它们在任意坐标轴上的代数和恒等于零［图 2-17(a)］。这表明力偶对刚体在任何方向都没有使其移动的力，因此，**力偶不能简化为一个力，即力偶无合力，力偶对刚体只有转动效应，而无移动效应。**力偶是最简单的力系，力和力偶是静力分析的两个基本要素。

性质 2　力偶对任意点的力矩都等于力偶矩。

研究图 2-17(b) 所示的力偶（F，F'），在其作用平面内任意取三个点 A、B、C 作为力矩中心，设三点与 F 和 F' 作用线之间的垂直距离即力偶臂如图 2-17(b) 所示。若用 $M_O(F, F')$ 表示力偶对 A、B、C 点的力矩，分别有

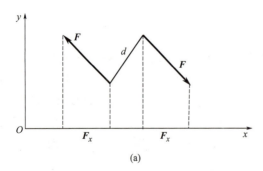 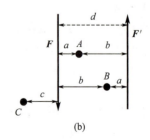

图 2-17

$$M_A = Fa + F'b = Fd$$
$$M_B = Fb + F'a = Fd$$
$$M_C = -Fc + F'(d+c) = Fd$$

这个结果表明：力偶中的两个力对其作用平面内任意一点的力矩的代数和恒等于力偶矩，而与力矩中心无关（图 2-18）。

图 2-18

性质 3　作用在同一平面内的两个力偶，若二者的力偶矩大小相等而且转向相同（同为正或同为负），则这两个力偶对刚体的作用等效（图 2-19）。

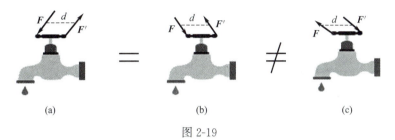

图 2-19

这个性质说明了力偶对刚体的转动效应取决于力偶的**三要素**：①力偶矩的大小；②力偶的转向；③力偶的作用平面。

根据这一性质可以得到以下两点推论：

（1） 只要保持力偶矩的大小和转向不变，力偶可在其作用平面内任意搬移而不改变它对刚体的作用效果。

（2） 只要保持力偶矩的大小和转向不变，可以同时改变 $M=\pm Fd$ 中力的大小和力臂的大小，而不改变它对刚体的作用效果。

以上推论可以直接用经验证实。例如汽车司机转动方向盘时，不论将力加在 A、B 位置 [图 2-20(a)] 还是 C、D 位置 [图 2-20(b)]，对方向盘的转动效应不变；如果司机双手施加的力增大为原来的 1.25 倍，而两个力的力臂减小为原来的 80% [图 2-20(c)]，则对方向盘的转动效应仍然不变。

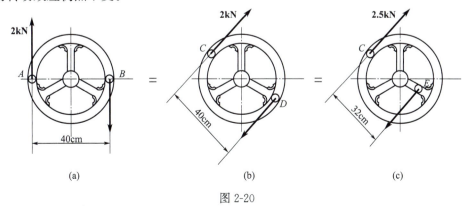

图 2-20

4. 力偶的符号

在平面问题中，由于力偶对刚体的转动效应取决于力偶矩的大小和转向，力偶也可以用一个带箭头的弧线来表示，如图 2-21 所示。

此外，还可以证明：只要保持力偶矩的大小和转向不变，力偶可以从一个平面移至另一个与之平行的平面，而不改变它对刚体的作用效果，如图 2-22 所示。

必须指出：上述有关力偶的等效性和推论，只适用于刚体，而不适用于变形体。

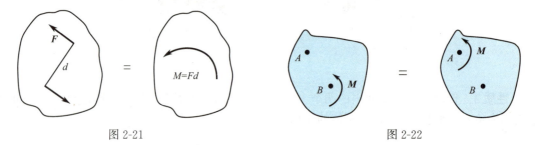

图 2-21　　　　　　　　　　　　　　图 2-22

第四节　平面力偶系的合成与平衡

一、平面力偶系的合成

如果物体上有两个或两个以上的力偶作用，这些力偶组成力偶系。力偶系中各力偶作用面均为同一平面（也可以是相互平行的平面），称为平面力偶系。

平面力偶系合成的结果为一合力偶，合力偶矩等于各分力偶矩的代数和，即

$$M = M_1 + M_2 + \cdots + M_n = \sum M_i \tag{2-12}$$

二、平面力偶系的平衡

平面力偶系合成的结果既然为一合力偶，要使力偶系平衡，则合力偶矩必须等于零，即

$$\sum M_i = 0 \tag{2-13}$$

由此得出结论，**平面力偶系平衡的必要和充分条件是**：力偶系中各力偶矩的代数和等于零。式(2-13)是平面力偶系平衡问题的基本方程，利用它可求出一个未知力。

【例 2-7】　钳工用丝锥攻螺纹时（图 2-23），作用在铰杠上的两个力分别为 F_1 和 F_2，已知 $F_1 = F_2 = 6\text{N}$，$d = 50\text{mm}$，求螺纹上产生的力偶 M。

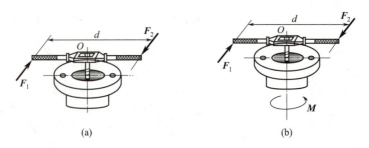

图 2-23

解：取铰杠为研究对象。

(1) 画出铰杠的受力图　攻螺纹时铰杠上部分受到已知两个力 F_1 和 F_2 的作用，也就

是一个力偶作用，下部分受到螺纹施加的力偶 M，处于平衡状态。

（2）列力偶系平衡方程，即合力偶矩等于零：

$$\sum M_i = 0$$
$$M - Fd = 0$$
$$M = Fd = 6 \times 50 = 300 (\text{N} \cdot \text{mm})$$

螺纹受到的力偶就等于铰杠受到的力偶。

【例 2-8】 如图 2-24 所示的梁 AB 作用一力偶，其力偶矩的大小 $M = 100\text{N} \cdot \text{m}$，梁长 $l = 5\text{m}$，不计梁的自重，求 A、B 两支座的约束力。

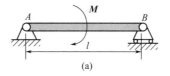
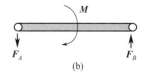

图 2-24

解：（1）画梁的受力图，受到力偶系作用。

（2）列力偶系平衡方程，即合力偶矩等于零：

$$\sum M_i = 0 \qquad F_B l - M = 0 \qquad F_A = F_B = \frac{M}{l} = \frac{100}{5} \text{N} = 20\text{N}$$

【例 2-9】 用多头钻床在水平放置的工件上钻孔时，每个钻头给工件施加一个力偶，如图 2-25 所示，已知 $M_1 = M_2 = M_3 = M_4 = -15\text{N} \cdot \text{m}$，求工件受到的总切削力偶矩 M 为多大。

解：取工件为研究对象。作用于工件的力偶有四个，各力偶矩大小相等，转向相同，而且作用在同一平面内。由式（2-12）可求出合力偶，总切削力偶矩为

$$M = M_1 + M_2 + M_3 + M_4 = 4 \times (-15) \text{N} \cdot \text{m} = -60 \text{N} \cdot \text{m}$$

负号表示 M 为顺时针转向。知道了总切削力偶矩的大小和转向后，就可考虑钻孔时对工件的夹紧措施，设计夹具。

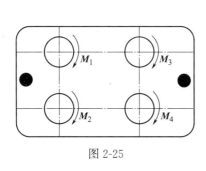

图 2-25

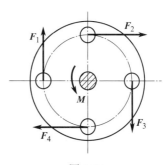

图 2-26

【例 2-10】 图 2-26 所示电动机轴通过联轴器与转轴连接，联轴器上的四个螺栓的孔心均匀地分布在同一圆周上，螺栓孔所在圆的直径 $d = 150\text{mm}$，电动机轴传递给联轴器的力偶矩 $M = 2.5\text{kN} \cdot \text{m}$，求每个螺栓所受的力。

解：取联轴器为研究对象。作用于联轴器上的力有电动机传递给联轴器的力偶矩 M、四个螺栓的约束力，假设四个螺栓的受力相等，即 $F_1 = F_2 = F_3 = F_4$，其方向如图 2-26 所示。由图可以看出，F_1 与 F_3、F_2 与 F_4 组成两个力偶，并与电动机轴传递给联轴器的力偶矩处于平衡，根据式（2-13）得

$$\sum M_i = 0 \qquad M - Fd - Fd = 0$$

$$F = \frac{M}{2d} = \frac{2.5}{2 \times 0.15} \text{kN} = 8.33 \text{kN}$$

【例 2-11】 图 2-27(a) 所示的为四杆机构。已知 $AB /\!/ CD$，$AB = 40 \text{cm}$，$CD = 60 \text{cm}$，$\alpha = 30°$，作用于 AB 杆上的力偶矩 $M_1 = 60 \text{N} \cdot \text{m}$，试求维持机构平衡时作用于 CD 杆上的力偶矩 M_2。

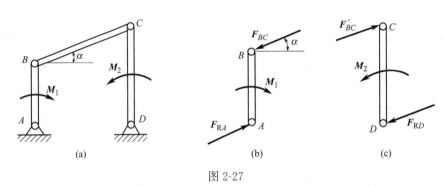

图 2-27

解：(1) 分别取 AB、CD 杆为研究对象，画出受力图。由于 BC 杆二处均为铰链约束，不计自重，无其他外力作用，所以是二力杆。AB、CD 杆作用力偶 M_1 与 F_{BC} 和 F_{RA} 组成的力偶平衡，CD 杆作用力偶 M_2 与 F'_{BC} 和 F_{RD} 组成的力偶平衡，如图 2-27(b)、(c) 所示。

(2) 建立平衡方程，求解未知力。根据平面力偶系的平衡条件，列出平衡方程。

对 AB 杆： $\sum M = 0$ $F_{BC} \cos 30° AB - M_1 = 0$

得 $$F_{BC} = \frac{M_1}{AB \cos 30°}$$

对 CD 杆： $\sum M = 0$ $-F'_{BC} \cos 30° CD + M_2 = 0$

得 $$M_2 = F'_{BC} \cos 30° CD = \frac{M_1 CD}{AB} = \frac{60 \times 0.6}{0.4} \text{N} \cdot \text{m} = 90 \text{N} \cdot \text{m}$$

此题也可以把 A、D 铰链处的约束力分为两个分力画，应用平面任意力系平衡方程求解。

第五节　平面任意力系的合成与平衡

一、平面任意力系的简化合成

如果作用在刚体上各个力的作用线都在同一平面内，既不汇交于一点又不全部平行，这样的力系被称为平面任意力系。如图 2-28(b) 所示的起吊机横梁，图 2-28(c) 所示的曲柄滑块机构，都受到平面任意力系作用。

1. 力的平移定理

力的平移原理：根据加减平衡力系和力偶的性质进行平行移动。

力的平移结果：在该点得到一个力和一个力偶，如图 2-29(c) 所示。

作用在刚体 A 点的力 F，欲将力平行移动到刚体上的 B 点，同时又不改变力对刚体的作用效果，怎么将力进行平移呢？根据加减平衡力系，在 B 点可以加一对与 F 大小相等的力 F' 和 F''，得到图 2-29(b)，同时 A、B 点处有两个力构成力偶，将力偶改画成力偶符号

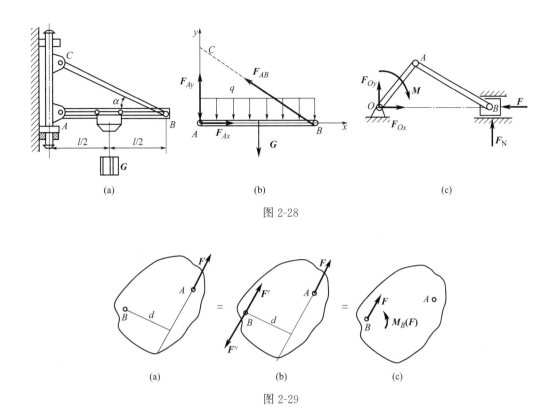

图 2-28

图 2-29

M，这样就得到图 2-29(c)。平移结果就是在 B 点作用一个与原来一样的力和一个附加力偶，力偶大小等于 A 点力对 B 点的力矩，为 $M=M_B(F)=-Fd$。也就是说，平移前的一个力与平移后的一个力和一个附加力偶等效。力的平移定理是任意力系向作用平面内任一点简化的依据。

2. 平面任意力系的简化

设在刚体上作用有平面任意力系 F_1、F_2、$\cdots$、F_n [图 2-30(a)]，在作用面内任意取一点 O，称为简化中心。根据力的平移定理，将力系中的各个力都向简化中心 O 点平移，得到一个汇交于 O 点的平面汇交力系 F_1'、F_2'、$\cdots$、F_n' 和一组相应的附加力偶系 M_1、M_2、$\cdots$、M_n [图 2-30(b)]。作用于简化中心 O 点的平面汇交力系中各个力的大小和方向分别与原力系中对应的各个力相同，即

$$F_1'=F_1, F_2'=F_2, \cdots, F_n'=F_n$$

而各附加力偶的力偶矩分别等于原来力系中各个力对简化中心 O 点的矩，即

$$M_1=M_O(F_1), M_2=M_O(F_2), \cdots, M_n=M_O(F_n)$$

(1) 力系的主矢 F_R' 作用于简化点的平面汇交力系可以合成为一个力，这个力矢量 F_R' 称为原平面任意力系的主矢 F_R'，它等于原力系中各个力的矢量和，其大小和方向均与简化中心的位置无关。主矢 F_R' 的大小和方向分别由以下两式确定：

$$\left. \begin{array}{l} F_R'=\sqrt{(F_{Rx}')^2+(F_{Ry}')^2}=\sqrt{(\sum F_x)^2+(\sum F_y)^2} \\ \tan\alpha=\left|\dfrac{F_{Ry}'}{F_{Rx}'}\right|=\left|\dfrac{\sum F_y}{\sum F_x}\right| \end{array} \right\} \quad (2\text{-}14)$$

(2) 力系的主矩 M_O 所得的附加力偶系可以合成为一个同平面内的力偶，这个力偶的

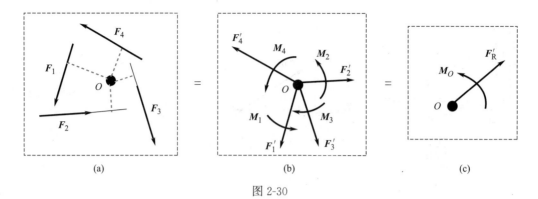

图 2-30

力偶矩 M_O 称为原平面任意力系对简化中心 O 点的主矩。主矩 M_O 则与简化中心的位置有关，它等于原力系中各个力对 O 点的矩的代数和，即

$$M_O = \sum M = \sum M_O(F) \tag{2-15}$$

由此可得如下结论：**平面任意力系向作用面内任一点简化可以得到一个主矢和一个主矩**[图 2-30(c)]。这个主矢等于原来力系中各个力的矢量和，作用在简化中心；主矩等于原来力系中各个力对简化中心之矩的代数和。

(3) 简化结果的讨论　平面任意力系向作用平面内任一点简化，得到一个主矢和一个主矩，现对主矢和主矩予以讨论。

① $F_R' \neq 0$，$M_O \neq 0$。由力线平移定理的逆过程可推知，主矢 F_R' 和主矩 M_O 也可以合成一个力 F_R，这个力就是平面任意力系的合力。所以，力系简化的最终结果是力系的合力 F_R，且大小和方向与主矢 F_R' 相同，其作用线与主矢 F_R' 的作用线平行，并且二者之间的垂直距离 $d = M_O / F_R'$。

② $F_R' \neq 0$，$M_O = 0$。这个结果是一个合力，主矩等于零，表明力系的简化中心正好选在了力系合力 F_R 的作用线上，主矢 F_R' 就是力系的合力 F_R，作用线通过简化中心。这种情况下与简化中心的选择有关。

③ $F_R' = 0$，$M_O \neq 0$。这个结果是一力偶系，表明原力系为平面力偶系，在这种情况下，主矩的大小与简化中心的选择无关。

④ $F_R' = 0$，$M_O = 0$。表明原力系处于平衡状态，所以原力系为平衡力系。

【例 2-12】 图 2-31 所示的正方形平面板的边长为 $4a$，其上 A、O、B、C 点作用力分别为：$F_1 = F$，$F_2 = 2.828F$，$F_3 = 2F$，$F_4 = 3F$。试求力系合力 F_R 的大小以及合力 F_R 的方向。

解：（1）选 O 点为简化中心，建立的坐标系如图 2-31(a) 所示，计算力系的主矢和主矩。

$$\sum F_x = F_{1x} + F_{2x} + F_{3x} + F_{4x} = 0 + 2F + 2F - 3F = F$$
$$\sum F_y = F_{1y} + F_{2y} + F_{3y} + F_{4y} = -F + 2F + 0 + 0 = F$$

主矢的大小：$\quad F_R' = \sqrt{(\sum F_x)^2 + (\sum F_y)^2} = \sqrt{F^2 + F^2} = \sqrt{2}F$

主矢的方向：$\quad \tan\alpha = \left|\dfrac{\sum F_y}{\sum F_x}\right| = \dfrac{F}{F} = 1 \quad\quad \alpha = 45°$

主矩的大小：$\quad M_O = \sum M_O(F) = F_1 a + F_3 2a - F_4 a = Fa + 4Fa - 3Fa = 2Fa$

主矩的转向沿逆时针方向。力系向 O 点简化的结果如图 2-31(b) 所示。

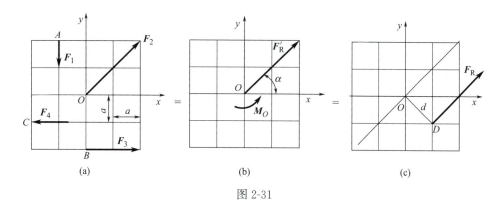

图 2-31

(2) 由于 $F'_R \neq 0$，所以主矢和主矩也可合成一个合力 F_R，即 $F_R = F'_R = 1.414F$。合力 F_R 的作用线到 O 点的距离 $d = M_O/F_R = 2Fa/(1.414F) = 1.414a$。如图 2-31(c) 所示，力系的合力 F_R 的作用线通过 D 点。

二、平面任意力系的平衡方程及其应用

1. 平面任意力系的平衡方程

由上一节可知，作用于刚体上的平面任意力系向作用平面内任一点简化后，如果主矢和主矩等于零，这表明刚体既不能移动也不能转动，刚体处于平衡状态。由此得出结论，**平面任意力系平衡的必要和充分条件是，力系的主矢和力系对作用平面内任一点的主矩同时等于零**，即

$$F'_R = \sqrt{(\sum F_x)^2 + (\sum F_y)^2} = 0 \qquad M_O = \sum M_O(F) = 0$$

由此可得平面任意力系的平衡方程基本形式为

$$\left.\begin{array}{l} \sum F_x = 0 \\ \sum F_y = 0 \\ \sum M_O(F) = 0 \end{array}\right\} \qquad (2\text{-}16)$$

式(2-16) 称为平面任意力系的平衡方程，**力系中各个力在直角坐标系 Oxy 的两个坐标轴上投影的代数和分别等于零，以及各个力对平面内任一点的矩的代数和也等于零**。其中前两个称为投影方程，后一个称为力矩方程。由这三个独立的方程可以确定三个未知量。

2. 平衡方程的应用

在应用平衡方程求解平面任意力系平衡问题时，式(2-16) 中三个方程各自独立，没有先后顺序关系，可根据解题方便而首先选用其中的任一方程，再用其他两个方程。为了求解方便，直角坐标轴的选取一般与力系中未知力的作用线平行或垂直，而力矩中心则通常选在未知力作用点（或多力交点）上。下面举例说明平面任意力系平衡方程的具体应用。

【例 2-13】 如图 2-32(a) 所示，杆件 AB 由杆 CD 支撑，杆 CD 与水平杆夹角为 $45°$，在 B 点受集中力作用，求 A、C 处约束反力。

解：（1）分别画出 AB、CD 构件的受力图。CD 构件是二力构件，受一对压力作用，作用线在 C、D 两点的连线上。根据作用与反作用关系，AB 构件在 C 点受到反作用力 F'_C 的作用，A 点为固定铰链约束，画出两个正交分力。受力图分别如图 2-32(b)、(c) 所示。AB 构件受到的是平面任意力系。

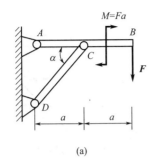 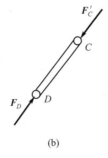 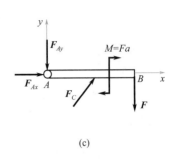

图 2-32

(2) 建立直角坐标系。
(3) 列平衡方程。

$\sum F_x = 0 \qquad\qquad F_{Ax} + F_C\cos\alpha = 0$
$\sum F_y = 0 \qquad\qquad F_C\sin\alpha - F_{Ay} - F = 0$
$\sum M_A = 0 \qquad\qquad F_C a\sin\alpha - M - F \times 2a = 0$

$$F_{Ax} = -3F$$
$$F_{Ay} = 2F$$
$$F_C = 3\sqrt{2}\,F$$

对于平面任意力系列平衡方程时，能否用以下三个平衡方程进行求解呢？请读者试着计算。

$$\sum F_x = 0$$
$$\sum M_A = 0$$
$$\sum M_B = 0$$

【例 2-14】 起重机简图如图 2-33(a) 所示，已知机身重 $G = 700\text{kN}$，重心与机架中心线距离为 4m，最大起重量 $G_{1\max} = 200\text{kN}$，最大吊臂长为 12m，轨距为 4m，平衡块重 G_2，G_2 的作用线至机身中心线距离为 6m。试求保证起重机满载和空载时不翻倒的平衡块重。

 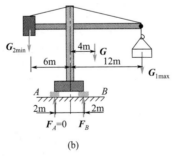 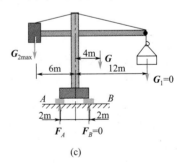

图 2-33

解：求平衡块重满载时，受力为平面平行力系，如图 2-33(b) 所示，机身处于向右倾倒的临界状态。

$\sum M_B = 0 \qquad G_{2\min} \times (6+2) - G \times 4 - 2 - G_{1\max} \times (12-2) = 0$
$$G_{2\min} = 425\text{kN}$$

空载时，受力如图 2-33(c) 所示，机身处于将向左倾倒的临界状态。

$\sum M_A = 0 \qquad G_{2\max} \times (6-2) - G \times (4+2) = 0$

$$G_{2\max}=1050\text{kN}$$

所以为了保证起重机安全，平衡块重必须满足

$$425\text{kN}<G_2<1050\text{kN}$$

【例 2-15】 加料小车重 $G=10\text{kN}$，由钢索牵引沿倾角 $\alpha=60°$ 的斜面轨道等速上升 [图 2-34(a)]。已知：小车重心在 C 点，$a=h=b=0.5\text{m}$，不计接触处摩擦，试求钢索拉力 F_T 和轨道作用于小车的约束力。

解：（1）根据约束性质分析约束力。取小车为研究对象，作用于其上的力有重力 G，钢索拉力 F_T 和轨道作用于小车的约束力 F_{NA}、F_{NB}，画出小车的受力图，如图 2-34(b) 所示。

（2）本题有两个未知力相互平行，取 x 轴与轨道平行，y 轴垂直于轨道，建立坐标系，求未知力。根据平面任意力系的平衡条件，列出平衡方程：

$$\sum F_x=0 \quad F_T-G\sin\alpha=0$$

得 $F_T=G\sin\alpha=G\sin60°$

$=10\times0.866\text{kN}=8.66\text{kN}$

$$\sum M_A(F)=0$$

$$F_{NB}(a+b)-F_T h+Gh\sin\alpha-Ga\cos\alpha=0$$

得

$$F_{NB}=\frac{Ga\cos\alpha}{a+b}=\frac{10\times0.5\times0.5}{1}\text{kN}=2.5\text{kN}$$

$$\sum F_y=0 \qquad F_{NA}+F_{NB}-G\cos\alpha=0$$

得 $F_{NA}=G\cos\alpha-F_{NB}=10\cos60°-2.5\text{kN}=2.5\text{kN}$

（3）校核（亦称结果验算）。对上面研究对象列出了三个独立平衡方程，其计算结果是否正确通常还需要校核。所用的方法是将已经计算出的结果作为已知力，连同研究对象上的主动力一起再以研究对象平面内另一任意点作为力矩中心，计算出这些力矩的代数和是否满足等于零，如等于零表示原计算结果正确；如计算结果不为零，应仔细分析，找出错误。

本题中，为检查计算结果是否正确，可再取平面内 C 点为矩心，验算

$$\sum M_C(F)=F_{NB}b-F_{NA}a=0$$

若满足则钢索拉力和轨道约束力计算正确。

平面各种力系平衡方程对照表如表 2-2 所示。

表 2-2 平面各种力系平衡方程对照表

平面汇交力系	平面平行力系	平面力偶系	平面任意力系
$\sum F_x=0$ $\sum F_y=0$	$\sum F_y=0$ $\sum M_A=0$	$\sum M_A=0$	$\sum F_x=0$ $\sum F_y=0$ $\sum M_A=0$

任务实施

已知曲柄滑块机构在图 2-35（a）所示位置时，AB 杆与水平线所夹锐角为 α，$F=400\text{N}$，试求曲柄 OA 上应加多大的力偶矩 M 才能使机构平衡。

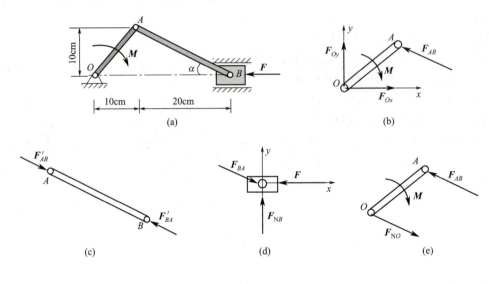

图 2-35

解：（1）分别画出 OA、AB 构件及 B 滑块的受力图。AB 构件是二力构件，受一对压力作用，作用线在 A、B 两点的连线上。根据作用与反作用关系，滑块 B 受到 F_{BA} 的作用，OA 构件在 A 点受到反作用 F_{AB}，O 点为固定铰链约束，画出两个正交分力。受力分别如图 2-35（a）、（b）、（c）所示。B 滑块受到平面汇交力系的作用，OA 构件受平面任意力系作用。

（2）建立直角坐标系。对 B 滑块和 OA 构件分别建立直角坐标系。

（3）列平衡方程。

先对 B 滑块列平衡方程求出 F_{BA}，然后对 OA 构件列平衡方程，求出 M。其中 F_{BA}、F_{AB} 大小相等。

对 B 滑块

$$\sum F_x = 0 \qquad F_{BA}\cos\alpha - F = 0$$

得

$$F_{BA} = \frac{F}{\cos\alpha}$$

对 OA 构件

得
$$\sum M_O = 0 \qquad F_{AB} \times OB\sin\alpha - M = 0$$

$$M = F_{AB} \times OB\sin\alpha = \frac{F}{\cos\alpha} \times OB\sin\alpha = 400 \times 30 \times \frac{10}{20}\text{N}\cdot\text{cm} = 6000\text{N}\cdot\text{cm} = 60\text{kN}\cdot\text{m}$$

注意： OA 构件受到力偶 M 作用，根据力偶只能用力偶来平衡，判断出 O 点和 A 点两处的力也构成一对力偶，受力如图 2-35（d）所示。是否可以根据平面力偶系平衡方程求出力偶 M 的大小呢？请读者试算之。

第六节　固定端和均布载荷

一、固定端约束

除了第一章中介绍的三种常见基本约束模型外，工程中还有一类常见的基本约束模型即固定端。如图 2-36(a) 所示的工件被夹紧在"自定心卡盘"上的一端，图 2-36(b) 所示的螺旋千斤顶的触地一端，图 2-36(c) 所示的电线杆埋在地下的一端，还有跳水台被固定在地板上的一端以及外伸阳台插入墙体部分等所受的约束都是限制构件在固定端随意地移动和转动，都称为"固定端"约束。

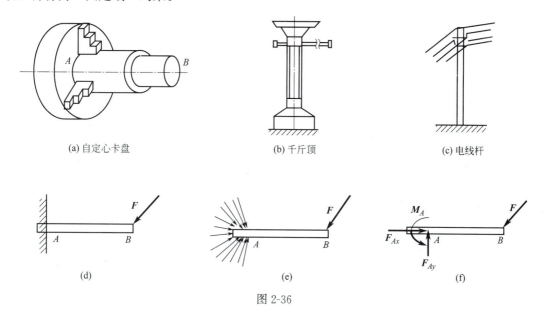

图 2-36

固定端的约束力比较复杂，它是一个平面任意力系，如图 2-36(e) 所示，把这个力系向 A 点简化，可得到一个作用在 A 点的主矢 F_A 和一个主矩 M_A。主矢 F_A 限制固定端的随意移动，方向暂不确定，可以用两个正交分力 F_{Ax} 和 F_{Ay} 来表示；主矩 M_A 限制了固定端的随意转动，其方向可以假设，所以固定端约束力的绘制如图 2-36(f) 所示。

二、均布载荷

均匀作用在构件上的载荷，称为均布载荷，也称为分布载荷。用载荷集度 q 表示每单位长度上作用力的大小，其单位是 N/m。计算时均布载荷可以按照一个合力 F_Q 作用在载荷分布长度 l 的中点，其大小 $F_Q=ql$，方向与 q 方向一致，如图 2-37 所示，即图 2-37(a) 所示受力按照图 2-37(b) 所示来计算。但是注意：两种受力杆件的变形效果不同，两个力不能等效。

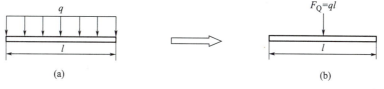

图 2-37

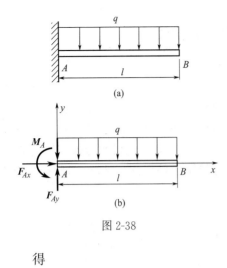

图 2-38

【**例 2-16**】 如图 2-38 所示为悬臂梁的平面力学简图。已知梁长为 l，作用有均布载荷 q，求梁固定端 A 的约束力。

解：（1）取梁为研究对象，画其受力图［图 2-38（b）］。梁受力有已知 q，固定端 A 的两个约束力 F_{Ax}、F_{Ay} 和一个约束力偶矩 M_A，方向均为假设。假设约束力偶矩 M_A 为逆时针转向。

（2）建立直角坐标系 Axy。假设约束力 F_{Ax}、F_{Ay} 分别与 x、y 轴的正向一致。

（3）列平衡方程，求解未知力。

$$\sum F_x = 0 \qquad F_{Ax} = 0$$
$$\sum F_y = 0 \qquad F_{Ay} - ql = 0$$

得
$$F_{Ay} = ql$$

$$\sum M_A = 0 \qquad M_A - ql \times \frac{l}{2} = 0$$

得
$$M_A = \frac{ql^2}{2}$$

【**例 2-17**】 悬臂梁［图 2-39（a）］上作用有分布载荷，载荷集度为 q，在梁的自由端点作用有集中力 $F = ql$ 和一个力偶矩 $M = ql^2$，梁的长度为 $2l$。试求固定端 A 约束处的约束力。

解：（1）取 AB 梁为研究对象，画出其受力图。作用于其上的力有分布载荷 q、集中力和集中力偶 M，A 端为固定端约束，有约束力 F_{Ax}、F_{Ay} 和约束力偶 M_A，如图 2-39（b）所示。

（2）建立直角坐标系 Axy，假设约束力 F_{Ax}、F_{Ay} 分别与 x、y 轴的正向一致。

（3）建立平衡方程，求解未知力。根据平面任意力系的平衡条件，列出平衡方程。

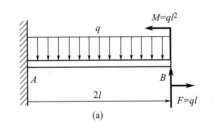
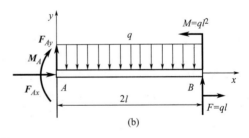

图 2-39

$$\sum F_x = 0 \qquad F_{Ax} = 0$$
$$\sum F_y = 0 \qquad F_{Ay} + F - 2ql = 0$$

得
$$F_{Ay} = 2ql - ql = ql$$

$$\sum M_A(F) = 0 \qquad -M_A - (2ql)l + F \times 2l + M = 0$$

得
$$M_A = -2ql^2 + 2Fl + M = -2ql^2 + 2ql^2 + ql^2 = ql^2$$

（4）校核。

$$\sum M_B(F) = -M_A + (2ql)l - F_{Ay} 2l + M = -ql^2 + 2ql^2 - 2ql^2 + ql^2 = 0$$

可见，计算结果正确。

【**例 2-18**】 图 2-40（a）所示的三角架结构，其下部牢固地固定在基础内，因而可视为固定端约束。已知：$q=200\text{N/m}$，$G=200\text{N}$，$a=2\text{m}$。试求固定端 A 的约束力。

解：（1）选取三角架结构为研究对象，绘制受力图。其上有主动力 G、q，以及固定端处约束力和约束力偶。由于方向未知，因此将约束力分解为 F_{Ax}、F_{Ay}。约束力偶 M_A 也假设为正方向，即逆时针方向。于是，三角架结构的受力图如图 2-40（b）所示。

（2）建立坐标系 Axy。假设约束力 F_{Ax}、F_{Ay} 分别与 x、y 轴的正向一致。

（3）列平衡方程，求解未知力。根据平面任意力系平衡条件，列出平衡方程。

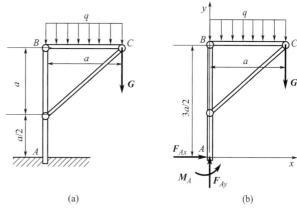

图 2-40

$\sum F_x = 0 \qquad F_{Ax}=0$

$\sum F_y = 0 \qquad F_{Ay}-G-qa=0$

得 $\qquad F_{Ay}=G+qa=(200+200\times 2)\text{N}=600\text{N}$

$\sum M_A(F)=0 \qquad M_A-Ga-qa\left(\dfrac{a}{2}\right)=0$

得 $\qquad M_A=Ga+\dfrac{qa^2}{2}=\left(200\times 2+\dfrac{200\times 2^2}{2}\right)\text{N}\cdot\text{m}=800\text{N}\cdot\text{m}$

（4）校核。为验算上述结果的正确性，可以计算作用在结构上的所有力对其作用平面内任意点的矩的代数和是否等于零。例如，对于 B 点：

$$\sum M_B(F)=M_A+F_{Ax}\left(\dfrac{3a}{2}\right)-\dfrac{qa^2}{2}-Ga=Ga+\dfrac{qa^2}{2}+0-\dfrac{qa^2}{2}-Ga=0$$

可见所得结果是正确的。

第七节　物体系统的平衡

一、静定与静不定问题

如果构件受到的力系中未知量的个数少于其独立平衡方程数目，则未知量可以全部由独立平衡方程求出，这样的问题称为静定问题；如果构件受到的力系中未知量的个数多于其独立平衡方程数目，则未知量不能由独立平衡方程全部求解出，这样的问题称为静不定问题。前述构件在平面任意力系的平衡问题中，可以列出三个独立的平衡方程，平面汇交力系和平面平行力系均可以列两个独立平衡方程，平面力偶系只可以列一个独立平衡方程，由此方便我们判断系统是静定还是静不定问题。

工程上有许多构件或结构，为了提高其强度和刚度，往往**增加约束**，因而未知量个数超过平衡方程个数，用静力学平衡方程不可能求出所有的未知量，这类问题称为静不定问题（静不定问题将在材料力学部分予以研究）。

在图 2-41（a）中，构件在平面任意力系作用下处于平衡状态，有三个未知力，能够列出的独立平衡方程式也是三个，因此是"静定问题"。如果在图 2-41（b）中再添加一个活动铰链支座 C，则未知力总共有四个，因此是静不定问题。

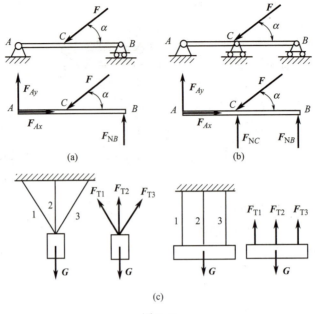

图 2-41

图 2-41(c) 所示的平面汇交力系和平面平行力系的未知力有三个,但其独立的平衡方程式只有两个,均属于静不定问题。

二、物体系统的平衡问题

前面求解的大多是单个构件受力的平衡问题,工程中常见的是由两个或两个以上的构件以一定的约束方式连成一个整体的机器或结构,称为"物体系统"。在分析它们的平衡问题时,就是在分析物体系统的平衡问题。在物体系统中,构件数目不止一个,如果物体系统是平衡的,则组成这一系统的每个局部系统,以及系统中的每一个构件也必然是平衡的。有时整个物体系统属于静不定问题,需要首先分析系统中其他构件的平衡,然后研究整体的平衡。因此,只要合适地考虑整体平衡和局部平衡,就可以解出全部未知力。这就是物体系统平衡问题的特点。

【**例 2-19**】 图 2-42(a) 所示的三铰拱由两个物体组成,已知 $F=2G$。尺寸如图所示,试求 A、B、C 三处的约束力。

解:(1)先取整体为研究对象,绘制受力图。解除 A、B 二处的约束,各得到两个约束力,如图 2-42(b) 所示。可以看出,考虑整体平衡时,因为 B 处的约束未解除,所以 B 处的约束力是系统的内力,对于两个连接的刚体互为作用力和反作用力,不影响整体的平衡方程,故不予考虑。

考虑整体平衡,只有三个独立的平衡方程,而未知力共有四个,仅由此不能解出全部未知约束力。但可以列平衡方程解出其中的某些未知力或建立它们之间的相互关系。

$$\sum M_A(F)=0 \qquad F_{Cy}4a-F\times 2a-Ga-G\times 3a=0$$

得

$$F_{Cy}=\frac{2Fa+4Ga}{4a}=2G$$

$$\sum F_y=0 \qquad F_{Ay}+F_{Cy}-G-G=0$$

得

$$F_{Ay}=-F_{Cy}+G+G=0$$

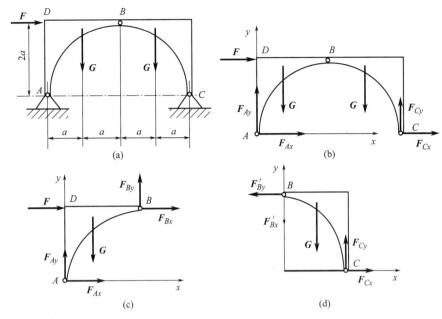

图 2-42

$\sum F_x = 0 \qquad F_{Ax} + F_{Cx} + F = 0$

这样，在四个未知约束力中只剩下两个是未知的。

(2) 再以构件 ADB 为研究对象，画出 ADB 的受力图。这时 B 处的约束已经解除，原来作为系统内力的约束力，对于构件 ADB 来说则为外力。其受力如图 2-42(c) 所示，其上共有三个未知力 F_{Ax}、F_{Bx}、F_{By}。根据平面任意力系的平衡条件，列出平衡方程：

$\sum M_B(F) = 0 \qquad F_{Ax} \times 2a + Ga - F_{Ay} \times 2a = 0$

得
$$F_{Ax} = \frac{F_{Ay} \times 2a - Ga}{2a} = \frac{0 - Ga}{2a} = -\frac{G}{2}$$

$\sum F_y = 0 \qquad F_{Ay} + F_{By} - G = 0$

得
$$F_{By} = -F_{Ay} + G = 0 + G = G$$

$\sum F_x = 0 \qquad F_{Ax} + F_{Bx} + F = 0$

得
$$F_{Bx} = -F_{Ax} - F = -\left(-\frac{G}{2}\right) - F = \frac{G}{2} - 2G = -\frac{3G}{2}$$

由 $F_{Ax} + F_{Cx} + F = 0$ 得 $F_{Cx} = -\frac{3G}{2}$

负号表示所假设的约束力方向与实际的方向相反。

本例题中，如果不取构件 ADB 作为研究对象，而以构件 BC 作为研究对象，计算还要简单些，这是因为构件 BC 上作用的力比较少。因此求解物体系统的平衡问题时，往往要选择两个以上的研究对象，分别画出其受力图，列出必要的平衡方程，然后求解。

本题解题方案有三种：(1) 分别选取 ADB、BC 为研究对象（根据题意要求 B 铰链的约束力，必然要将系统拆开来分析），画出它们的受力图，列出相应的平衡方程求解。(2) 分别选取三铰拱整体和 ADB 为研究对象（正如本例题解法），画出它们的受力图，列出平衡方程求解。(3) 分别选取三铰拱整体和 BC 为研究对象，画出受力图，列出平衡方程求解。比较这三种方案，选择其中较简捷的一种会使解题过程变得简单。第一方案会遇到解联立方程问题；第二方案中 ADB 的受力图上比第三方案多作用一个力 F，因此第三方案较简捷。

第八节 考虑摩擦时物体的平衡问题

一、考虑摩擦时物体的临界平衡问题

对考虑摩擦时的平衡问题，与前面不考虑摩擦时的分析过程与解题方法一样，即物体平衡时，其上所受的力必须满足平衡条件，应用平衡方程求解未知量。

二、考虑摩擦时的平衡特点

首先，画受力图时，必须画出摩擦力，其方向与相对滑动趋势的方向相反。其次，由于在静滑动摩擦中，摩擦力的大小在一定的范围内变化，$0 \leqslant F \leqslant F_{fmax}$，当物体处于临界状态时，摩擦力达到最大值。

实验证明，静滑动摩擦力的最大值 F_{fmax} 与接触面间的正压力 F_N 成正比，即

$$F_{fmax} = \mu_s F_N \tag{2-17}$$

这就是静滑动摩擦定律。式中比例常数 μ_s 称为静滑动摩擦系数，简称静摩擦系数，它是一个无量纲的正数。摩擦系数的大小与两接触物体的材料、表面粗糙度、干湿度、温度等有关，而一般与接触面积的大小无关。有的值可以从有关手册中查到，表 2-3 中列出了部分常用材料的摩擦系数。

表 2-3 常用材料的摩擦系数

摩擦副材料		无润滑表面的摩擦系数		润滑表面的摩擦系数	
I	II	μ_s	μ	μ_s	μ
钢	钢	0.15	0.10	0.10~0.12	0.05~0.10
钢	铸铁	0.20~0.30	0.16~0.18	0.05~0.15	0.05~0.15
钢	青铜	0.15~0.18	0.15~0.18	0.10~0.15	0.07
铸铁	皮革	0.55	0.28	0.15	0.12

实验证明，动摩擦力 F_μ 的大小也与接触物体间的正压力 F_N 成正比，即

$$F_\mu = \mu F_N \tag{2-18}$$

上式中 μ 称为动滑动摩擦系数，简称动摩擦系数，它除了与接触物体的材料及表面状况等因素有关外，还与物体的相对滑动速度有关，随相对滑动速度的增大而减小。当相对滑动速度不大时，动摩擦系数可近似地认为是个常数，μ 的值可以从有关手册中查到，部分常用材料的 μ 值可参阅表 2-3。动摩擦系数一般小于静摩擦系数，即 $\mu < \mu_s$。

工程中有些问题只需分析平衡的临界平衡状态，这时可列出式（2-18）作为补充方程。

【例 2-20】 用 $F=100N$ 的力拉一重 $G=500N$ 的重物〔图 2-43(a)〕。已知 $\alpha=30°$，重物与地面间的静摩擦系数 $\mu_s=0.2$。试求：（1）重物是否滑动，此时摩擦力为多少？（2）若要使重物滑动，所需拉力 F 至少为多大？

解：（1）取重物为研究对象，画受力图，如图 2-43(b) 所示，建立坐标系，假设重物尚未滑动，即

$$\sum F_x = 0 \qquad -F_f + F\cos\alpha = 0$$

得

$$F_f = F\cos\alpha = 100 \times \cos 30° = 86.6(N)$$

$$\sum F_y = 0 \qquad F_N + F\sin\alpha - G = 0$$

得 $F_N = G - F\sin\alpha = 500 - 100\sin 30° = 450\text{N}$

而最大静摩擦力 $F_{fmax} = \mu_s F_N = 0.2 \times 450 = 90(\text{N})$

由于 $F_f < F_{fmax}$，故重物不可能滑动，处于平衡状态，静摩擦力等于86.6N。

(2) 为计算使重物产生滑动时所需的最小拉力，只需考虑重物处于临界平衡状态，即 $F_{fmax} = \mu_s F_N$，列平衡方程式并求解：

$\sum F_y = 0 \qquad F_N + F_{min}\sin\alpha - G = 0$

$\qquad\qquad F_N = G - F_{min}\sin\alpha$

于是最大静摩擦力：$\qquad F_{fmax} = \mu_s(G - F_{min}\sin\alpha)$

$\sum F_x = 0 \qquad -F_{fmax} + F_{min}\cos\alpha = 0$

得 $F_{min} = \dfrac{\mu_s G}{\cos\alpha + \mu_s \sin\alpha} = \dfrac{0.2 \times 500}{\cos 30° + 0.2 \times \sin 30°} = 103.5(\text{N})$

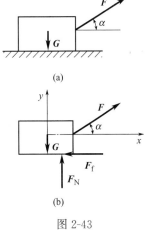

图 2-43

分析此例可知，在已知主动力、摩擦系数，要求判定物体是处于相对静止，还是相对滑动状态的问题时，先假定物体处于平衡，然后按平衡条件，求出平衡时需要的摩擦力 F_f 的值，再与可能提供的最大静摩擦力比较，如果 $F_f < F_{fmax}$，则可确定该物体是处于平衡状态，反之就是不平衡状态。必须注意，只有在临界状态时静摩擦力达到最大值，才等于 F_{fmax}。

【例 2-21】 制动器的构造和主要尺寸如图 2-44(a) 所示。制动块与鼓轮外表面间的静摩擦系数为 μ_s，试求制动力 F 至少为多大才能使鼓轮静止。

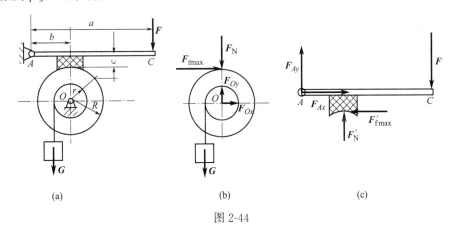

图 2-44

解：这是一个物体系统的平衡问题。当制动力 F 为最小值时，鼓轮处于临界平衡状态，此时摩擦力达到最大，且

$$F_{fmax} = \mu_s F_N$$

(1) 先取鼓轮为研究对象，画受力图，如图 2-44(b) 所示。列出平衡方程并求解：

$\sum M_O(F) = 0 \qquad -F_{fmax} R + Gr = 0$

得 $\qquad\qquad F_{fmax} = \dfrac{Gr}{R}$

再列出补充方程 $F_{fmax} = \mu_s F_N$

得 $\qquad\qquad F_N = \dfrac{F_{fmax}}{\mu_s} = \dfrac{Gr}{\mu_s R}$

(2) 再取制动杆为研究对象,画受力图,如图 2-44(c) 所示。列出平衡方程并求解:

$$\sum M_A(F)=0 \qquad -F_{\min}a - F'_{\text{fmax}}c + F'_N b = 0$$

得

$$F_{\min} = \frac{F'_N b - F'_{\text{fmax}} c}{a} = \frac{Gr}{aR}\left(\frac{b}{\mu_s} - c\right)$$

三、摩擦角和自锁条件的应用

1. 摩擦角

在考虑摩擦的情况下,接触面对物体的约束力由两部分组成,即法向约束力 F_N 与沿接触面间的摩擦力 F_f,它们的合力 F_R 称为接触面的全约束力[图 2-45(a)]。全约束力 F_R 与法向支持力 F_N 之间的夹角 φ 将随摩擦力 F_f 的增大而增大。当摩擦力 F_f 达到 F_{fmax} 时,夹角 φ 也达到最大值 φ_m,称为摩擦角。由图 2-45(b) 可得

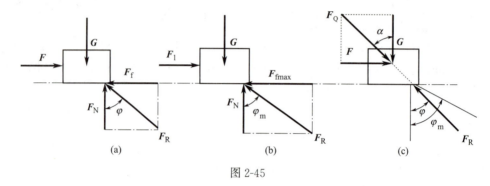

图 2-45

$$\tan\varphi_m = \frac{F_{\text{fmax}}}{F_N} = \frac{\mu_s F_N}{F_N} = \mu_s \tag{2-19}$$

上式表明:摩擦角 φ_m 的正切等于静摩擦系数,可见,摩擦角也是表示物体材料摩擦性质的物理量。

2. 自锁条件

物体平衡时,静摩擦力总是小于或等于最大摩擦力,全约束力 F_R 与接触面法线间的夹角 φ 总是小于或等于摩擦角 φ_m,即

$$0 \leqslant \varphi \leqslant \varphi_m \tag{2-20}$$

上式说明摩擦角 φ_m 还表示物体平衡时全约束力 F_R 的作用线应有的范围,即只要全约束力 F_R 的作用线在摩擦角内,物体总是平衡的。

如果把作用在物体上的主动力 G 和 F 合成力 F_Q,则它与接触面法线间的夹角为 α,如图 2-45(c) 所示。当物体平衡时,由二力平衡条件知,F_Q 与 F_R 应等值、反向、共线,得 $\alpha = \varphi$。再与式(2-20)比较可知,当物体平衡时,应满足下列条件:

$$\alpha \leqslant \varphi_m$$

也就是说,作用于物体上的主动力的合力 F_Q,不论其大小如何,只要其作用线与接触面法线间的夹角 α 小于或等于摩擦角 φ_m,物体总能处于平衡,能自动"卡住",这种现象称为摩擦自锁,简称自锁。这种与主动力大小无关,而只与所受载荷的几何条件及摩擦角有关的平衡条件称为自锁条件。

3. 自锁在工程中的应用

(1) 如图 2-46 所示重物块在斜面上的自锁条件是斜面的倾角 α 小于或等于摩擦角 φ_m,

即 $\alpha \leqslant \varphi_m$

(2) 螺旋千斤顶的自锁条件。 上述斜面的自锁条件可以用来说明机械中螺旋千斤顶的自锁问题，如图 2-46 所示。螺旋千斤顶中的丝杠与底座中螺母的作用可简化为一物体放在斜面上的摩擦问题。螺母的螺纹可以看成绕在一个圆柱体上的斜面，斜面的倾角就是螺旋角。丝杠相当于放置在斜面上的重物。螺旋千斤顶在使用过程

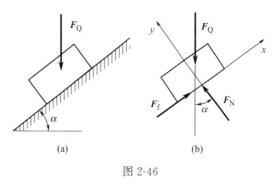

图 2-46

中，要求举起重物后，丝杠（连同重物）不会自动下降，因此螺旋千斤顶的自锁条件为螺纹的螺旋角不超过摩擦角，即

$$\alpha \leqslant \varphi_m$$

这也就是我们看到的用连接件连接的自行车不会散架的原因。另外，有些机械中，要尽量避免自锁现象的发生，以保证运动的正常进行。例如工作台在道轨中要求能顺利地滑动，不允许发生卡死现象（即不允许自锁）。

【例 2-22】 重力为 G 的重物块放在倾角为 α 的斜面上 [图 2-47(a)]，重物块与斜面间的静摩擦系数为 μ_s，当 $\tan\alpha > \mu_s$ 时，试求使重物块静止时水平力 F 的大小。

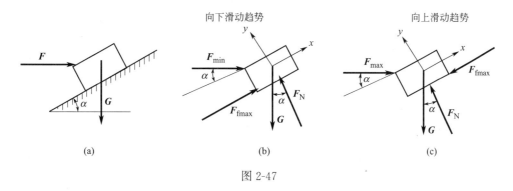

图 2-47

解： 要使重物块静止，F 值不能过大，也不能太小。若 F 过大，重物块将向上滑动；若 F 太小，则重物块将向下滑动。因此，力 F 的数值必须在某一范围内。

(1) 首先求出重物块刚好不下滑的 $F_{\min}$ 值。当物体受力 $F_{\min}$ 时，重物块处于有向下滑动趋势的临界状态，此时摩擦力沿斜面向上并达到最大值。重物的受力如图 2-47(b) 所示。列出平衡方程：

$$\sum F_x = 0 \qquad F_{\min}\cos\alpha - G\sin\alpha + F_{f\max} = 0$$

得 $\qquad F_{f\max} = \mu_s F_N = -F_{\min}\cos\alpha + G\sin\alpha$

$$\sum F_y = 0 \qquad F_N - F_{\min}\sin\alpha - G\cos\alpha = 0$$

得 $\qquad F_N = F_{\min}\sin\alpha + G\cos\alpha$

代入 $F_{f\max}$ 的表达式得 $\qquad F_{\min} = \dfrac{\sin\alpha - \mu_s\cos\alpha}{\cos\alpha + \mu_s\sin\alpha} G$

给方程式上下同除以 $\cos\alpha$ 得 $\qquad F_{\min} = \dfrac{\tan\alpha - \mu_s}{1 + \mu_s\tan\alpha} G$

若考虑到摩擦角 $\mu_s = \tan\varphi_m$，则上述表达式可简化为 $F_{\min} = G\tan(\alpha - \varphi_m)$。

(2) 求重物块刚好不上滑动时的 F_{max} 值。重物块在 F_{max} 的作用下处于有向上滑动趋势的临界平衡状态,所以摩擦力沿斜面向下并达到最大值,重物块的受力如图 2-47(c) 所示。列出平衡方程:

$$\sum F_x = 0 \qquad F_{max}\cos\alpha - G\sin\alpha - F_{fmax} = 0$$

得

$$F_{fmax} = \mu_s F_N = F_{max}\cos\alpha - G\sin\alpha$$

$$\sum F_y = 0 \qquad F_N - F_{max}\sin\alpha - G\cos\alpha = 0$$

得

$$F_N = F_{max}\sin\alpha + G\cos\alpha$$

代入 F_{fmax} 的表达式得

$$F_{max} = \frac{\sin\alpha + \mu_s\cos\alpha}{\cos\alpha - \mu_s\sin\alpha}G$$

给方程式上下同除以 $\cos\alpha$ 得

$$F_{max} = \frac{\tan\alpha + \mu_s}{1 - \mu_s\tan\alpha}G$$

若考虑到摩擦角 $\mu_s = \tan\varphi_m$,则上述表达式可简化为

$$F_{max} = G\tan(\alpha + \varphi_m)$$

综合以上结果可知,使重物块静止时的水平力 F 的大小应为

$$F_{min} = G\tan(\alpha - \varphi_m) \leqslant F \leqslant F_{max} = G\tan(\alpha + \varphi_m)$$

四、滚动摩擦简介

当搬运地面上很重的物体时,很难推动,如果重物底部垫上辊轴就容易推动了。这说明用滚动代替滑动,所受到的摩擦阻力要小得多,车辆用车轮、机器中用滚动轴承就是利用了这个性质。

为什么滚动比滑动的摩擦力小?滚动摩擦有什么特性?下面通过分析车轮滚动时所受的阻力来回答上述问题。

将一重力为 G 的车轮放在地面上,在车轮上加微小的水平拉力 F,此时车轮与地面接触处就会产生摩擦阻力 F_f,以阻止车轮滑动。如图 2-48(a) 所示,主动力 F 与滑动摩擦力 F_f 构成一个力偶,其大小为 Fr,它将驱使车轮转动。其实,若 F 不大,转动并不会发生,这说明还存在一个阻止转动的力偶,这就是滚动摩擦力偶。实际上,在车轮重力作用下,车轮与地面都会产生变形。变形后,车轮与地面接触面上的约束力分布情况如图 2-48(b) 所示。

若将这些分布约束力向 A 点作简化,可得法向约束力 F_N、切向约束力 F_f(滑动摩擦力)及滚动摩擦力偶 M_f,如图 2-48(c) 所示。当 F 逐渐增加时,M_f 也会增加,但也有一最大值 M_{fmax};当 F 再增加,滚动就开始了。

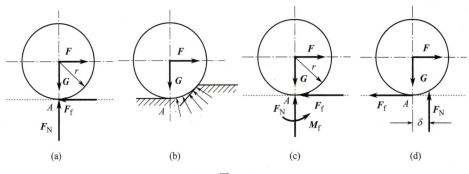

图 2-48

实验表明，滚动摩擦力偶的最大值 M_{fmax} 与两个相互接触物体间的法向约束力成正比，即

$$M_{\text{fmax}} = \delta F_N \tag{2-21}$$

这就是滚动摩擦定律。式中，比例常数 δ 的单位是 mm，可视为接触面的法向约束力与理论接触点的偏离值 e 的最大值［图 2-48(d)］，称为滚动摩擦系数。该系数取决于相互接触物体表面的材料性质和表面状况，可由实验得到。表 2-4 给出了几种常见材料的滚动摩擦系数参考值。通常接触处变形越小，μ_k 值就越小。

表 2-4　常用材料滚动摩擦系数 μ_k　　　　　　　　　　　　　　　　　cm

滚轮	滚道	μ_k	滚轮	滚道	μ_k
钢	钢	0.02～0.04	钢	碎石路	0.12～0.50
钢	木	0.15～0.25	钢	软土路	7.50～12.5

【例 2-23】 试分析重力为 G 的车轮，受水平力 F 作用下的滑动与滚动条件。

解：车轮受力图见图 2-48(c)。车轮的滑动条件为 $F > \mu_s F_N$，故 $F > \mu_s G$；车轮的滚动条件为 $Fr > M_{\text{fmax}}$，故 $F > \mu_s G/r$。

由于 $\mu_s G/r \ll \mu_s G$，所以使车轮滚动比滑动要容易得多。

当物体在支承面上进行纯滚动时，在接触点处也一定产生一个滑动摩擦力 F_f，但它并未达到最大值，也不是动摩擦力。其大小在静力学问题中要由平衡方程求得，在动力学问题中要由动力学方程解出。

本章小结

本章主要研究平面力系作用下物体的平衡问题。

一、力的投影和分解

（1）力的投影　沿力的两端向坐标轴作垂线，两垂足在轴上截取的线段，称为力在坐标轴上的投影，记作 F_x、F_y，有正负之分，是代数量。

（2）力的分解　沿力的两端向坐标轴作平行线，平行线相交构成的平行四边形的两边是分力，力在同轴上的投影和分力大小相等，但力是矢量而投影是代数量。

（3）合力投影定理　合力在某一轴上的投影等于各分力在同一轴上的投影和。

二、力矩和力偶

（1）力矩　力使物体产生转动效应的量度称为力矩。

（2）合力矩定理　合力对某点的力矩等于各分力对同一点的力矩和。

（3）力偶　一对大小相等、方向相反、作用线平行的力称为力偶。

（4）性质

① 力偶无合力，不能与一个力等效，只能用力偶等效。

② 力偶对任意点的力矩都等于力偶矩，对不同点求解的力矩不同。

③ 作用在同一平面内的两个力偶，若二者的力偶矩大小相等而且转向相同（同为正或同为负），则这两个力偶对刚体的作用等效。

（5）力的平移定理　作用在物体上的力，可平移到物体上力线以外的任意点，必须附加一个力偶。附加力偶的大小等于原力对平移点的力矩。

三、平面汇交力系的合成与平衡

(1) 合成　平面汇交力系可合成一个合力 F_R，合力的大小和方向分别为

$$F_R = \sqrt{(\sum F_x)^2 + (\sum F_y)^2} \qquad \tan\alpha = \left|\frac{\sum F_y}{\sum F_x}\right|$$

(2) 平衡　平面汇交力系平衡的充要条件是力系的合力 $F_R = 0$，即满足下列两个独立的平衡方程：

$$\left.\begin{array}{l}\sum F_x = 0 \\ \sum F_y = 0\end{array}\right\}$$

应用这两个平衡方程解题时，为使计算简捷，坐标轴一般选在与未知力垂直的方向上。

四、平面任意力系的简化与平衡

(1) 平衡方程基本形式为

$$\left.\begin{array}{l}\sum F_x = 0 \\ \sum F_y = 0 \\ \sum M_O(F) = 0\end{array}\right\} \quad 或者 \quad \left.\begin{array}{l}\sum F_x = 0 \\ \sum M_A(F) = 0 \\ \sum M_B(F) = 0\end{array}\right\}$$

(2) 考虑摩擦时物体的平衡

① 静滑动摩擦力：沿接触面作用点的切线，始终与滑动趋势的方向相反。大小为：平衡状态时 $0 \leqslant F_f \leqslant F_{max}$，临界状态时 $F_{max} = \mu_s F_N$。

② 摩擦角与自锁：最大静摩擦力与法线的夹角 φ_m 称为摩擦角。自锁条件是 $\varphi \leqslant \varphi_m$。

③ 滚动摩擦：滚阻力偶矩 $0 \leqslant M_f \leqslant M_{fmax}$，最大滚动摩擦力偶 $M_{fmax} = \delta F_N$。

(3) 固定端约束　即限制构件在此处移动和转动的约束。简化为两个约束力和一个约束力偶。

(4) 均布载荷　即均匀作用在构件上的载荷。按照合力作用在均布载荷长度的中点计算。

五、物体系统的平衡

(1) 静定与静不定的概念　力系中未知量的个数不超过独立平衡方程个数的问题称为静定问题；力系中未知量的个数多于独立平衡方程个数的问题称为静不定问题。

(2) 物体系统的平衡问题求解　物系平衡时，组成物系的各个构件也处于平衡。分别取整体和单个构件为研究对象，或者分别取不同的单个构件为研究对象求解。

思 考 题

2-1　平面汇交力系求合力的方法有哪些种？图 2-49 中求合力的方法是什么方法？

2-2　如图 2-50 所示，将力 F 向两个坐标轴上进行投影和分解，试分析投影和分力之间有什么相同和不同之处。

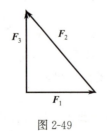

图 2-49

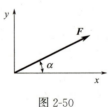

图 2-50

2-3 图 2-51 中力 F 对 A 点的力矩是多少？

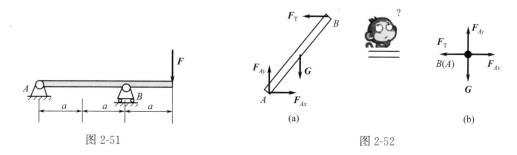

图 2-51 图 2-52

2-4 能将图 2-52 中的 (a) 受力图画成 (b) 受力图吗？为什么？

2-5 如图 2-53 所示，物体在 A、B 两点受到两个大小相等、作用线平行的力，请问这两个力能使物体平衡吗。试问在 A、B 两点画出怎样的两个力能使物体平衡。

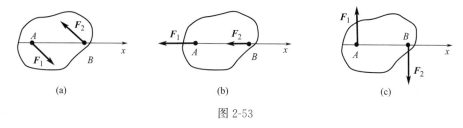

图 2-53

2-6 滑轮受力图如图 2-54 所示，图 (b) 中 $F_1=F_2=F/2$。试用力线平移定理的概念说明：

(1) 图 (a) 中的力 F 和图 (b) 中 F_1、F_2 对滑轮的作用效应有什么区别？

(2) 图 (a) 和图 (b) 中轴承的约束力是否相同？

2-7 如图 2-55 所示，一绞盘有三个等长的柄，长度为 l，其间夹角为 $120°$，每个柄的端部都作用一个垂直于柄轴线的力 F。

(1) 试计算力系向 O 点简化的结果。

(2) 试计算力系向 D 点简化的结果。

(3) 这两个结果说明什么问题？力系的主矢与合力有何关系？

2-8 如图 2-56 所示，物体在 A、B、C 三点各作用力 F，三力构成一等边三角形，试分析物体是否处于平衡状态。为什么？若平面任意力系向作用平面内某一点简化后得一合力，能否选择适当的另一点使简化结果为一合力偶？为什么？

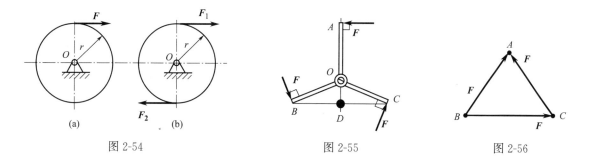

图 2-54 图 2-55 图 2-56

2-9 分别将平面汇交力系、平面力偶系、平面平行力系向作用平面内任一点简化，其结果分别是什么？

2-10 如图 2-57 所示，在构件 BC 上分别作用一力偶 M 或一力 F。当求铰链 C 的约束力时，能否将力偶 M 或单一力 F 分别移到构件 AC 上？为什么？

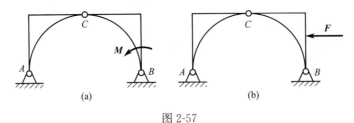

图 2-57

2-11 在哪些情况下，固定铰链约束力的方向可以直接确定，而不需要分解为相互垂直的两个分力？为什么？

2-12 平面任意力系的平衡条件是什么？其平衡方程式有几种形式？如何选取直角坐标轴和矩心能使计算简捷？

2-13 分析和解决刚体系统平衡问题时，在什么情况下不考虑内力？在什么情况下内力可以转化为外力？

2-14 如何判断静定和静不定问题？判断图 2-58 中所示结构是静定问题还是静不定问题。

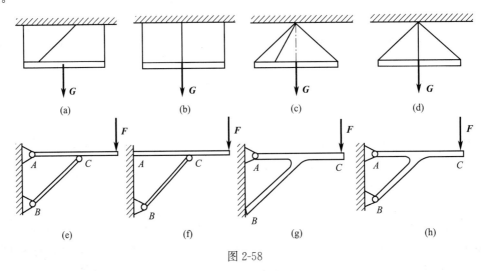

图 2-58

2-15 滑动摩擦定律中正压力是指什么？它是不是物体的重量？应当怎样求出？滑动摩擦力的大小是否总等于摩擦系数和正压力的乘积？

2-16 摩擦力是否都是阻力？试分析汽车向前行驶时，汽车的前、后轮摩擦力的方向。当汽车制动时，摩擦力的方向是否改变？

2-17 如图 2-59 所示，重物块重力 $G=100\mathrm{N}$，用 $F=500\mathrm{N}$ 的力压在墙上。重物块与墙之间的摩擦系数 $\mu_s=0.3$，判断重物块所受的摩擦力等于多少。

2-18 如图 2-60 所示，重物块重 G，与接触面间的静摩擦系数为 μ_s，力 F 与水平面夹角为 α，要使重物块沿着水平面向右滑动，图示两种情况，哪种方法省力？若要最省力，α 角的大小应为多少？

2-19 试说明摩擦角的概念与自锁现象。主动力作用线位于摩擦角内物体就会自锁吗？

2-20 平带和V形带的材料相同，表面粗糙度相同，传动带的张紧力（即传动带对胶带轮的压力）Q 相同（图2-61）。设 $Q=200$N，$\alpha=17°$，$\mu_s=0.3$，试求传动中它们工作面上产生的摩擦力，并对结果进行分析。

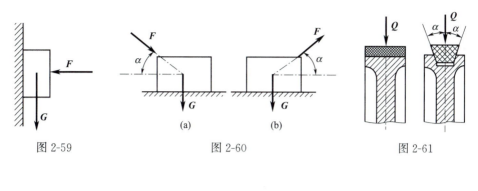

图2-59　　　　　　　图2-60　　　　　　　图2-61

习　题

2-1 如图2-62所示，一对力 F 沿着哪一个方向施加最省劲，即力矩最大？

2-2 一个外伸梁在最右端受到一个力偶 M 作用（图2-63），求力偶对 A 点的力偶矩。

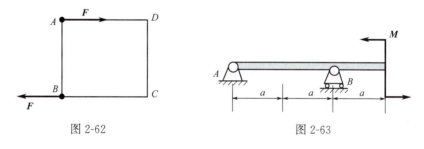

图2-62　　　　　　　　　　　图2-63

2-3 求图2-64（a）中的力 F 向 B 点平移的结果，图2-64(b)中的力偶 M 向 B 点平移的结果。

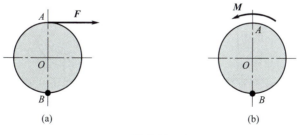

图2-64

2-4 如图2-65所示，已知 F、a，且 $M=Fa$，试计算各支座的约束力。

2-5 如图2-66所示，已知 F、a，且 $M=Fa$，试计算各支座的约束力。

2-6 立柱承受偏心载荷，如图2-67所示。若将载荷向立柱轴线平移，得一力和一力偶。已知力偶矩 $M=800$N·m，试求偏心距离 e。

2-7 起重机吊钩受力如图2-68所示，若将向下的外力 F 向弯曲处的 B 截面中心简化，得到一力和一力偶。已知力偶矩 $M=4$kN·m，求外力 F 的大小。

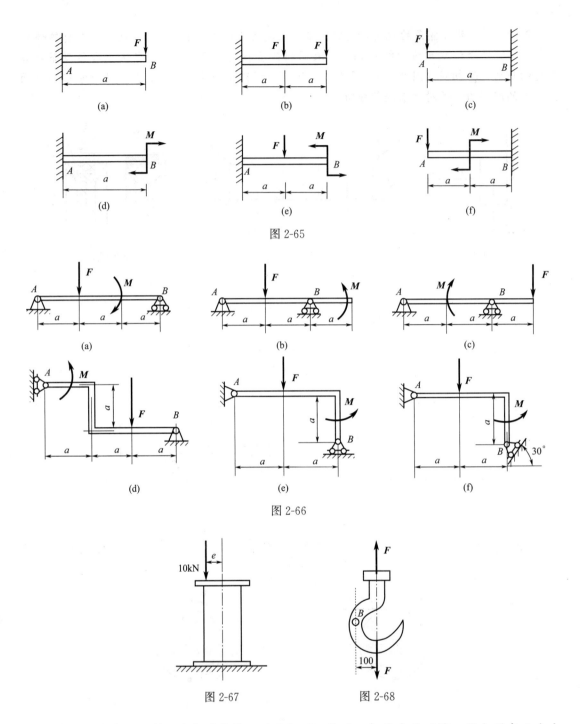

图 2-65

图 2-66

图 2-67

图 2-68

2-8 已知图 2-69 所示支架受载荷 G 和 $M=Ga$ 作用，杆件自重不计，试分别求三个支架 A 端的约束力及 BC 杆受到的力。

2-9 如图 2-70 所示，已知 F、q、a，且 $F=qa$，$M=qa^2$，试计算各支座的约束力。

2-10 如图 2-71 所示，简易起重机用钢丝绳起吊 $G=2\text{kN}$ 的重物，杆的自重不计，求 AB、AC 杆的约束力，并说明受拉还是受压。

2-11 图 2-72 所示支架，在铰链 A 处受到支架平面内的三力作用，$F_1=400\text{N}$，$F_2=300\text{N}$，$F_3=700\text{N}$，杆的自重不计，求 AB、AC 杆的约束力，并说明受拉还是受压。

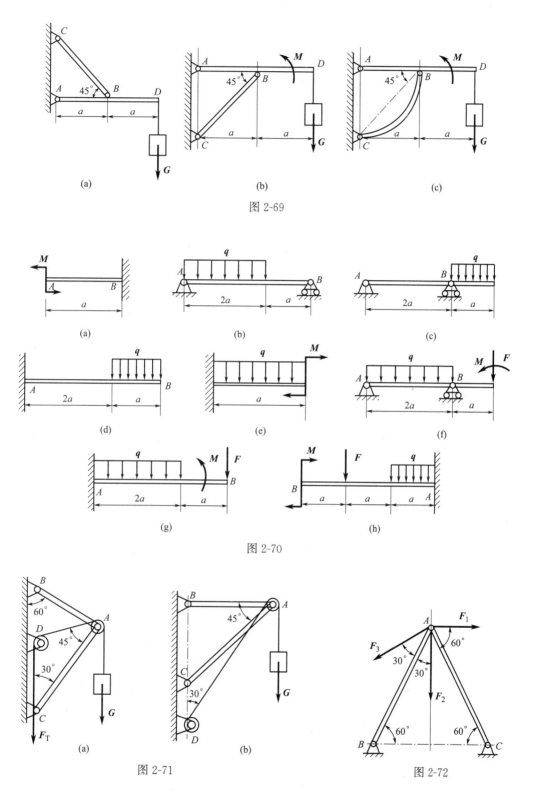

图 2-69

图 2-70

图 2-71 图 2-72

2-12 铰接四连杆机构在铰链 A、B 上分别受到铅垂力 F_1 和水平力 F 作用，而在图 2-73 所示位置平衡，已知 $F_1=4\text{kN}$，杆的自重不计，求力 F 的大小。

第二章 平面力系 61

2-13 图 2-74 所示为拔出木桩装置，四根绳索 AB、BC、BD、DE 连接如图所示。其中 E、C 两点固定在支架上，A 点系在木桩上，人在 D 点向下施力 F，已知 F=400N，α=8°，求绳作用于木桩上的拉力。

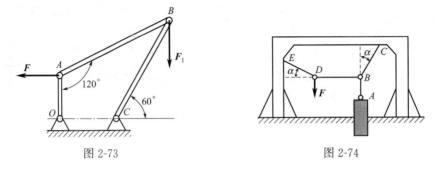

图 2-73　　　　　　　　图 2-74

2-14 铰接四连杆机构在铰链 B、C 上分别作用有力 F_1 和 F_2，在图 2-75 所示位置平衡，杆的自重不计。求平衡时 F_1 和 F_2 之间的关系。

2-15 杆 AB 支座和受力如图 2-76 所示，若力偶矩 M 的大小已知，求支座的约束力。

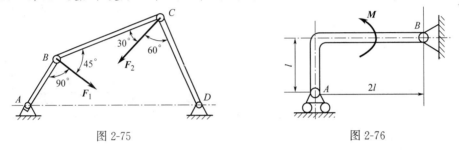

图 2-75　　　　　　　　图 2-76

2-16 小型卷扬机结构简图如图 2-77 所示。重物放在小台车上，小台车侧面有 A、B 轮，可使小台车沿垂直轨道运动，已知重物重力 G=2kN，求轨道对 A、B 轮的约束力。

2-17 如图 2-78 所示，电机安装在支架上，支架由螺栓固定在墙上，电机转动时有一力偶作用其上，力偶矩 M=0.2kN·m。若不考虑自重，且假设螺栓只能承受拉力，已知 a=300mm，b=600mm，求 A、D 两螺栓所受拉力。

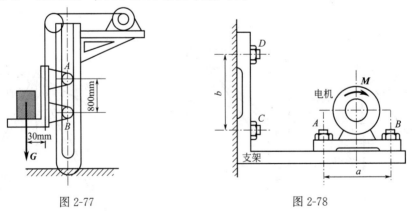

图 2-77　　　　　　　　图 2-78

2-18 图 2-79 所示为汽车起重机平面简图，已知汽车重力 G_Q=26kN，臂重 G=4.5kN，起重机旋转部分及固定部分总重 G_W=31kN，求图示位置汽车不致翻倒的最大起重量 G_P 的大小。

2-19 图 2-80 所示为自重 $G=160\mathrm{kN}$ 的水塔固定在钢架上，A 为固定铰链支座，B 为活动铰链支座，若水塔左侧面受到的最大的风力为分布载荷 $q=16\mathrm{kN/m}$，求为保证水塔不致翻倒 A、B 之间 l 的最小值。

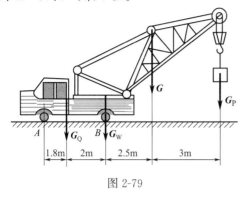

图 2-79

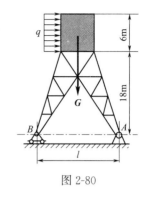

图 2-80

2-20 梯子由 AC 及 BC 两部分组成，放在光滑的水平面上（图 2-81）。两部分重力均为 $G=150\mathrm{N}$，彼此用 C 铰链及绳子连接，一人的重力 $G_1=600\mathrm{N}$，站在 D 处，求绳 EF 的拉力，C 铰链及 A、B 两处的约束力。

2-21 图 2-82 所示为三角带传动机构，轮 O_1 上用绳索起吊重力 $G=300\mathrm{N}$ 的物体，在轮 O_2 上作用有力偶 M 而使机构处于平衡，已知 $r=20\mathrm{cm}$，$R=30\mathrm{cm}$。求力偶矩 M 的大小。

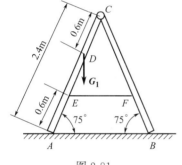

图 2-81

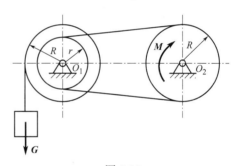

图 2-82

2-22 图 2-83 所示支架作用着分布载荷集度 $q=100\mathrm{N/m}$，支架 E 处悬挂重力 $G=500\mathrm{N}$ 的物体，求支座 A 的约束力、撑杆 BE 所受的力。

2-23 如图 2-84 所示结构，已知 $F=5\mathrm{kN}$，$G=3\mathrm{kN}$，$a=2\mathrm{m}$，求铰链 C、杆 ED 所受的力。

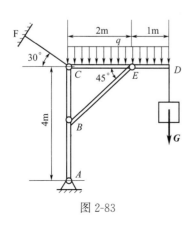

图 2-83

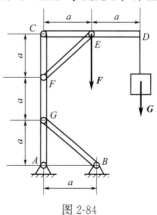

图 2-84

第二章 平面力系　　63

2-24 图 2-85 所示为连续梁，已知 $F=qa$，$M=qa^2$。求两种连续梁 A、B、C、D 处的约束力。

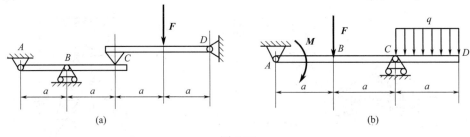

图 2-85

2-25 图 2-86 所示钢筋剪切机构由 DCE 和 AGB 两个杠杆组成，中间用连杆 BC 以铰链连接，在 E 处作用一水平力 F，则在杠杆 AGB 和 G 处就产生剪切力 F_Q，如欲使 $F_Q=2\text{kN}$，杆的自重不计，求力 F 的大小。

2-26 图 2-87 所示为汽车台秤的简图。杠杆 AB 可绕 O 轴转动，BCE 为一整体台面，DC 为撑杆，求平衡时砝码重 G_P 与被称重物 G 的关系，杆的自重均不计，并讨论距离 b 改变后对计算结果有无影响。

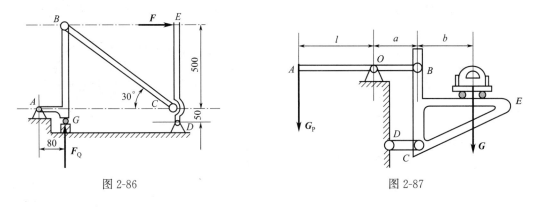

图 2-86   图 2-87

2-27 画出图 2-88 所示各构件的受力图以及整体的受力图，并选择出"最佳解题方案"。

2-28 在重力 $G_B=2\text{kN}$ 的铁板 B 上压一块重力 $G_A=5\text{kN}$ 的重物 A。如欲将铁板抽出，先用绳索将重物沿水平方向拉住，如图 2-89 所示，然后用力 F 拉动铁板。已知铁板和水平面间的摩擦系数 $\mu_{s1}=0.20$，重物和铁板间的摩擦系数 $\mu_{s2}=0.25$，试求图 2-89 所示两种情况下抽出铁板时所需要力 F 的最小值。

2-29 简易升降机装置如图 2-90 所示，重物和起吊筒的总重为 $G=25\text{kN}$，起吊筒和滑道间的摩擦系数 $\mu_{s1}=0.30$，分别求重物匀速上升和匀速下降时绳子的拉力 F。

2-30 自重 $G_B=900\text{N}$ 的滑动装置放在轨道上，如图 2-91 所示。若 A、B 两支点与轨道间的摩擦系数各为 $\mu_{sA}=0.20$、$\mu_{sB}=0.30$，试分别求出滑动装置向左和向右滑动时，作用于把手 C 处的水平力 F 的大小。

2-31 图 2-92 所示起重机的绞车的制动器由带制动块的手柄和制动轮所组成。已知：$R=50\text{cm}$，$r=30\text{cm}$，$a=60\text{cm}$，$b=10\text{cm}$，$l=300\text{cm}$，$G=1\text{kN}$，不计手柄和制动轮的重量，制动轮和制动块之间的摩擦系数 $\mu_s=0.40$，试求能够制动所需要力 F 的最小值。

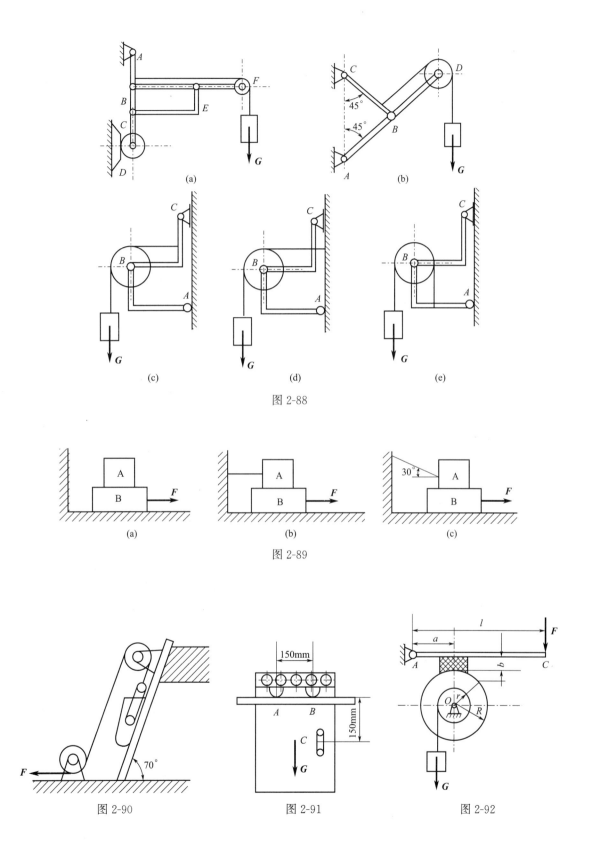

图 2-88

图 2-89

图 2-90

图 2-91

图 2-92

2-32 图 2-93 所示为凸轮机构。已知推杆 CD 与固定滑道间的摩擦系数为 μ_s，凸轮的偏心矩为 a，在凸轮上作用有力偶矩为 M 的力偶，推杆上作用有铅垂方向的力 F，其他各处摩擦不计，求在图 2-93 所示位置时，滑道 b 长度应为多少，推杆才不会被卡住。

2-33 图 2-94 所示为斜面夹紧机构。已知各斜面之间的摩擦系数 μ_s，求：(1) 夹紧力 F_Q 与驱动力 F 的关系式；(2) 去除力 F 后，不产生松动的条件。

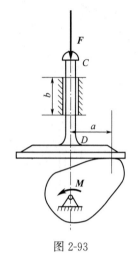

图 2-93

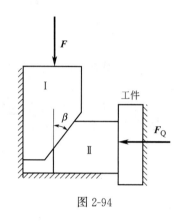

图 2-94

第三章 空间力系

知识目标

1. 认知空间力的投影；
2. 理解空间力对轴之矩；
3. 掌握各种空间力系作用下的平衡条件及应用。

能力目标

1. 能区分空间力系与平面力系；
2. 能正确计算空间力在轴上的投影及力对轴之矩；
3. 能熟练应用平衡方程解决各种空间力系作用下的平衡问题。

素质目标

1. 培养空间想象意识；
2. 养成辩证思维习惯；
3. 提高独立思考能力。

重点和难点

1. 轴承的约束和约束反力；
2. 轴的受力分析。

任务引入

图 3-1 所示为传动轴，皮带轮的直径 $D=160\text{mm}$，皮带的拉力 $F_{T1}=5\text{kN}$，$F_{T2}=2\text{kN}$，轴的许用应力 $[\sigma]=80\text{MPa}$，齿轮节圆的直径轴的直径 $d_0=100\text{mm}$，压力角 $\alpha=20°$，试画出轴的受力图，求出轴承的约束反力。

知识链接

本章在研究平面力系的基础上，进一步研究物体在空间力系作用下的平衡问题，重点是讨论轮轴类零件空间力系平衡问题的求解方法。还要介绍重心的概念以及确定物体重心的方法。

在工程实际中，若作用于物体的力系中的各个力的作用线不在同一平面内，而是在空间任意分布的，则力系为空间力系。在起重设备、绞车、高压输电线塔和飞机起落架等结构中都采用空间结构。

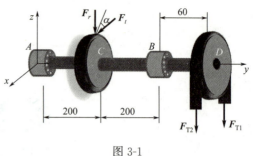

图 3-1

第一节　空间力的投影和空间力对坐标轴的矩

一、力在空间直角坐标轴上的投影

图 3-2 所示为一空间直角坐标系 $Oxyz$，为研究方便起见，把坐标原点 O 选在力 F 的起点上，力 F 与各个轴正方向之间的夹角为方向角，分别为 α、β、γ，则力 F 在 x、y、z 轴上的投影为

$$\left.\begin{array}{l}F_x = F\cos\alpha \\ F_y = F\cos\beta \\ F_z = F\cos\gamma\end{array}\right\} \quad (3\text{-}1)$$

空间力的投影

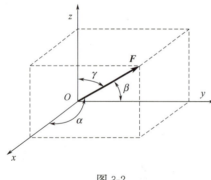

图 3-2

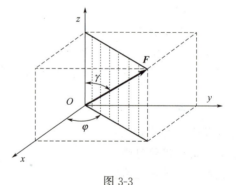

图 3-3

式（3-1）称为一次投影法。

力 F 与坐标轴的夹角不是全部已知时，先把力 F 投影到某坐标平面上，然后把这个投影矢量再投影到坐标轴上。如图 3-3 所示的力 F，若已知 γ 和 φ，则力 F 在 x、y、z 轴上的投影为

$$\left.\begin{array}{l}F_x = F\sin\gamma\cos\varphi \\ F_y = F\sin\gamma\sin\varphi \\ F_z = F\cos\gamma\end{array}\right\} \quad (3\text{-}2)$$

式（3-2）称为二次投影法。

必须指出，力在直角坐标轴上的投影是代数量，而力在平面上的投影是矢量。

【例 3-1】　已知斜齿轮上 A 点受到另一齿轮对它作用的啮合力 F_n。F_n 方向沿着两齿廓接触处的公法线作用，且垂直于过点 A 齿廓的切面，如图 3-4 所示。α 为斜齿轮的压力角，β 为斜齿轮的螺旋角。试计算圆周力 $\boldsymbol{F}_y$、径向力 $\boldsymbol{F}_z$、轴向力 $\boldsymbol{F}_x$ 的大小。

解：建立图 3-4 所示直角坐标系 $Axyz$，先将啮合力 $\boldsymbol{F}_n$ 向平面 Axy 投影。

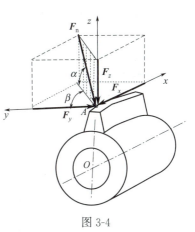

得 $$F_{xy}=F_n\cos\alpha$$

向 z 轴投影得径向力 $F_z=F_n\sin\alpha$

然后将 $F_{xy}=F_n\cos\alpha$ 向 x、y 轴上投影，如图 3-4 所示，得

圆周力 $F_y=F_{xy}\cos\beta=F_n\cos\alpha\cos\beta$

轴向力 $F_x=F_{xy}\sin\beta=F_n\cos\alpha\sin\beta$

图 3-4

三个分力的大小，便是三个投影的绝对值，而投影的正负号则代表三个分力的指向。力在三个坐标轴的投影为

$$F_z=-F_n\sin\alpha$$
$$F_y=-F_{xy}\cos\beta=-F_n\cos\alpha\cos\beta$$
$$F_x=-F_{xy}\sin\beta=-F_n\cos\alpha\sin\beta$$

二、空间力对坐标轴的矩

1. 力矩

观察图 3-5(a)，在平面问题中，在圆盘平面上作用的力 $\boldsymbol{F}$ 使圆盘绕轴心 O 点转动，从空间的角度来看，则是力 $\boldsymbol{F}$ 使圆盘绕过 O 点的 z 轴转动，可见对于力的作用面与轴线垂直的特殊情形，力对坐标轴的力矩和力对作用平面与该轴交点的力矩是相同的。我们用力对坐标轴的矩来度量力使刚体绕轴转动的效应，并用符号 $\boldsymbol{M}_z(\boldsymbol{F})$ 来表示力 $\boldsymbol{F}$ 对 z 轴的矩。显然，在上述情形下 $M_z(F)=M_O(F)=\pm FR$

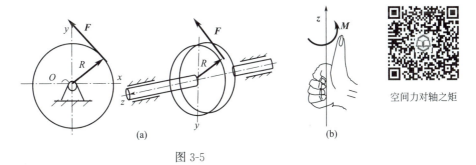

空间力对轴之矩

图 3-5

力对坐标轴的力矩是一个代数量。通常规定：从转轴的正向看去，力使刚体逆时针方向转动时力矩为正，反之为负。也可以用右手法则判定：用右手握住 z 轴，使四指顺着力矩转动的方向，若拇指的指向与 z 轴正方向一致，则力矩为正 [图 3-5(b)]，反之为负。力矩的单位为牛顿·米（N·m）。

在空间问题中，经常遇见力 $\boldsymbol{F}$ 不在垂直于转轴平面内的情形，例如图 3-6(a) 所示的推门的情况，此时可把力 $\boldsymbol{F}$ 分解为平行 z 轴的分力 $\boldsymbol{F}_z$ 和垂直于 z 轴的平面内的分力 $\boldsymbol{F}_{xy}$，实践证明：分力 $\boldsymbol{F}_z$ 不可能使门绕 z 轴转动，只有分力 $\boldsymbol{F}_{xy}$ 才能使门绕 z 轴转动。若分力 $\boldsymbol{F}_{xy}$ 所在的平面与 z 轴的交点为 O，则 $\boldsymbol{F}_{xy}$ 对 z 轴的矩可用它对 O 点的矩来表示。设 O 点到分

力 F_{xy} 的作用线的垂直距离为 h，则
$$M_z(F)=M_z(F_{xy})=M_O(F_{xy})=\pm F_{xy}h$$

综上所述，可得如下结论：**力对坐标轴的力矩是力使刚体绕同轴转动的效应的度量，其大小等于力在垂直于该轴平面上的分力对该轴与此平面的交点之矩，用代数量表示，其正负号按右手法则决定。**

根据上述结论得：

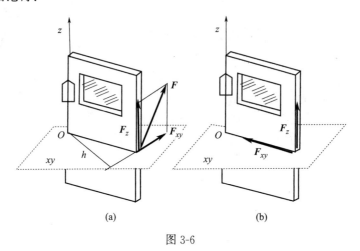

图 3-6

(1) 力的作用线与转轴平行，力对该轴的矩等于零。

(2) 力的作用线与转轴相交时，力对该轴的矩等于零，如图 3-6(b) 所示。

2. 空间力系的合力矩定理

平面力系的合力矩定理也适应空间力系：**合力对同一坐标轴的矩等于各分力对同一坐标轴的矩的代数和**，记作

$$M_z(F_R)=\sum M_z(F) \tag{3-3}$$

在计算力对坐标轴的力矩时，利用合力矩定理比较方便。可先将力在空间直角坐标轴方向分解为三个分力，然后计算每个分力对该轴的矩，最后求出这些力矩的代数和，即得力对坐标轴的力矩。

【例 3-2】 图 3-7 所示为车床切削时的情况，由仪表测得刀具对工件的切削力 F 并分解为：纵向切削力 $F_y=300\mathrm{N}$，横向切削力 $F_x=420\mathrm{N}$，主切削力 $F_z=1200\mathrm{N}$。已知 $a=50\mathrm{mm}$，$R=30\mathrm{mm}$，试求切削力对通过卡盘中心 O 点的三个坐标轴之矩。

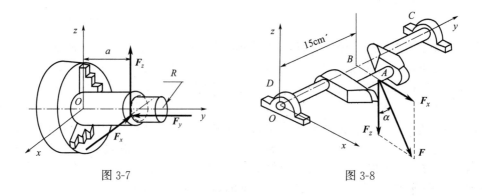

图 3-7　　　　　　　　　图 3-8

解：由合力矩定理得

$$M_x(F) = F_z a = (1200 \times 0.05) \text{N} \cdot \text{m} = 60 \text{N} \cdot \text{m}$$

$$M_y(F) = -F_z R = -(1200 \times 0.03) \text{N} \cdot \text{m} = -36 \text{N} \cdot \text{m}$$

$$M_z(F) = F_x a - F_y R = (420 \times 0.05 - 300 \times 0.03) \text{N} \cdot \text{m} = 12 \text{N} \cdot \text{m}$$

【例 3-3】 图 3-8 所示的曲柄，在 A 点作用一力 F，其作用线在垂直于 y 轴的平面内且与铅垂线的夹角 $\alpha = 10°$。已知 $AB = r = 5 \text{cm}$，$OB = l = 15 \text{cm}$，$F = 1000 \text{N}$。试求曲柄位于 xOy 平面内时，力 F 对图中各个坐标轴的矩。

解：根据力对坐标轴的矩的定义，力 F 对轴的矩，等于力 F 在垂直于该轴的平面内的投影对该轴与该平面交点的矩，即

$$M_x(F) = -Fl\cos\alpha = -(1000 \times 0.15 \times \cos 10°) \text{N} \cdot \text{m} = -147.7 \text{N} \cdot \text{m}$$

$$M_y(F) = Fr\cos\alpha = (1000 \times 0.05 \times \cos 10°) \text{N} \cdot \text{m} = 49.2 \text{N} \cdot \text{m}$$

$$M_z(F) = -Fl\sin\alpha = -(1000 \times 0.15 \times \sin 10°) \text{N} \cdot \text{m} = -26.1 \text{N} \cdot \text{m}$$

第二节　空间任意力系的平衡条件的应用

一、空间任意力系的平衡条件应用

空间任意力系和平面任意力系一样，也可向空间任一点简化，简化后，也可得到一个主矢和一个主矩。当主矢和主矩同时等于零时，空间任意力系处于平衡状态，空间任意力系的平衡方程为

$$\left. \begin{array}{l} \sum F_x = 0 \\ \sum F_y = 0 \\ \sum F_z = 0 \\ \sum M_x(F) = 0 \\ \sum M_y(F) = 0 \\ \sum M_z(F) = 0 \end{array} \right\} \quad (3\text{-}4)$$

上式表明，空间任意力系平衡的充分必要条件是：**力系中所有力在空间直角坐标系的三个坐标轴上投影的代数和以及所有力对三个坐标轴的矩的代数和都分别等于零。**

空间任意力系有六个独立的平衡方程式，所以最多只能求解六个未知量。表 3-1 所示为空间约束的类型和它们相应的约束力的特征。

表 3-1　空间约束类型及其相应的约束力

序号	空间约束类型	相应的约束力
1	径向轴承（向心轴承）　圆柱铰链　铁轨　蝶铰链（合页）	F_{Az}, F_{Ay}

序号	空间约束类型		相应的约束力
2	球形铰链	推力轴承(径向推力轴承)	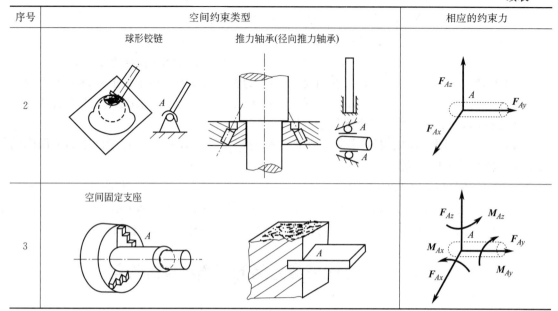
3	空间固定支座		

【例 3-4】 图 3-9 所示为某车床的主轴,其中 A 为向心推力轴承,B 为向心轴承。圆柱直齿轮的节圆半径 $r_C=100\text{mm}$,与另一齿轮啮合,压力角 $\alpha=20°$。工件的半径为 $r_D=50\text{mm}$,图中 $a=50\text{mm}$,$b=200\text{mm}$,$c=100\text{mm}$。已知纵向切削力 $F_y=352\text{N}$,横向切削力 $F_x=466\text{N}$,主切削力 $F_z=1400\text{N}$,试求齿轮所受到的力 F 及两轴承的约束力。

解:取主轴系统为研究对象。以 A 为原点建立直角坐标系,使 y 轴与主轴轴线重合,x 轴在水平面内,z 轴沿着铅垂线,如图 3-9 所示。

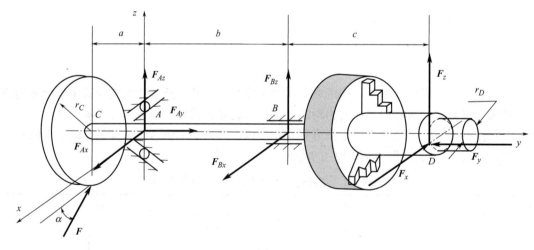

图 3-9

系统受力有:切削力 F_x、F_y、F_z 作用于 D 点,轴承约束力 F_{Ax}、F_{Ay}、F_{Az} 作用于 A 处,轴承约束力 F_{Bx}、F_{Bz} 作用于 B 处,齿轮啮合力 F 作用于齿轮 C 下方并与水平面成 $20°$。这九个力构成空间任意力系,共有六个未知量,根据空间任意力系的平衡条件,建立平衡方程:

$$\sum M_y(F)=0 \qquad F\cos 20°\times 100 - F_z\times 50=0$$

得 $$F=\frac{F_z \times 50}{100 \times \cos20°}=\frac{1400 \times 50}{100 \times \cos20°}\text{N}=745\text{N}$$

$\sum F_y=0$ $\qquad F_{Ay}-F_y=0$

得 $\qquad F_{Ay}=F_y=352\text{N}$

$\sum M_x(F)=0 \qquad F_{Bz} \times 200+F_z \times 300-F\sin20° \times 50=0$

得 $$F_{Bz}=\frac{-F_z \times 300+F\sin20° \times 50}{200}=\frac{-1400 \times 300+745 \times \sin20° \times 50}{200}\text{N}=-2036\text{N}$$

$\sum F_z=0 \qquad F_{Az}+F_{Bz}+F_z+F\sin20°=0$

得 $\qquad F_{Az}=-F_{Bz}-F_z-F\sin20°=(2036-1400-745\sin20°)\text{N}=-381\text{N}$

$\sum M_z(F)=0 \qquad -F_{Bx} \times 200-F\cos20° \times 50+F_x \times 300-F_y \times 50=0$

得 $$F_{Bx}=\frac{-F\cos20° \times 50+F_x \times 300-F_y \times 50}{200}$$
$$=\frac{-745 \times \cos20° \times 50+466 \times 300-352 \times 50}{200}\text{N}=436\text{N}$$

$\sum F_x=0 \qquad F_{Ax}+F_{Bx}-F_x-F\cos20°=0$

得 $\qquad F_{Ax}=F_x+F\cos20°-F_{Bx}=(466+745\cos20°-436)\text{N}=730\text{N}$

空间力系求解时首先确定研究对象，画出受力图；然后列出平衡方程，求解未知量。

注意：空间力系平衡求解的过程和平面力系属于普遍性和特殊性的关系。可将空间力系拆分为 3 个平面力系求解，实现普遍性和特殊性的有机统一。同理，处理好普遍性和特殊性的关系，也是我们解决学习和生活中存在问题的关键。

普遍性与特殊性

二、轮轴类零件平衡问题的平面解法

当空间任意力系平衡时，它在任意平面上的投影组成的平面任意力系也是平衡的力系。据此，在工程实际中计算轮轴类零件的平衡问题时，将零件上受到的所有力（主动力、约束力）分别投影到相互垂直的 3 个坐标平面上，得到 3 个平面平衡力系，分别列出它们的平衡方程，解出所求的未知量。这种将空间任意力系的平衡问题转化为 3 个坐标平面内的平面力系的平衡问题的方法，称为空间平衡问题的平面解法。下面通过例题来说明其解法。

求解未知力

【例 3-5】 图 3-10 所示为起重的绞车。已知齿轮的压力角 $\alpha=20°$，鼓轮半径 $r=0.1\text{m}$，齿轮节圆半径 $R=0.2\text{m}$，重物重力 $G=10\text{kN}$，试求重物匀速上升时，支座 A、B 的约束力及齿轮所受的力 $\boldsymbol{F}$（力 $\boldsymbol{F}$ 在垂直于 y 轴的平面内，与水平线夹角为 α）。

解：（1）取绞车的轴为研究对象，选取空间直角坐标系 $Axyz$，先将力 $\boldsymbol{F}$ 分解为 $\boldsymbol{F}_x$ 和 $\boldsymbol{F}_z$，$F_x=F\cos\alpha$，$F_z=F\sin\alpha$，画空间受力图，如图 3-10(b) 所示。其中 $\boldsymbol{G}$ 和 $\boldsymbol{F}$ 向轴线平移后的附加力偶的力偶矩分别用 $M_G=Gr$、$M_F=FR\cos\alpha$ 来表示，$\boldsymbol{F}_{Az}$、$\boldsymbol{F}_{Bz}$、$\boldsymbol{F}_{Ax}$、$\boldsymbol{F}_{Bx}$ 分别为轴承 A、B 的约束力。

（2）观察轮轴空间受力图 3-10(b)，由于重物匀速上升，所以鼓轮作匀速转动，$\boldsymbol{M}_G$ 和 $\boldsymbol{M}_F$ 组成对 y 轴（轮轴轴线）的平衡力偶系，如图 3-10(c) 所示。列出平衡方程并求解：

由 $\qquad \sum M_y(F)=0 \quad FR\cos\alpha-Gr=0$

得 $$F=\frac{Gr}{R\cos\alpha}=\frac{10 \times 0.1}{0.2 \times \cos20°}=5.32(\text{kN})$$

（3）将所有力投影在 Ayz 平面内[图 3-10(d)]，列出平衡方程并求解：

$$\sum M_x(F)=0 \qquad 7F_{Bz}-3G-6F\sin\alpha=0$$

得 $$F_{Bz}=\frac{3G+6F\sin\alpha}{7}=\frac{3\times10+6\times5.32\times\sin20°}{7}=5.85(\text{kN})$$

$$\sum F_z=0 \qquad F_{Az}+F_{Bz}-G-F\sin\alpha=0$$

得 $$F_{Az}=G+F\sin\alpha-F_{Bz}=10+5.32\sin20°-5.85=5.97(\text{kN})$$

(4) 将所有力投影到 Axy 平面内 [图 3-10(e)]，列出平衡方程并求解：

$$\sum M_z(F)=0 \qquad -7F_{Bx}-6F\cos\alpha=0$$

得 $$F_{Bx}=-\frac{6F\cos\alpha}{7}=-\frac{6\times5.32\times\cos20°}{7}=-4.29(\text{kN})$$

$$\sum F_x=0 \qquad F_{Ax}+F_{Bx}+F\cos\alpha=0$$

得 $$F_{Ax}=-F_{Bx}-F\cos\alpha=-(-4.29)-5.32\times\cos20°=-0.71(\text{kN})$$

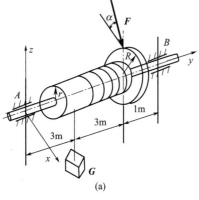

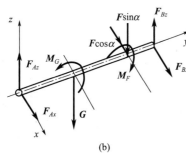

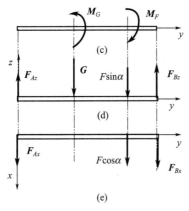

图 3-10

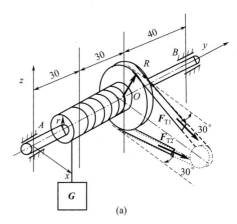

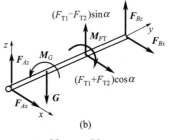

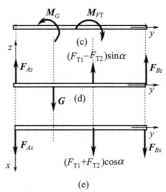

图 3-11

【例 3-6】 图 3-11 所示为重物 G 由电动机通过胶带轮传动，带动鼓轮作匀速上升，如图 3-11(a) 所示。胶带拉力与 x 轴方向夹角 $\alpha=30°$，已知：鼓轮半径 $r=10\text{cm}$，胶带轮的半径 $R=20\text{cm}$，胶带轮紧边拉力为松边拉力的 2 倍，即 $F_{T1}=2F_{T2}$，$G=10\text{kN}$，试求两轴承的约束力及胶带拉力 $\boldsymbol{F}_{T1}$ 和 $\boldsymbol{F}_{T2}$。

解：(1) 取 AB 轴为研究对象，选坐标轴，如图 3-11(a) 所示。将所有力分解成与坐标轴平行后并平移到轴线上，画出 AB 轴空间受力图，如图 3-11(b) 所示。必须注意：胶带的拉力始终沿着胶带轮接触处的切线方向，与其包角无关。

(2) 画出重力 $\boldsymbol{G}$、胶带拉力 $\boldsymbol{F}_{T1}$、$\boldsymbol{F}_{T2}$ 对 y 轴作用的附加力偶矩 $\boldsymbol{M}_G$ 和 $\boldsymbol{M}_{FT}$，如图 3-11(c) 所示。列出平衡方程并求解：

由 $\sum M_y(F)=0$ $\quad (F_{T1}-F_{T2})R-Gr=0$

得 $F_{T2}=\dfrac{Gr}{R}=\dfrac{10\times10}{20}=5\ (\text{kN})\quad F_{T1}=2F_{T2}=2\times5=10(\text{kN})$

(3) 将所有力投影在 Ayz 平面内 [图 3-11(d)]，列出平衡方程并求解：

$\sum M_x(F)=0 \quad 100F_{Bz}+60(F_{T1}-F_{T2})\sin30°-30G=0$

得 $F_{Bz}=\dfrac{30G-60(F_{T1}-F_{T2})\sin30°}{100}=\dfrac{30\times10-60\times(10-5)\times\sin30°}{100}=1.5(\text{kN})$

$\sum F_z=0\quad F_{Az}+F_{Bz}-G+(F_{T1}-F_{T2})\sin30°=0$

得 $F_{Az}=G-(F_{T1}-F_{T2})\sin30°-F_{Bz}=10-(10-5)\times\sin30°-1.5=6(\text{kN})$

(4) 将所有力投影到 Axy 平面内 [图 3-11(e)]，列出平衡方程并求解：

$$\sum M_z(F)=0$$

$-100F_{Bx}-60(F_{T1}+F_{T2})\cos30°=0$

得
$$F_{Bx}=\dfrac{60\times(F_{T1}+F_{T2})\cos30°}{100}\times(-1)$$
$$=\dfrac{60\times(10+5)\times0.866}{100}\times(-1)$$
$$=-7.8(\text{kN})$$
$$\sum F_x=0$$
$$F_{Ax}+F_{Bx}+(F_{T1}+F_{T2})\cos30°=0$$

得
$$F_{Ax}=-F_{Bx}-(F_{T1}+F_{T2})\cos30°=-(-7.8)-(10+5)\times\cos30°=-5.2(\text{kN})$$

> **任务实施**

图 3-12 为齿轮、皮带轮传动轴计算简图，已知皮带轮的直径 $D=160\text{mm}$，皮带的拉力 $F_{T1}=5\text{kN}$，$F_{T2}=2\text{kN}$，齿轮节圆的直径 $d_0=100\text{mm}$，压力角 $\alpha=20°$，试画出轴与轮整体的受力图，求出轴承的约束反力。

解：(1) 取轴与轮整体为研究对象，选坐标轴如图 3-12(b) 所示，画出轴与轮整体的受力图。A、B 处为球轴承，其约束反力分别沿着 x、z 方向。

(2) 列出平衡方程并求解：其中 $\tan20°=\dfrac{F_r}{F_t}$

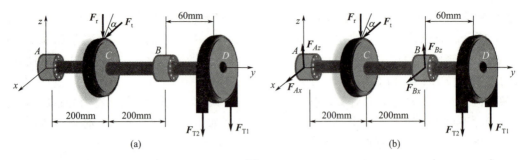

(a)　　　　　　　　　　　　　　(b)

图 3-12

$\sum F_x = 0$　　　　　　　　$F_{Ax} + F_{Bx} + F_t = 0$

$\sum F_z = 0$　　　　　　　　$F_{Az} + F_{Bz} - F_r - F_{T1} - F_{T2} = 0$

$\sum M_x = 0$　　　　　　　$-200F_r + 400F_{Bz} - 460F_{T1} - 460F_{T2} = 0$

$\sum M_y = 0$　　　　　　　$F_t \dfrac{d_0}{2} + F_{T2}\dfrac{D}{2} - F_{T1}\dfrac{D}{2} = 0$

$\sum M_z = 0$　　　　　　　$-200F_t - 400F_{Bx} = 0$

得

$$F_{Ax} = -2.4 \text{kN}$$
$$F_{Bx} = -2.4 \text{kN}$$
$$F_{Az} = -0.175 \text{kN}$$
$$F_{Bz} = 8.925 \text{kN}$$
$$F_t = 4.8 \text{kN}$$

第三节　重心和形心

一、物体的重心

确定重心的位置在工程实际问题中具有重要的意义，例如发动机、电动机以及机床中的轴及其上零部件重心的位置不在轴的轴线上，转动起来就会引起振动，从而影响机器的正常工作，甚至使机器遭受破坏；在起吊机器或零部件时，吊钩必须位于被吊物体的重心正上方，以避免产生晃动或翻倒。由此可见，在工程中对于重心的研究是非常重要的。

地球上的物体都受到地球重力的作用。如果将物体分割成许多微小部分，则这些微小部分都受到地球重力的作用。每个微小部分将受到一个微重力 ΔG 作用，其在空间直角坐标轴的坐标为 (x_i, y_i, z_i)。严格地说，这些力组成一个汇交于地心的空间汇交力系，但由于我们所研究的物体的尺寸与地球半径相比非常小，而且离地心又极远，因此可将这些力看作空间同向平行力系。此平行力系的合力 G 就是物体的重力，重力的作用点（即平行力系中心）称为物体的重心。通过实验我们可以知道，无论物体怎样放置，其重心总是有一个确定的点。

如图 3-13 所示，设物体重力作用点的坐标为 $C(x_C, y_C, z_C)$，根据合力矩定理，重力对 y、x 轴分别取矩，则有

$$Gx_C = \sum(\Delta G_i)x_i \qquad Gy_C = \sum(\Delta G_i)y_i$$

若将物体连同坐标系绕 x 轴逆时针旋转 90°，再对 x 轴取矩，则有

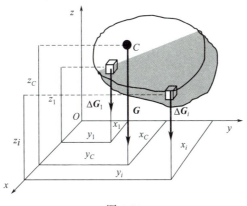

图 3-13

$$Gz_C = \sum(\Delta G_i)z_i$$

由此得出重心的坐标公式为

$$\left.\begin{aligned}x_C &= \frac{\sum(\Delta G_i)x_i}{G} = \frac{\sum(\Delta G_i)x_i}{\sum(\Delta G_i)} \\ y_C &= \frac{\sum(\Delta G_i)y_i}{G} = \frac{\sum(\Delta G_i)y_i}{\sum(\Delta G_i)} \\ z_C &= \frac{\sum(\Delta G_i)z_i}{G} = \frac{\sum(\Delta G_i)z_i}{\sum(\Delta G_i)}\end{aligned}\right\} \quad (3\text{-}5)$$

对于均质物体，用 ρ 表示其密度，ΔV 表示微体积，则 $\Delta G = \rho g \Delta V$，将 $G = \rho g V$ 代入上式，得

$$\left.\begin{aligned}x_C &= \frac{\sum(\Delta V_i)x_i}{V} = \frac{\sum(\Delta V_i)x_i}{\sum(\Delta V_i)} \\ y_C &= \frac{\sum(\Delta V_i)y_i}{V} = \frac{\sum(\Delta V_i)y_i}{\sum(\Delta V_i)} \\ z_C &= \frac{\sum(\Delta V_i)z_i}{V} = \frac{\sum(\Delta V_i)z_i}{\sum(\Delta V_i)}\end{aligned}\right\} \quad (3\text{-}6)$$

从上式可见，均质物体的几何中心就是物体的重心。物体的几何中心只决定于物体的几何形状和尺寸，因此又称为图形的"形心"。

二、平面图形形心位置的确定

对于均质薄板，用 t 表示其厚度，ΔA 表示微面积，厚度取在 z 轴方向，将 $\Delta V = \Delta A t$ 代入式(3-6)，可得平面图形的形心坐标公式：

$$\left.\begin{aligned}x_C &= \frac{\sum(\Delta A_i)x_i}{A} = \frac{\sum(\Delta A_i)x_i}{\sum(\Delta A_i)} = \frac{\int_A x\,dA}{A} = \frac{A_1 x_1 + A_2 x_2 + \cdots + A_n x_n}{A} \\ y_C &= \frac{\sum(\Delta A_i)y_i}{A} = \frac{\sum(\Delta A_i)y_i}{\sum(\Delta A_i)} = \frac{\int_A y\,dA}{A} = \frac{A_1 y_1 + A_2 y_2 + \cdots + A_n y_n}{A}\end{aligned}\right\} \quad (3\text{-}7)$$

在上面的公式中，用

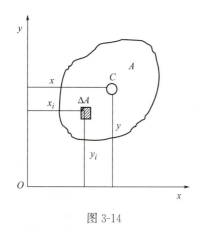

$$S_y = \sum(\Delta A)x_i = Ax_C$$

表示平面图形对 y 轴的面矩，或称为静矩、面积的一次矩。用

$$S_x = \sum(\Delta A)y_i = Ay_C$$

表示平面图形对 x 轴的面矩，如图 3-14 所示。面矩的计算公式表明，平面图形对某一根轴的面矩等于该图形的所有微面积对于同一根轴的面矩代数和。式（3-7）为平面图形的形心坐标公式，其位置仅与平面图形的形状和尺寸大小有关。当平面图形有一个对称轴时，"形心"必位于对称轴上。若平面图形有两个对称轴，则两个对称轴的交点即为图形形心。

图 3-14

三、测定重心的方法

对于形状复杂的物体，工程上常用实验方法来测定重心的位置。下面介绍两种常用的方法。

1. 对称法

对于均质物体，如具有一定的对称性，即具有对称面、对称轴或对称中心，则其重心或"形心"必在这个对称面、对称轴或对称中心上。如直线段的"形心"在该线段的中点，圆面积或整个圆周的形心在圆心，圆柱体的形心在轴线的中点，球体或球面的形心在球心等。

2. 实验法

（1）悬挂法：如果需要求一块薄板或具有对称面的薄零件的重心，可在薄板（或取一块纸板按零件的截面形状剪成一平面图形）上任取一点 A，用细绳索把它悬挂起来［图 3-15(a)］，根据二力平衡条件，薄板的重力与绳拉力必在同一直线上，故其形心在垂直的绳索延长线 AD 线上。重复用上法，将薄板悬挂于另一点 B 上，薄板的形心必在过 B 点的铅垂线 BE 上，AD 与 BE 的交点 C 即为薄板的重心。

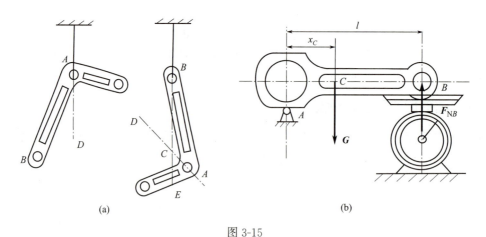

图 3-15

（2）称重法：对形状复杂或体积较为庞大的物体可以应用称重法确定其重心位置。例如连杆具有两个相互垂直的纵向对称平面，其重心必在这两个平面的相交线上，即连杆中心线上［图 3-15(b)］，其重心的位置可用下述方法确定。先称出连杆重量 G，然后将其一端搁

置在水平面或刀口上，另一端放在台秤上，并使中心线大体上处于水平位置，设大头孔中心与重力 G 的作用线的距离为 x_C，B 端的 $\boldsymbol{F}_{NB}$ 的大小可由台秤读出，并量出两支点间的水平距离 l（即连杆大小头的中心距），则由力矩平衡方程

$$\sum M_A(F)=0 \qquad F_{NB}l-Gx_C=0$$

得

$$x_C=\frac{F_{NB}l}{G}$$

(3) 组合法：组合平面图形大多是由简单几何图形组合而成的，而简单图形的重心可利用其对称性确定或从一般的工程手册中查到。这时就可把一个组合平面图形分割成若干简单图形，先确定简单图形的重心，再应用式(3-7)求出物体的重心位置。这种方法称为组合法（有限分割法），在工程中被广泛地应用。表 3-2 给出了常见几种简单形状物体的重心位置，以便求组合图形的重心时应用。

表 3-2　简单形状物体的重心位置

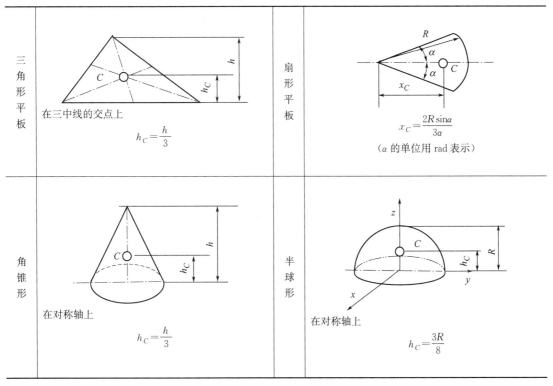

【例 3-7】 试求：图 3-16 所示角钢截面形心的位置，尺寸如图所示。

解：选坐标系 Oxy，如图 3-16 所示。将角钢截面分割成两个矩形（Ⅰ和Ⅱ），两部分的面积分别为

$$A_1=110\times10=1100(\text{mm}^2),A_2=80\times10=800(\text{mm}^2)$$

矩形Ⅰ形心的坐标分别为 $x_1=5\text{mm}$，$y_1=10+\dfrac{110}{2}=65$（mm）

矩形Ⅱ形心的坐标分别为 $x_2=\dfrac{80}{2}=40$（mm），$y_2=5$（mm）

应用公式：

$$x_C = \frac{\sum(\Delta A_i)x_i}{A} = \frac{A_1 x_1 + A_2 x_2}{A_1 + A_2} = \frac{1100 \times 5 + 800 \times 40}{1100 + 800} = 19.7 \text{(mm)}$$

$$y_C = \frac{\sum(\Delta A_i)y_i}{A} = \frac{A_1 y_1 + A_2 y_2}{A_1 + A_2} = \frac{1100 \times 65 + 800 \times 5}{1100 + 800} = 39.7 \text{(mm)}$$

如果在组合平面图形内切去一部分（例如有空穴的平面图形），而需求出剩余部分图形的"形心"时，仍可应用组合法，只是将切除的部分的面积取为负值，这种方法称为"负面积法"。

【例 3-8】 偏心块是均质同厚度的物体（图 3-17），已知 $R=10\text{cm}$，$r_1=3\text{cm}$，$r_2=1.3\text{cm}$，试确定偏心块形心的位置。

解： 将偏心块看作由三部分组成：半径为 R 的半圆Ⅰ，半径为 r_1 的半圆Ⅱ，半径为 r_2 的小圆Ⅲ，因小圆Ⅲ是切去的部分，所以面积应取负值。取坐标系 Oxy，如图 3-17 所示，坐标原点与圆心重合，其中 y 轴为对称轴。因图形对称于 y 轴，因此形心位于 y 轴上，$x_C=0$，故只需要求出 y_C。对半圆Ⅰ和Ⅱ的形心可查扇形平板，查得

$$y_C = \frac{2R\sin\alpha}{3\alpha}, \text{ 其中 } \alpha = \frac{\pi}{2}, \text{ 得 } y_C = \frac{4R}{3\pi}$$

半圆Ⅰ $\qquad A_1 = \frac{1}{2}\pi R^2 = 50\pi \text{(cm}^2\text{)}, y_1 = \frac{4R}{3\pi} = \frac{40}{3\pi} \text{(cm)}$

半圆Ⅱ $\qquad A_2 = \frac{1}{2}\pi r_1^2 = 4.5\pi \text{(cm}^2\text{)}, y_2 = -\frac{4r_1}{3\pi} = -\frac{4}{\pi} \text{(cm)}$

半圆Ⅲ $\qquad A_3 = -\pi r_2^2 = -1.69\pi \text{(cm}^2\text{)}, y_3 = 0$

应用式(3-7)得

$$y_C = \frac{\sum(\Delta A_i)y_i}{A} = \frac{A_1 y_1 + A_2 y_2 + A_3 y_3}{A_1 + A_2 + A_3}$$

$$= \frac{50\pi \times \frac{40}{3\pi} + 4.5\pi \times \left(-\frac{4}{\pi}\right) - 1.69\pi \times 0}{50\pi + 4.5\pi - 1.69\pi} = 3.91 \text{(cm)}$$

故偏心块的形心 C 的坐标为 $x_C = 0$，$y_C = 3.91\text{cm}$。

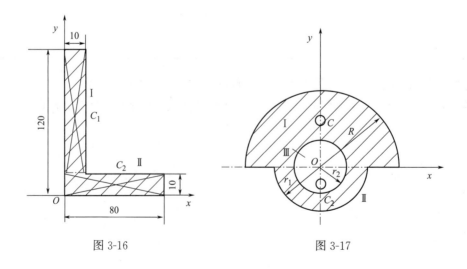

图 3-16　　　　　　　　　　图 3-17

本章小结

一、力的投影和力对轴之矩

1. 力在空间坐标轴上的投影

一次投影法：若已知力 $\boldsymbol{F}$ 与三个坐标轴的夹角分别为 α、β、γ，则力 $\boldsymbol{F}$ 在三个轴上的投影等于力的大小乘以该夹角的余弦，即

$$F_x = F\cos\alpha, F_y = F\cos\beta, F_z = F\cos\gamma$$

二次投影法：若已知力 $\boldsymbol{F}$ 与 z 轴的夹角为 γ，力 $\boldsymbol{F}$ 与 z 轴所确定的平面与 x 轴的夹角为 φ，可先将力 $\boldsymbol{F}$ 在 Oxy 平面上投影，然后向 x 轴、y 轴上进行投影，即

$$F_x = F\sin\gamma\cos\varphi, F_y = F\sin\gamma\sin\varphi, F_z = F\cos\gamma$$

2. 力对轴之矩

（1）用力的平面投影计算　将空间力 $\boldsymbol{F}$ 在垂直于轴的平面内进行投影，力对轴之矩等于这个力在垂直于该轴的平面上的投影对该轴与平面交点之矩，即

$$M_z(F) = M_O(F_{xy}) = \pm F_{xy} d$$

（2）用合力投影定理计算　将空间力 $\boldsymbol{F}$ 沿坐标轴方向分解为 $\boldsymbol{F}_x$、$\boldsymbol{F}_y$、$\boldsymbol{F}_z$，则力 $\boldsymbol{F}$ 对某轴之矩等于各分力对同一轴之矩的代数和，如

$$M_z(F) = M_z(F_x) + M_z(F_y)$$

二、空间力系的平衡方程及其应用

（1）对空间力系列六个平衡方程，直接求解。

（2）应用平面解法：将工程构件和空间力系一起投影到三个坐标平面，对主视图、俯视图、左视图分别进行受力分析，即转化为三个平面力系分别列平衡方程求解。

三、物体的重心和平面图形的形心

（1）由合力矩定理推出物体重心的坐标公式，再推导出平面图形的形心坐标公式。

（2）均质物体在地球表面附近的重心和形心是重合的。均质组合形体的重心可用组合法的公式计算；非均质物体或多件组合体，一般采用实验法确定中心位置。

（3）平面图形对某坐标轴的静矩等于该图形各微面积对同一轴静矩的代数和，即静矩 $S_y = \sum(\Delta A)x_i = Ax_C$，$S_x = \sum(\Delta A)y_i = Ay_C$

思考题

3-1　二次投影法中，力在平面上的投影是代数量还是矢量？为什么？

3-2　将作用在斜齿轮上的力 $\boldsymbol{F}_n$，沿轴向、切向和径向分解，再将这三个分力向轴心平移，分析所得的各个力和力偶将对传动轴产生怎样的运动效应（图3-18）。

3-3　在什么情况下力对坐标轴的矩等于零？为什么？

3-4　三根不计自重的杆 AB、AC、AD 铰接于 A 点，其下端悬挂一个重物，在 A 点的受力图是空间汇交力系，试从空间任意力系的平衡方程中导出空间汇交力系的平衡方程并计算出三根杆受到的约束力（图3-19）。

3-5　试从空间任意力系的平衡方程中导出平行力系和空间力偶系的平衡方程。

3-6　一个空间力系可转化为3个平面力系平衡问题，那么能不能由此求解9个未知量？为什么？

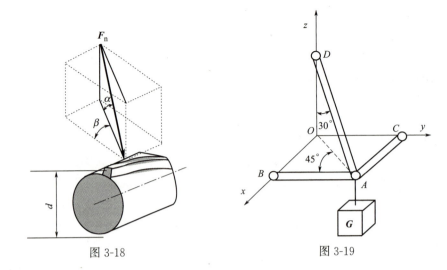

图 3-18   图 3-19

3-7 物体的重心是否一定在物体上？

3-8 计算均质规则物体重心时，如选取的坐标轴不同，重心的坐标是否改变？物体重心的位置是否改变？

3-9 将物体沿着重心的平面切开，两边是否等重？

习 题

3-1 在边长为 a 的正方体顶角 A、B 处，分别作用力 $F_2=200$N 和 $F_1=100$N，试求此两个力在 x、y、z 轴上的投影及对三个坐标轴的矩（图 3-20）。

3-2 沿立方体的对角线 AK 作用一力 F，已知 $F=143$N，$AB=12$cm，$BC=4$cm，$CK=3$cm，试求力 F 在 x、y、z 轴上的投影及对三个坐标轴的矩（图 3-21）。

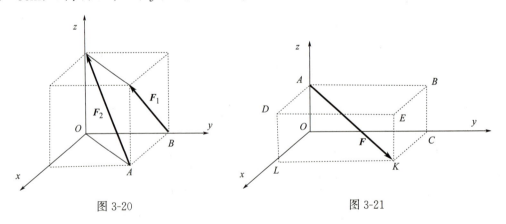

图 3-20   图 3-21

3-3 设计机组的基础必须知道机组重力的合力作用线的位置。已知 $G_1=2$kN，$G_2=5$kN，$G_3=3$kN，$G_4=10$kN，试利用合力矩定理确定重力的合力作用线的位置 x_C 和 y_C（图 3-22）。

3-4 已知镗刀刀尖作用有主切削力 $F_z=500$N，径向力 $F_y=150$N，轴向力 $F_x=75$N，刀尖位于 Oxy 平面内，试求切削力对三个坐标轴的矩（图 3-23）。

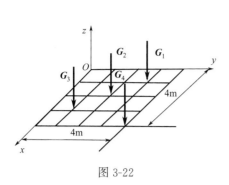

图 3-22

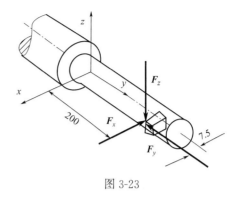

图 3-23

3-5 齿轮轴在 C 处装有圆柱直齿轮，已知齿轮的节圆直径 $d=18$cm，圆周力 $F_t=5$kN，方向平行 x 轴，径向力 $F_r=2$kN，在齿轮轴的外伸端点 E 处装有联轴节，其端面有力偶 M 作用而平衡，已知 $a=20$cm，$b=30$cm，试求轴承 A、B 处的约束力及力偶矩 M 的值（图 3-24）。

3-6 某传动轴上装有胶带轮，其半径为 $r_1=20$cm，$r_2=25$cm。轮 1 的胶带是水平的，其拉力 $F_{T1}=2F_{t1}=5$kN，轮 2 的胶带和铅垂线成 $\beta=30°$，其拉力 $F_{T2}=2F_{t2}$，求传动轴作匀速转动时胶带的拉力 F_{T2}、F_{t2} 和轴承约束力（图 3-25）。

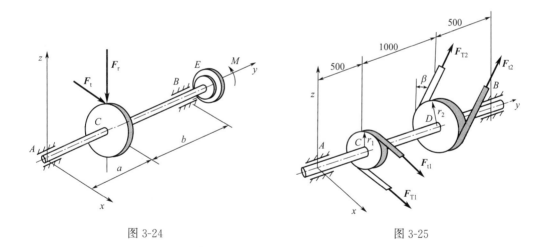

图 3-24   图 3-25

3-7 已知：胶带拉力 $F_{T1}=1300$N，$F_{T2}=700$N，胶带轮半径 $R=50$cm，齿轮圆周力 $F_t=1000$N，径向力 $F_r=364$N，齿轮的节圆半径 $r=30$cm，$a=0.5$m。试求轴承 A、B 处的约束力（图 3-26）。

3-8 传动轴上装有斜齿轮 C 和胶带轮 D，斜齿轮的节圆半径 $r=60$mm，圆周力 $F_t=1.08$kN，轴向力 $F_a=0.29$kN，径向力 $F_r=0.48$kN，胶带轮半径 $R=100$mm，紧边的拉力 F_{T1} 方向为水平方向，松边的拉力 F_{T2} 方向与水平线成 $\theta=30°$。已知 $a=b=100$mm，$c=150$mm。设 $F_{T1}=2F_{T2}$，传动轴在胶带轮带动下作匀速转动，不计轮、轴的重量，求胶带轮的拉力 F_{T1} 和 F_{T2} 以及轴承处的约束力（图 3-27）。

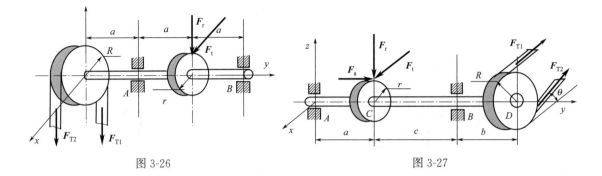

图 3-26　　　　　　　　　　　图 3-27

3-9　齿轮传动轴如图 3-28 所示，已知 $D=100$mm，$d=50$mm，直齿轮的压力角均为 $\alpha=20°$，已知作用在大齿轮上的圆周力 $F_{t1}=1950$N，试求传动轴作匀速转动时，小齿轮所受的力 F_{t2} 的大小及两轴承处的约束力（提示 $F_r=F_t\tan\alpha=0.364F_t$）。

3-10　利用绞车的转动，缠绕绳索拉动重物 $G=2$kN 沿斜面等速上升。G 与斜面间的摩擦系数 $\mu_s=0.25$。鼓轮由向心轴承 A 和止推轴承（相当于向心推力轴承）B 支承。鼓轮的重力 $G_1=1$kN，半径 $r=10$cm，其他尺寸见图 3-29，单位为 cm。求作用在手柄上的水平力 F 与轴承处的约束力。

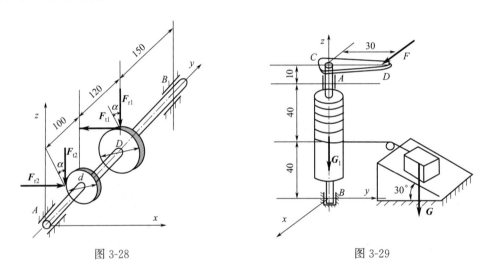

图 3-28　　　　　　　　　　　图 3-29

3-11　试求图 3-30 所示平面图形的形心位置。

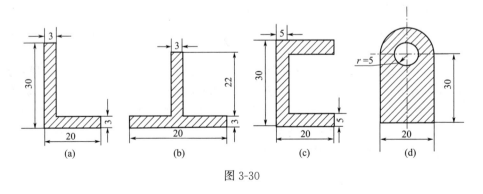

图 3-30

3-12 图 3-31 所示截面中半径为 r 的小圆为挖去部分，试求此图形的形心位置。

3-13 均质圆柱体由半径为 r 的圆柱体和半球体组成，要使圆柱体的重心位于半球体平面圆心 O 点，求圆柱体的高 h（图 3-32）。

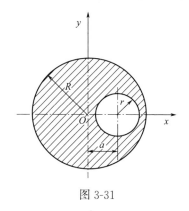

图 3-31

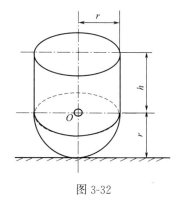

图 3-32

材料力学

第四章　轴向拉伸和压缩　/ 90

第五章　剪切和挤压　/ 115

第六章　圆轴扭转　/ 125

第七章　直梁弯曲　/ 141

第八章　组合变形　/ 179

第九章　压杆稳定性　/ 201

第十章　交变应力和疲劳破坏　/ 212

一、材料力学的任务

材料力学概述

（1）研究材料在外力作用下破坏的规律；
（2）为受力构件提供强度、刚度和稳定性计算的理论基础条件；
（3）解决结构设计安全可靠与经济合理的矛盾。

材料力学主要研究构件在外力作用下的变形问题。工程实际中的构件均由变形固体材料制成，在外力作用下，其形状和尺寸都会发生改变。为了保证整个机器或结构正常工作，每个构件都应具有足够的承载能力，即满足以下要求：

图 1

① 具有足够的**强度**。就是保证构件在外力的作用下不发生破坏或者产生严重的永久变形。也就是说，每个构件都应具有足够的抵抗破坏的能力，这种能力称为强度。例如冲床的曲轴或薄壁构件在工作冲压力作用下不应该发生折断，如图 1 所示。

② 具有足够的**刚度**。保证构件在外力的作用下不产生影响其正常工作的变形。每个构件都应具有足够的抵抗变形的能力，这种能力称为刚度。

③ 具有足够的**稳定性**。有些杆受力时能够保持原有的平衡形式，不至于突然侧面弯曲而丧失承载能力。有些细长杆在压力达到一定数值时，会丧失原有形态下的平衡，有可能突然被压弯而丧失工作能力，这种现象称为构件丧失了稳定。例如内燃机的挺杆、千斤顶的螺杆等。为了保证它们能够正常工作，要求这类杆件具有一定的保持原有的直线平衡形态的能力，这种能力称为稳定性，如图 2 所示。

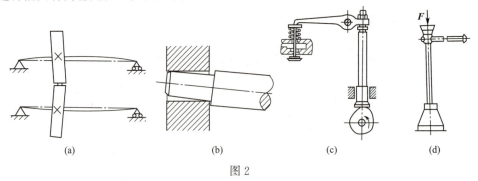

图 2

构件在载荷作用下满足强度、刚度、稳定性三项要求时，就能安全正常地工作。工程技术人员在设计构件时，既考虑构件能安全正常地工作，同时还应考虑合理使用和节约材料，减轻构件自重，降低成本等。这两方面的要求是互相矛盾的，材料力学就是在解决这一矛盾中产生和发展的。它的任务是：**从研究构件受到作用力后的变形和破坏规律着手，在保证构**

件安全适用又经济合理的前提下,为构件选择合适的材料,确定合理的截面形状和尺寸,提供有关强度、刚度和稳定性分析的基本理论、计算方法和实验技术。

二、研究对象

材料力学研究对象是变形固体,主要研究构件受力变形问题。由于工程实际中各种构件所用材料的物质结构及性能非常复杂,为了使分析和计算得以简化,略去次要因素,对变形固体作以下基本假设。

(1) 均匀连续性假设: 假设材料是连续且均匀分布的,即假设材料粒子没有任何空隙并且均匀地分布于物体所占有的全都空间。

从微观结构看,材料在宏观物体内的分布既非均匀也非连续,但从统计学角度看,各具有一定尺寸的宏观的点都可以认为具有相同的性质。所谓均匀连续,是指这些宏观的点均匀而连续地分布于物体所占有的全部空间。

(2) 各向同性假设: 假设材料是各向同性的,即认为材料在各个方向上具有相同的力学性质。根据这一假设,可以用一个参数描述材料在各个方向上的某种力学性能。

(3) 弹性小变形假设: 杆件受到外力作用后都会产生变形。在外力不超过某一限度时,假设物体在外力作用下所产生的弹性变形与物体本身尺寸相比是微小的。弹性变形就是卸除载荷后可以消失的变形,把不能消失的变形称为塑性变形。根据这一假设,在研究强度和刚度中的平衡问题时(例如确定约束力、计算内力时),可以略去变形的影响,因而可以直接应用静力分析中所介绍的分析与计算方法。

三、杆件变形的基本形式

根据几何形状和尺寸的不同,工程构件大致可以分为杆、板、壳、块四大类。工程构件中的梁、轴、柱等均属于"杆"类构件,它们的共同特点是横截面尺寸远远小于长度方向的尺寸。杆的所有横截面几何形状中心的连线,称为杆的轴线。若轴线为直线,则称为"直杆";轴线为曲线,则称为"曲杆"。所有横截面的形状和尺寸都相同的称为"等截面杆",不同者称为"变截面杆"。本书主要研究"直杆"类构件的强度、刚度和稳定性问题。这类构件称为"杆件",简称为"杆"。杆件变形的基本形式有拉伸、压缩、剪切、扭转、弯曲,分别如图3(a)~(e)所示。

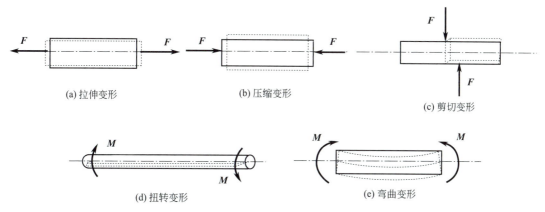

图3 基本变形

由于外力以不同的形式作用在杆件上,其引起杆件的变形有的比较简单,有的相当复杂,不过,复杂的变形可以看成是几种基本变形的组合,称为组合变形。

第四章
轴向拉伸和压缩

知识目标

1. 认知材料力学研究对象和内容；
2. 认知轴向拉压变形概念；
3. 熟练掌握轴力图的绘制；
4. 熟练掌握结构中拉压杆件的强度计算。

能力目标

1. 能正确建立力学模型；
2. 能正确绘制轴力图，找出危险截面；
3. 能独立完成解决工程实际的强度三类计算。

素质目标

1. 增强能伸能屈的意志力；
2. 提高解决问题的适应能力；
3. 培养勇于挑战自我的精神。

重点和难点

1. 结构中拉压杆件的受力分析；
2. 拉压杆件的强度三类计算。

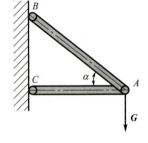

图 4-1

任务引入

已知圆截面杆件 AB、AC 面积相同，在 A 处能承受最大载荷 $G=20\text{kN}$ 的力作用，$[\sigma]=120\text{MPa}$，$\alpha=30°$，求两杆的直径 d（图 4-1）。

> 知识链接

第一节　轴向拉（压）的实例分析

一、轴向拉（压）概念

工程中有很多杆件受到轴线方向的拉力或压力，因而产生拉伸或压缩变形。例如，图 4-2(a) 中所示的简易吊车的三角桁架，在载荷 G 作用下，其上之 AB 杆承受拉力，BC 杆承受压力，二者分别产生拉伸和压缩变形。又如，作为连接两个部件连接件的螺栓［图 4-2(b)］，在拧紧时，将承受轴向拉伸因而产生拉伸变形。**轴向拉伸或压缩受力特点：受到一对大小相等、方向相反、作用线与轴线重合的外力作用。变形特点：杆件沿轴线方向伸长或者缩短。**

动画：拉压概念

二、工程实例

上述承受拉伸或压缩的构件均为"直杆"，载荷施加在两端，合力的作用线与杆的轴线方向重合，产生轴线方向的位伸或压缩变形，这类杆的受力和变形均可抽象为图 4-2(a)、(b) 中所示的力学模型，图 4-2(a) 所示的杆件，分别称为"拉杆"和"压杆"。

工程中还有的零件或构件，同时承受沿着轴线方向的几个外力作用。这些零件或构件也将产生在轴线方向的拉伸或压缩变形，如图 4-2(b)、(c) 所示。

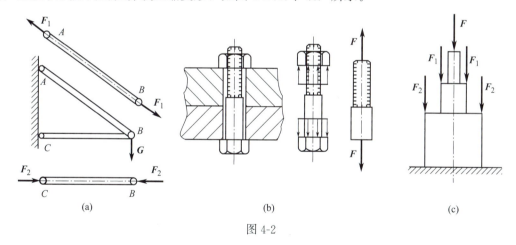

图 4-2

第二节　轴力与轴力图

一、轴力

(1) 内力的概念：杆件以外的物体对杆件的作用力（即主动力和约束力）称为"外力"。杆件的内力不同于静力分析中物体系统的内力，而是杆件在外力作用下发生变形，引起内部相邻各部分相对位置发生变化，从而产生附加的内力。这就是所要研究的内力。

杆件的内力随着外力的增加而增加，对于确定的材料，内力的增加是有一定限度的，超过了这个限度，构件将失效。

(2) 截面法：计算杆件的内力并确定其大小和方向，采用"截面法"。为了求出受力作用的杆件上某一横截面上的内力，用"假想截面"从该截面处将这杆件分为两部分，并将其中任一部分从杆件中分离出来，作为研究对象。在分离的截面上用内力代替另一部分对它的作用。根据连续性假设，分离的截面上存在连续分布的内力，现在所要求的内力是这种连续分布内力的简化结果。杆件在外力作用下保持平衡，则从杆件上截取的任意一部分，在外力与所截取的截面上的内力作用下也必须是平衡的。因此，根据截取后的任一部分的平衡条件，即可求得该截面上内力的大小和方向。上述确定内力的方法称为"截面法"。截面法是材料力学求内力的基本方法，截开处不能有外力作用。其步骤简述如下：

① **截**——在要求内力的截面处假想用截面把杆件分成两段。
② **画**——对所取的一段画出受力图。
③ **列**——列平衡方程求出内力。

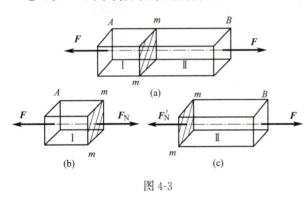

图 4-3

(3) 轴力 F_N：研究图 4-3(a) 中所示拉杆，为了确定任意横截面上的内力，假想用截面 $m—m$ 把杆分成两部分，如图 4-3(b)、(c) 所示。取其中任意部分画受力图，列静力学平衡方程：

$$\sum F_x = 0 \qquad F_N - F = 0$$

得 $\qquad F_N = F$

其作用线通过截面形心与杆的轴线重合，称为轴力，用 F_N 表示，方向如图 4-3(b)、(c) 所示。可以看出，截取处左右两侧截面上的内力互为作用和反作用，因而大小相等、方向相反。通常轴力 F_N 的正负号规定是：使杆件产生拉伸变形者为正，产生压缩变形者为负，即拉为正，压为负。因此，**杆件上任意横截面的轴力 F_N，等于该截面以左（或以右）边部分杆件上所有轴向外力的代数和**。轴力 F_N 在杆轴线方向变化的情形可以用轴力图表示，借助于轴力图可以确定杆件上最大的轴力 $F_{N\max}$ 的大小和方向，及其作用截面的位置。

二、轴力图

建立轴力 F_N-x 坐标系，一般使 x 轴与杆轴线平行，轴力 F_N 的绘制线与杆的轴线垂直。x 表示截面位置，轴力 F_N 表示该截面轴力 F_N 的大小。根据杆上作用的外力，把杆分为若干段，每两个力之间作为一段。应用截面法分别求出各段截面上的轴力 F_N，将其连同截面位置标在轴力 F_N-x 坐标中，由此连成的图形，即为轴力图。

【例 4-1】 图 4-4(a) 所示为等截面直杆，受到轴向作用，$F_1=15\text{kN}$，$F_2=10\text{kN}$，试计算指定各截面的轴力 F_N，并画出直杆的轴力图。

解：(1) 外力计算。画杆件的受力图，如图 4-4(b) 所示，列出平衡方程，求约束力。

$$\sum F_x = 0 \qquad F_A - F_1 + F_2 = 0$$

得 $\qquad F_A = F_1 - F_2 = 15\text{kN} - 10\text{kN} = 5\text{kN}$

(2) 内力分析。外力 F_A、F_1、F_2 把杆件分为 AB 段和 BC 段，在 AB 段，用 1—1 截面把杆件截取为两部分，取左边部分段为研究对象，用 F_{N1} 表示该截面处的轴力 F_N。根据杆件上任意截面的轴力 F_N，等于该截面以左边部分杆件上所有轴向外力的代数和，力 F_A

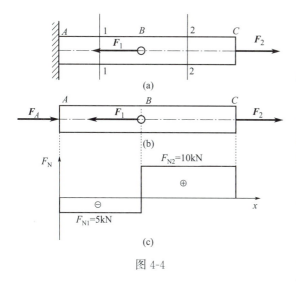

图 4-4

的方向指向所求截面,取负号,得
$$F_{N1}=-F_A=-5\text{kN}$$

负号表示该截面受到压缩变形。在 BC 段,用 2—2 截面把杆件截取为两部分,取左边部分段为研究对象,用 F_{N2} 表示该截面处的轴力 F_N,根据杆件上任意截面的轴力 F_N,等于该截面以左边部分杆件上所有轴向外力的代数和,力 $\boldsymbol{F}_A$ 的方向指向所求截面,取负号;力 $\boldsymbol{F}_1$ 的方向背离所求截面,取正号,得
$$F_{N2}=-F_A+F_1=(-5+15)\text{kN}=10\text{kN}$$

正号表示该截面受到拉伸变形。也可以取右边部分段为研究对象,所得结果完全相同。读者可以自行计算。

(3) 绘制轴力图。杆件 A、B 之间所有截面(不包括力的作用点 A、B 处的截面)的轴力 F_N 都等于 F_{N1},求出了 1—1 截面上的轴力 F_{N1},也就是求出了 A、B 之间所有截面的轴力 F_{N1};同理,杆件 B、C 之间所有截面的轴力 F_N 都等于 F_{N2}。画出等截面直杆的轴力图,如图 4-4(c) 所示。

(4) 确定杆件上最大的轴力 $F_{N\max}$。$F_{N\max}=F_{N2}=10\text{kN}$,作用在 BC 段(受拉)。

轴力图的简易绘制方法:从坐标原点出发从左向右(从右向左相同)遇到力的箭头背离该截面向正方向画,力的箭头指向该截面向负方向画,两截面之间画 x 轴的平行线,最后回到零。

【例 4-2】 画出图 4-5(a) 所示阶梯杆件的轴力图。

解:如图 4-5(b) 所示,建立坐标系,x 轴向右为正,F_N 向上为正。由坐标原点向上按一定比例画 10kN,以此大小接着画 x 轴平行线向右至 B 截面;向下画 10kN,从 0 画 x 轴平行线向右至 D 截面;向上画 10kN,从 10kN 画 x 轴平行线向右至 E 截面;向下画至 0 点。

$F_{N\max}=10\text{kN}$,作用在 AB、DE 段(受拉)。

说明轴力的大小与杆件的粗细无关,只与外力有关。

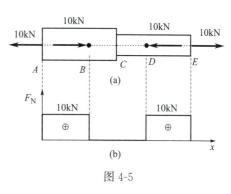

图 4-5

第三节 轴向拉(压)杆横截面上的应力

一、应力的概念

图 4-5 中所示的阶梯杆件,AB、DE 段受到的内力是相同的,但比较细的 DE 段容易被拉断,是因为较细一段横截面上内力的分布相对于较粗一段内力的分布大,所以要解决强度问题,不仅要研究内力的大小,还要研究杆件内力在截面上分布的集中程度。**把内力在截**

第四章 轴向拉伸和压缩

面上分布的密集程度称为应力，并把垂直于截面的应力称为正应力 σ，平行于截面的应力称为切应力 τ。

应力的单位是 Pa（帕），工程中单位千帕、兆帕、吉帕之间的关系是：$1\text{GPa}=10^3\text{MPa}=10^6\text{kPa}=10^9\text{Pa}$。为运算方便，常用 MPa（兆帕），$1\text{MPa}=1\times10^6\text{N/m}^2=1\text{N/mm}^2$。

二、拉（压）杆件横截面上的应力

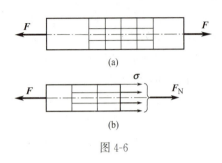

图 4-6

如图 4-6 所示，在等截面杆件的表面上画出一些横向线和纵向线，观察杆件承受轴向拉力时，表面的横向线和纵向线的变化。可以看出，横向线仍然互相平行，各纵向线产生了相同的伸长量。在变形过程中横向线代表横截面这一假设称为平面假设，说明轴力 F_N 在垂直的整个横截面 A 上是均匀拉伸的，即有正应力：

$$\sigma=\frac{F_N}{A} \tag{4-1}$$

此式即为拉伸、压缩杆横截面上正应力的表达式。应力的正负与轴力一致。

【例 4-3】 在图 4-7(a) 所示的杆件中，已知 $F_1=20\text{kN}$，$F_2=50\text{kN}$，AB 段的直径 $d_1=20\text{mm}$，BC 段的直径 $d_2=30\text{mm}$，试计算各段横截面上的正应力。

解：（1）求约束力。由于固定端在杆件的右端点，可以不求出。

（2）绘制轴力图。根据杆件上任意截面的轴力 F_N，等于该截面以左（或以右）部分杆件上所有轴向外力的代数和，从坐标原点出发从左向右（从右向左相同）遇到力的箭头背离该截面向上画，

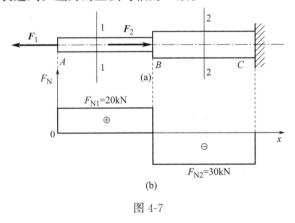

图 4-7

力的箭头指向该截面向下画，两截面之间画 x 轴的平行线，最后回到零。轴力图如图 4-7(b) 所示。各横截面的轴力 F_N 分别为

$$F_{N1}=20\text{kN}$$
$$F_{N2}=-30\text{kN}$$

（3）计算各段横截面上的正应力。由式(4-1) 可得 AB 段横截面上的正应力为

$$\sigma_1=\frac{F_{N1}}{A_1}=\frac{4F_{N1}}{\pi d_1^2}=\frac{4\times20\times10^3}{\pi\times20^2}=63.7(\text{MPa})$$

由式(4-1) 可得 BC 段横截面上的正应力为

$$\sigma_2=\frac{F_{N2}}{A_2}=\frac{4F_{N2}}{\pi d_2^2}=\frac{4\times(-30\times10^3)}{\pi\times30^2}=-42.4(\text{MPa})$$

【例 4-4】 简易吊车结构简图如图 4-8(a) 所示。重量 $G=30\text{kN}$ 的重物通过小车可以沿水平方向移动。斜拉杆 BC 为钢制成的杆，直径 $d=50\text{mm}$。试求斜拉杆 BC 横截面上可能产生的最大正应力。

解：（1）受力分析。因为 BC 杆两端为铰链连接，中间无载荷作用，故为二力杆。小车位置改变时，杆 BC 所受力的大小也随之改变。根据静力分析，当小车位于 B 处时，杆 BC

受力最大，这时其横截面上的正应力也将有最大值。

选取 AB 梁为研究对象，其受力图如图 4-8(b) 所示，列出平衡方程：
$$\sum M_A(F) = 0 \quad F_{BC\max} \times AB\sin 30° - G \times AB = 0$$

得
$$F_{BC\max} = \frac{G}{\sin 30°} = \frac{30}{1/2} \text{kN} = 60 \text{kN}$$

(2) 计算应力。当载荷达到最大值时，斜拉杆 BC 受到的轴力 F_N 为最大，$F_{BC\max}$ 值的大小为 $F_{BC\max} = F_{N\max} = 60\text{kN}$；这时，BC 杆横截面上的正应力最大，为

$$\sigma_{\max} = \frac{F_{N\max}}{A} = \frac{4F_{N\max}}{\pi d^2} = \frac{4 \times 60 \times 10^3}{\pi \times 50^2} = 30.56 (\text{MPa})$$

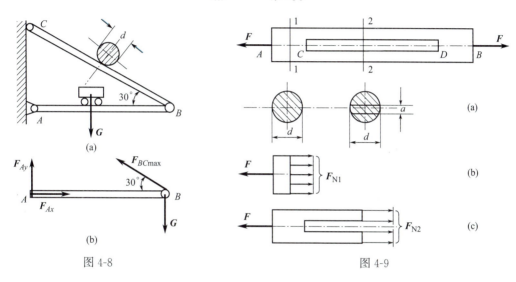

图 4-8

图 4-9

【例 4-5】 圆形截面杆 AB 上有一切开槽 CD，如图 4-9(a) 所示。已知 $F = 15\text{kN}$，$d = 20\text{mm}$，槽的宽度为 $a = d/4$，试求杆件上最大的正应力（注：CD 截面上开槽的尺寸可以近似计算为 $a \times d = d \times d/4$）。

解：(1) 各段截面轴力相等。
$$F_N = F$$

(2) 各段应力不同。由于开槽的结果，AC 段和 DB 段横截面面积：
$$A_1 = \pi d^2/4$$

正应力
$$\sigma_1 = \frac{F_{N1}}{A_1} = \frac{4F_{N1}}{\pi d^2}$$
$$= \frac{4 \times 15 \times 10^3}{\pi \times 20^2}\text{MPa}$$
$$= 47.7\text{MPa}$$

CD 段横截面面积：$A_2 = \pi d^2/4 - d^2/4$

正应力
$$\sigma_2 = \frac{F_{N2}}{A_2} = \frac{4F_{N1}}{(\pi - 1)d^2} = \frac{4 \times 15 \times 10^3}{(\pi - 1) \times 20^2}\text{MPa} = 70\text{MPa}$$

(3) 求最大正应力。比较 σ_1 和 σ_2，得 $\sigma_{\max} = \sigma_2 = 70\text{MPa}$，发生在切开槽的 CD 段截面上，也是杆件最细的一段。

三、拉（压）杆的强度计算

为了保证拉（压）杆安全可靠地工作，杆横截面上的最大工作应力不超过材料拉（压）时的许用应力，这称为拉（压）杆的强度条件，即

$$\sigma_{\max} = \frac{F_{N\max}}{A} \leqslant [\sigma] \tag{4-2}$$

利用强度条件可以解决工程中三类问题。

(1) 校核强度 若已知杆件的尺寸、材料的许用应力以及所受的载荷，即可用强度条件式(4-2)校核其是否满足强度要求。

(2) 选择杆件横截面尺寸 若已知杆件所受的载荷以及材料的许用应力，根据强度条件可以确定其所需横截面面积，然后根据所需截面形状设计截面尺寸。

(3) 确定许可载荷 若已知杆件的横截面尺寸以及材料的许用应力，由强度条件可求得其所能承受的最大轴力，进而根据静力学平衡条件可以确定结构所能承受的最大载荷，即许可载荷。

在工程实际计算中，如果最大工作应力 $\sigma_{\max}$ 超过了许用应力，只要超过量不超过5%仍然是允许的。

【例 4-6】 图 4-10 所示的气缸中的压强 $p=2\text{MPa}$，气缸内径 $D=75\text{mm}$，活塞杆直径 $d=18\text{mm}$，活塞杆材料的许用应力 $[\sigma]=50\text{MPa}$，试求校核活塞杆强度。

解：(1) 计算活塞杆的轴力。活塞杆的轴力 F_N 等于气体对活塞杆的总推力 F。即

$$F_N = \frac{p\pi(D^2-d^2)}{4}$$

(2) 校核活塞杆强度。活塞杆的工作应力为

$$\sigma = \frac{F_N}{A} = \frac{p \times \frac{\pi}{4}(D^2-d^2)}{\frac{\pi}{4}d^2} = p\left[\left(\frac{D}{d}\right)^2 - 1\right] = 2\left[\left(\frac{75}{18}\right)^2 - 1\right]\text{MPa} = 32.7\text{MPa}$$

得 $\sigma_{\max} = 32.7\text{MPa} < [\sigma]$，活塞杆强度足够。

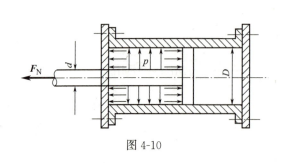

图 4-10

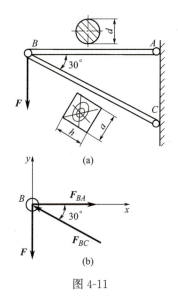

图 4-11

【例 4-7】 图 4-11(a) 所示为三角构架，杆 AB 为圆截面，直径 $d=30$mm，用钢材制成，$[\sigma]=170$MPa；杆 BC 为矩形木杆，$a=600$mm，$h=120$mm，$[\sigma]=10$MPa。试求该结构的许可载荷 $[F]$。

解： (1) 选取 B 销为研究对象，画出受力图，如图 4-11 (b) 所示。列平衡方程计算两杆的约束力。

$$\sum F_y = 0 \qquad F_{BC}\sin30°-F=0$$

得
$$F_{BC}=\frac{F}{\sin30°}=2F$$

$$\sum F_x = 0 \qquad F_{BA}-F_{BC}\cos30°=0$$

得
$$F_{BA}=F_{BC}\cos30°=\sqrt{3}F$$

(2) 计算两杆的轴力。两杆均为二力构件，杆 AB 受拉，轴力 $F_{NBA}=F_{BA}=\sqrt{3}F$；杆 BC 受压，轴力 $F_{NBC}=-F_{BC}=-2F$。

(3) 分别计算两杆允许的最大载荷。

杆 AB：
$$\sigma=\frac{F_{NBA}}{A_{BA}}=\frac{4\times\sqrt{3}F_1}{\pi d^2}\leqslant 170\text{MPa}$$

得
$$F_1\leqslant\frac{170\times\pi\times d^2}{4\times\sqrt{3}}=\frac{170\times 3.14\times 30^2}{4\times 1.732}\text{N}=69.3\text{kN}$$

杆 BC：
$$\sigma=\frac{F_{NBC}}{A_{BC}}=\frac{2F_2}{ah}\leqslant 10\text{MPa}$$

得
$$F_2\leqslant\frac{10\times ha}{2}=\frac{10\times 120\times 600}{2}\text{N}=360\text{kN}$$

(4) 确定结构的许可载荷。为了保证结构能安全可靠，选取两杆最大载荷中的最小值，即许可载荷 $[F]=69.3$kN。

第四节　轴向拉（压）杆的变形

一、线变形

如图 4-12 所示，等直截面杆的长为 l，横向尺寸为 b，受到轴向作用后变形，长度变为 l_1，横向尺寸变为 b_1，杆件变形后和变形前尺寸的差称为"绝对变形"。

纵向绝对变形为 $\quad\Delta l=l_1-l$
横向绝对变形为 $\quad\Delta b=b_1-b$

图 4-12

为度量杆件的变形程度，引入相对变形的概念，用记号 ε 表示：

纵向相对变形 $\quad\varepsilon=\dfrac{\Delta l}{l}\qquad$ 横向相对变形 $\quad\varepsilon'=\dfrac{\Delta b}{b}$

相对变形又称为"正应变"或"线应变"。正应变为无量纲量，其正负号规定是：伸长为正，缩短为负。实验结果表明，当在比例极限范围内加载时，纵向应变与横向应变满足

$$\varepsilon' = -\mu\varepsilon \tag{4-3}$$

其中，μ 称为"横向变形系数"或"泊松比"。

二、胡克定律

拉伸或压缩试验结果表明，大多数工程材料制成的杆件，在强度范围内加载时，其正应力 σ 与线应变 ε 成正比，其表达式为

$$\sigma = E\varepsilon \tag{4-4}$$

此式称为"胡克定律"。式中，**比例系数 E 称为材料的"弹性模量"或材料的"抗拉（压）刚度"**，其量纲为 [力]·[长度]$^{-2}$，国际单位用 GPa。弹性模量由实验测定。表 4-1 中列出了几种常用材料的 E 值。

表 4-1 几种常用材料的 E、G、μ 值

材料名称	弹性模量 E/GPa	切变模量 G/GPa	泊松比 μ
碳素钢	190～210	79.4	0.24～0.30
合金钢	186～206	79.4	0.25～0.30
灰口铸铁	80～160	44.3	0.23～0.27
铜及合金	74～130	28～45	0.31～0.42
铝合金	70～72	26.5	0.33

利用 $\sigma = F_N/A$，$\varepsilon = \Delta L/L$，由式(4-4) 得到

$$\Delta l = \frac{F_N l}{EA} \tag{4-5}$$

这是胡克定律的另一种形式。式中 EA 称为杆件的"抗拉（压）刚度"。刚度 EA 越大，变形越小。因此，抗拉（压）刚度反映了拉（压）杆抵抗变形的能力。

应用式(4-4) 和式(4-5) 时应注意，在所计算的长度 l 内，杆件的轴力 F_N、横截面积 A 以及弹性模量 E 均必须为常量。

【**例 4-8**】 图 4-13(a) 所示的阶梯杆件中，已知：$F_1 = 30\text{kN}$，$F_2 = 10\text{kN}$，AC 段的截面面积 $A_1 = 500\text{mm}^2$，CD 段的截面面积 $A_2 = 200\text{mm}^2$，材料的弹性模量 $E = 200\text{GPa}$。试求各段横截面上的应力和杆件的总变形。

解：(1) 画杆的受力图，列平衡方程，求出约束力。

$$\sum F_x = 0 \qquad -F_R + F_1 - F_2 = 0$$

得
$$F_R = F_1 - F_2 = (30-10)\text{kN} = 20\text{kN}$$

力的实际方向如图 4-13(b) 所示。

(2) 绘制轴力图，如图 4-13(c) 所示。

各段横截面的轴力 F_N 分别为

$$F_{NAB} = 20\text{kN}, F_{NBC} = F_{NCD} = -10\text{kN}$$

(3) 计算各段横截面上的正应力。

由式(4-1) 可得

$$\sigma_{AB} = \frac{F_{NAB}}{A_1} = \frac{20 \times 10^3}{500}\text{MPa} = 40\text{MPa}(拉)$$

$$\sigma_{BC} = \frac{F_{NBC}}{A_1} = \frac{-10 \times 10^3}{500} \text{MPa} = -20 \text{MPa}(压)$$

$$\sigma_{CD} = \frac{F_{NCD}}{A_2} = \frac{-10 \times 10^3}{200} \text{MPa} = -50 \text{MPa}(压)$$

(4) 计算各段的变形。应用式(4-5) 得

$$\Delta l_{AB} = \frac{F_{NAB} l}{E A_1} = \frac{20 \times 10^3 \times 100}{200 \times 10^3 \times 500} \text{mm} = 0.02 \text{mm}$$

$$\Delta l_{BC} = \frac{F_{NBC} l}{E A_1} = \frac{-10 \times 10^3 \times 100}{200 \times 10^3 \times 500} \text{mm} = -0.01 \text{mm}$$

$$\Delta l_{CD} = \frac{F_{NCD} l}{E A_2} = \frac{-10 \times 10^3 \times 100}{200 \times 10^3 \times 200} \text{mm} = -0.025 \text{mm}$$

总变形为 $\Delta l = \Delta l_{AB} + \Delta l_{BC} + \Delta l_{CD} = (0.02 - 0.01 - 0.025) \text{mm} = -0.015 \text{mm}$

图 4-13 所示中的杆缩短了 0.015mm。

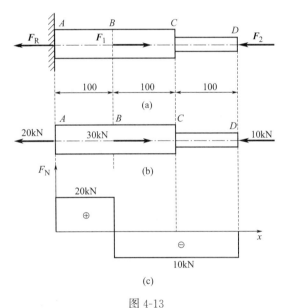

图 4-13

【例 4-9】 如图 4-14 所示的连接两钢板的 M16 螺栓，其螺距 $t = 2$mm，材料的弹性模量 $E = 200$GPa，两块钢板总厚 800mm。假设在拧紧螺母时钢板不变形，当螺母与钢板接触后再旋转 1/8 圈，螺栓的伸长量和螺栓横截面上的应力各为多少？

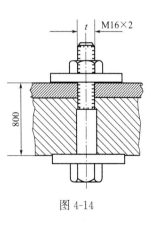

图 4-14

解：（1） 计算螺栓的伸长量。拧紧螺母时，钢板不变形，故当螺母相对螺栓旋转 1/8 圈时，也就是螺栓伸长了 $t/8$ 长度，即

$$\Delta l = \frac{t}{8} = \frac{2}{8} \text{mm} = 0.25 \text{mm}$$

（2） 计算螺栓横截面上的应力。螺栓轴向应变为

$$\varepsilon = \frac{\Delta l}{l} = \frac{0.25}{800} = 31.25 \times 10^{-5}$$

由式(4-4)得螺栓横截面上的应力为

$$\sigma = E\varepsilon = 200 \times 10^3 \times 31.25 \times 10^{-5} = 62.5 \text{(MPa)}$$

【例 4-10】 拉伸试验用的低碳钢试件如图 4-15 所示。中间部分 A、B 两截面之间的长度 $l_0 = 50\text{mm}$，试验时，在试件两端施加力 F，在比例极限范围内，当 $F = 20\text{kN}$ 时，测得 A、B 两截面之间的长度 $l_1 = 50.01\text{mm}$。已知材料的弹性模量 $E = 200\text{GPa}$，泊松比 $\mu = 0.24$。试求：(1) 试件在长度 l_0 内的绝对伸长与相对伸长；

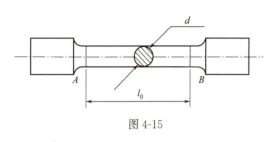

图 4-15

(2) 试件的横向应变；

(3) 试件横截面上的正应力。

解：(1) 试件的绝对伸长为

$$\Delta l = l_1 - l_0 = 50.01 - 50 = 0.01 \text{(mm)}$$

相对伸长为

$$\varepsilon = \frac{\Delta l}{l} = \frac{0.01}{50} = 2 \times 10^{-4}$$

(2) 试件的横向应变为 $\varepsilon' = -\mu\varepsilon = -0.24 \times 2 \times 10^{-4} = -0.48 \times 10^{-4}$

(3) 试件横截面上的正应力为 $\sigma = E\varepsilon = 200 \times 10^3 \times 2 \times 10^{-4} = 40 \text{(MPa)}$

任务实施

已知圆截面杆件 AB、AC 面积相同，在 A 处能承受最大载荷 $G = 20\text{kN}$ 的力作用，$[\sigma] = 120\text{MPa}$，$\alpha = 30°$，求两杆的直径 d（图 4-16）。

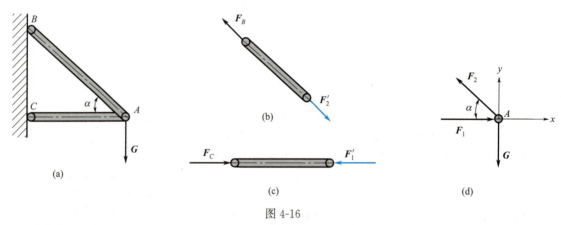

图 4-16

解：(1) 画 A 点受力图，列静力学平衡方程求两个杆件的受力，即轴力。两个构件都是二力构件，根据作用与反作用关系画出 A 点的受力图，如图 4-16(d) 所示。

$\sum F_x = 0$　　　　　　　$F_1 - F_2 \cos 30° = 0$

$\sum F_y = 0$　　　　　　　$F_2 \sin 30° - G = 0$

$$F_2 = 2G$$

$$F_1 = \sqrt{3}G$$

(2) 按照强度条件，求两杆的直径 d。

对 AC 杆：$\sigma_1 = \dfrac{F_{N1}}{A_1} \leqslant [\sigma]$ 　　$\dfrac{F_{N1}}{\pi d_1^2/4} \leqslant [\sigma]$ 　　$d_1 \geqslant \sqrt{\dfrac{4F_{N1}}{\pi [\sigma]}}$

对 AB 杆：$\sigma_2 = \dfrac{F_{N2}}{A_2} \leqslant [\sigma]$ 　　$\dfrac{F_{N2}}{\pi d_2^2/4} \leqslant [\sigma]$ 　　$d_2 \geqslant \sqrt{\dfrac{4F_{N2}}{\pi [\sigma]}}$

通过比较两个直径，最后取大的直径：

$$d \geqslant \sqrt{\dfrac{4F_{N2}}{\pi [\sigma]}}$$

$$= \sqrt{\dfrac{4 \times 2 \times 20 \times 10^3}{3.14 \times 120}}$$

$$= 20.6 (\text{mm})$$

所以，取两个构件直径为 21mm。

第五节　材料拉（压）的力学性能

材料的力学性能是指在外力的作用下其强度和刚度所表现的性能。分析杆件的强度，计算杆件的变形，要涉及极限应力 σ^0、弹性模量 E、泊松比 μ 等与材料有关的量，这些量统称为材料的"机械性能"或"力学性能"。

材料的力学性能是在常温、静载条件下由试验测定的，拉伸试验是确定材料力学性能的基本试验。按照我国的国家标准，拉伸试验所采用的圆截面标准试件如图 4-17 所示。其中 d_0 为圆柱试件的直径，l_0 为用于测量试件变形的有效长度，称为"标距"。按照我国的国家标准，对于圆柱试件，标距为直径 d_0 的 10 倍或 5 倍，即 $l_0 = 10d$ 或 $l_0 = 5d$。

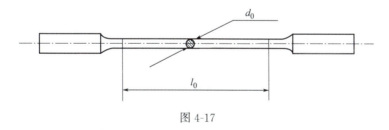

图 4-17

试件两端夹持部分的形状和尺寸，应根据试验机的要求确定。此外，关于试件的加工精度以及试验条件等，国家标准中都有相应的规定。

一、拉伸时材料的力学性能

拉伸试验是将试件安装在试验机上，然后缓慢加载使试件承受轴向拉力。试验过程中，测量并记录试件的受力和变形，直至试件被拉断为止。在一般的试验机上有自动测量试件受力和变形，并绘制二者之间关系曲线的装置。由拉伸试验得到力和变形曲线，即 F-Δl 曲线，称之为拉伸图。

1. 低碳钢拉伸时的力学性能

图 4-18（a）所示为低碳钢 Q235A 的拉伸曲线。将 F 和 Δl 分别除以试件受力前的横截面积 A_0 和标距，由 F-Δl 曲线得到 σ-ε 曲线，图 4-18（b）为低碳钢应力-应变图，

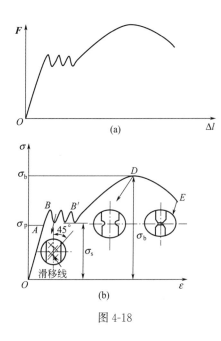

图 4-18

它反映了拉伸试验过程中各个阶段的应力-应变关系。

(1) 拉伸试验过程的四个阶段

① 弹性阶段。在图 4-18(b) 中，**OA** 直线段称为"**弹性阶段**"。它表示应力与应变成正比，即满足胡克定律 $\sigma=E\varepsilon$，这一阶段中的最高应力极限 σ_p 称为材料的**比例极限**。Q235A 钢的比例极限约为 $\sigma_p=200\text{MPa}$。由于比例极限是应力、应变保持线性关系的最高应力值，因此，**只有当应力小于或等于比例极限时，胡克定律才成立**。

应力超过比例极限后的一微小段，虽然应力-应变曲线由直线变为曲线，这表明在这一微小段应力、应变不再保持线性关系。但是当加载到这一阶段后再卸载，应力和应变同时回到原点。这表明，这一阶段的变形仍是弹性的。这一阶段中应力的最高值，称为"弹性极限"，用 σ_e 表示。σ_p 与 σ_e，虽然物理意义不同，但数值非常接近，工程上对两者不作严格区分。

② 屈服阶段。当应力超过弹性极限之后，应力-应变曲线上将出现一个带有锯齿形平台 [图 4-18(b) 中的 BB' 段]，这表明，应力不增加，而应变却明显增加。**BB' 阶段称为屈服阶段**或流动阶段。屈服阶段的最低点称为屈服点，对应的应力值 σ_s 称为**屈服极限（也称屈服强度）**，Q235A 钢的屈服强度约为 $\sigma_s=235\text{MPa}$。低碳钢屈服时，光滑试件表面会出现与轴线成 45°角的裂纹，称之为"滑移线"。

应力超过弹性极限后，变形包含两部分：弹性变形和塑性变形，即当加载后再卸载时，有一部分变形消失，这就是弹性变形，另一部分变形则不能恢复，这就是塑性变形。

③ 强化阶段。经过屈服阶段之后，若要使试件继续变形，需要继续增加载荷，这种现象称为"强化"。图 4-18(b) 中的 **$B'D$ 阶段称为强化阶段**。强化阶段的应力最高值，称为**强度极限（也称抗拉强度）**，用 σ_b 表示。Q235A 钢的强度极限约为 $\sigma_b=400\text{MPa}$。

④ 颈缩和断裂阶段。当应力小于抗拉强度时，试件在标距 l_0 的范围内均匀变形。但当应力达到抗拉强度后，再继续加载，由于试件的不均匀性，某一局部的横向尺寸将急剧收缩，这种现象称为"颈缩" [图 4-18(b)]。这时，试件已完全丧失承载能力，故拉伸曲线急剧下降，直至试件被拉断。

综上所述，低碳钢试件在拉伸试验的全过程中，经历了弹性、屈服、强化以及颈缩断裂阶段。在这四个阶段中，应力的特性值包含比例极限 σ_p、弹性极限 σ_e、屈服强度 σ_s 以及抗拉强度 σ_b。

(2) 冷作硬化 当应力超过屈服强度后（图 4-19 中的 C 点），然后卸载，直至载荷为零。试验结果表明，卸载时的应力-应变曲线与加载时的应力-应变曲线不再重合，而是沿着平行于加载时弹性阶段的直线（图 4-19 中的 AO 线）回到应力原点 O_1，这时应变（OO_1）并不为零。

从图 4-19 可以看出，对应于 C 点的应变包括两部分，其中 O_1O_2 在卸载时消失，即弹性应变，而 OO_1 则仍然存在，即为不可恢复的塑性变形。

卸载后再加载。这时的应力-应变曲线大致沿着卸载时的路径（直线O_1C），直至开始卸载时那一点（C）开始出现塑性变形。以后的应力-应变曲线又与第一次加载时大致相同，直至断裂（图4-19）。

比较加载时和卸载后再加载时的应力-应变曲线，可以得出，**材料的比例极限增高而塑性降低了，这种现象称为"冷作硬化"**。

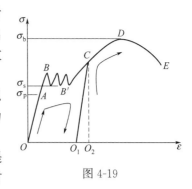

图 4-19

冷作硬化一方面由于提高了材料的比例极限，因而提高了材料在弹性范围内的承载能力；另一方面却降低了材料的塑性性能，使材料变硬、变脆，增加了机械加工的困难，而且容易在构件上产生裂纹。前者可以充分利用；后者则应力求避免和克服。

例如，起重机械中的钢缆绳、建筑构件中的钢筋等，都预先经过冷拉至屈服，以提高它们在弹性阶段的承载能力。同时，又要注意使其施加的预拉应力不超过屈服强度太多，以保证其有一定的塑性性能。

(3) 强度指标和塑性指标

① **强度指标**：当材料屈服时，将产生不可恢复的塑性变形，这是绝大部分机器的零部件或机构构件所不允许的。因此，屈服强度 σ_s 是衡量材料强度的一个重要指标。

当应力达到抗拉强度时，材料将发生破断，从而最终丧失承载能力。抗拉强度 σ_b 是衡量材料强度的另一个重要指标。

② **塑性指标**：工程中一般用"断后伸长率"和"截面收缩率"作为材料的塑性性能指标。

试件拉断后标距的长度 l_1 与原长 l_0 之差作为拉断时的塑性变形总量。用 δ 表示断后伸长率：

$$\delta = \frac{l_1 - l_0}{l_0} \times 100\% \tag{4-6}$$

若试件拉伸前的横截面积为 A_0，拉断后试件在标距范围内断口处的横截面积为 A_1，则截面积的相对变化率亦可表示材料的塑性性能，用 Ψ 表示，称为截面收缩率：

$$\Psi = \frac{A_0 - A_1}{A_0} \times 100\% \tag{4-7}$$

材料的断后伸长率和截面收缩率数值越高，其塑性性能越好。**工程上将 $\delta \geqslant 5\%$ 的材料称为塑性材料。低碳钢、青铜和铝等均属此类。$\delta < 5\%$ 的材料称为脆性材料**。灰口铸铁、混凝土等均为脆性材料。对于 Q235A 钢，断后伸长率 $\delta = 21\% \sim 26\%$；截面收缩率约为 $\Psi = 60\%$。这表明 Q235A 钢具有很好的塑性性能。

应该指出，上述关于塑性材料和脆性材料的论述，都是以常温、静载以及简单受力为前提的。材料的塑性或脆性与温度、加载速度以及受力状态有关。例如即使塑性很好的材料，在很低的温度或一定的高温下，也会表现出明显的脆性。

2. 铸铁拉伸时的力学性能

对于脆性材料，例如灰口铸铁，其拉伸试验结果与塑性材料相差很大。首先，应力-应变曲线上没有明显的弹性阶段和屈服阶段。拉断前也没有出现颈缩现象。拉断后，断口垂直于试件的轴线。其次，从开始加载到试件被拉断，试件的弹性变形和塑性变形都很小。图

4-20 所示为灰口铸铁的拉伸应力-应变曲线。其断后伸长率通常只有 0.4%～0.6%，为典型的脆性材料。抗拉强度 σ_b 是其唯一的强度指标。

3. 其他塑性材料拉伸时的力学性能

图 4-21 给出了几种工程上常用的塑性材料拉伸时的应力-应变曲线。为便于比较，图中还给出了低碳钢的应力-应变曲线。从图中可以看出，有的材料没有明显的屈服阶段。对于这类材料，国家标准规定：以产生 0.2% 塑性变形时的应力值作为材料的屈服强度，称为名义屈服强度，用 $\sigma_{0.2}$ 表示。

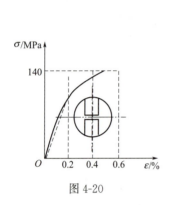

图 4-20

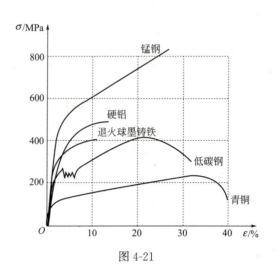

图 4-21

二、压缩时材料的力学性能

压缩试验也在试验机上进行，但所用的试件不同。由于承受压力时，有可能发生失稳现象，因此压缩试验宜采用短试件。对于金属材料，短圆柱试件高度与直径之比为 1.5∶1；对于混凝土压缩试件，其为边长等于 200mm 的立方体。

1. 低碳钢压缩时的力学性能

图 4-22(a) 所示为低碳钢压缩时的应力-应变曲线，可以看出，与拉伸时相同的是，既有弹性阶段，也有屈服阶段，而且在这两个阶段，拉、压时的应力-应变曲线基本重合。这表明，拉伸和压缩时，材料的比例极限、屈服强度以及弹性模量基本相同。与拉伸试验结果不同的是，压缩至屈服阶段之后，由于横向变形，试件的横截面积不断增大，试件的承载能力继续提高，以致产生很大的塑性变形，试件也不发生破断。由于应力-应变曲线上的纵坐标 σ 值是将压缩载荷除以试件承载前的面积，故在曲线上表现为上凹的形状。

2. 铸铁压缩时的力学性能

图 4-22(b) 所示实线为铸铁压缩时的应力-应变曲线。与拉伸时 [图 4-22(b) 中的虚线] 有相似之处：弹性阶段不明显，近似满足胡克定律。不同之处：压缩时的强度极限远高于拉伸强度极限，压缩一般为拉伸的 3～5 倍，而且脆性材料价格较便宜，工程上常采用脆性材料制作受压构件。几种常用材料的力学性能如表 4-2 所示。

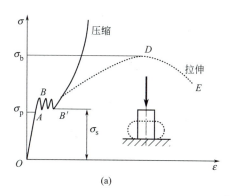 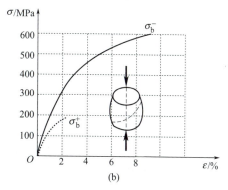

图 4-22

表 4-2 几种常用材料的力学性能

材料牌号	屈服点 σ_s/MPa	抗拉强度 σ_b/MPa	断后伸长率 δ/%	截面收缩率 Ψ/%
Q235A	235	390	25～27	—
35 钢	314	530	20	28～45
45 钢	353	598	16	30～40
40Cr	785	980	9	30～45
QT600-2	412	538	2	—

应该注意，不同材料拉伸和压缩时破坏断口的形式是不同的。塑性材料中有些材料在颈缩后拉断，其断口呈现杯锥状，另一些材料（例如铝及其合金）在拉断前无颈缩现象，其破坏断面与试件轴线成45°角，断面较光滑。

脆性材料（例如铸铁）拉断后，其破坏断面垂直于试件轴线，断口呈颗粒状。铸铁压缩破坏时，其破坏断面与试件轴线大约成45°角，断面较光滑［图 4-22(b)］。

综上所述，材料在拉伸和压缩时的失效形式主要有两种：屈服和断裂。

三、切应力互等定律

杆件受力发生拉伸变形进入屈服阶段时，杆件表面容易出现滑移线，说明斜截面上也产生有应力。所以杆件发生拉伸变形时任何截面都产生应力，横截面上只产生正应力，纵向截面上只产生切应力，其他方向的斜截面上既产生正应力又产生切应力。两个相互垂直的截面上切应力大小相等，方向相反，同时指向或者背离两个斜截面的交线（图 4-23），即

$$\tau_1 = \tau_2$$

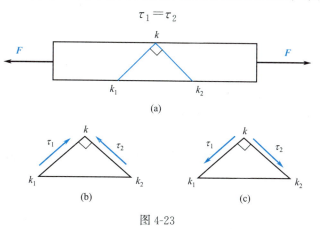

图 4-23

第六节　许用应力和强度准则

一、许用应力

根据塑性和脆性材料的拉伸与压缩试验结果还可以得出：不同材料在拉伸和压缩时的失效形式可能不同。以低碳钢为代表的塑性材料，拉伸和压缩屈服时，会出现较大的塑性变形。这对于很多零件和构件都是不允许的。因此，可以认为：屈服是塑性材料失效的一种形式。屈服强度 σ_s 为极限应力，对于没有明显屈服阶段的塑性材料，一般以条件（名义）屈服强度 $\sigma_{0.2}$ 作为其极限应力。

以铸铁为代表的脆性材料，拉断时没有明显的塑性变形，称为断裂。因此，可以认为：断裂是脆性材料拉伸时的失效形式。抗拉强度 σ_b^+ 作为极限应力，铸铁压缩时，并不发生脆性断裂，但也是以受压时的抗压强度 σ_b^- 作为它的极限应力。

考虑到实际工作条件的载荷的大小往往难以精确估计，材料的不均匀性，计算方法的近似等因素，为确保构件安全可靠地工作，工程构件材料还应有适当的强度储备，一般将极限应力除以大于 1 的系数作为许用应力 $[\sigma]$，故

塑性材料拉压许用应力相同：
$$[\sigma]=\frac{\sigma_s}{n_s} \tag{4-8}$$

脆性材料拉伸时：$[\sigma]^+=\dfrac{\sigma_b^+}{n_b}$　　压缩时：$[\sigma]^-=\dfrac{\sigma_b^-}{n_b}$ 　　　(4-9)

式中，n 称为安全系数。

合理地选取安全系数关系到构件的安全与经济这一对矛盾问题。过大的安全系数，通常都由国家有关部门在所制定的设计规范中予以规定，在实际计算中可从这些资料中查取。当然随着科学技术的发展、计算方法的改进、经验的积累以及人们对客观现实的深入了解，安全系数就可以适当减小。一般在静载荷下，对塑性材料取安全系数，$n=1.2\sim2.0$；对脆性材料取安全系数，$n=2.0\sim3.5$。

二、强度准则

为了保证杆件工作时不致因强度不够而失效，要求实际工作的最大应力不得超过材料的许用应力，即　　　　　　　　$\sigma_{\max}\leqslant[\sigma]$

对塑性材料：许用拉应力和许用压应力相同，用上式求解。

对脆性材料：　　$\sigma_{\max}^+\leqslant[\sigma]^+$　　　　$\sigma_{\max}^-\leqslant[\sigma]^-$

注意：随着外力的增大，内力在增大，应力也随之增大，应力积累到一定程度时，构件强度就不足，甚至发生破坏，这是量变与质变的关系。同理，在我们的学习中，只有把每一个小知识点积累归纳起来，系统化、整体化，才会对学过的知识做到清晰深刻的铭记，为更好的学业做铺垫。

量变与质变

第七节　应力集中与轴向拉（压）静不定问题

一、应力集中的概念

在构件上截面突变处，如阶梯轴的过渡段、开孔、切槽等处，会引起局部区域的截面突

变，而且破坏往往从这些区域开始。理论分析与实验研究表明，**在截面突变处附近区域，应力分布与正常情形下有很大的差异，应力有可能达到很高的峰值，这种现象称为"应力集中"**。图 4-24 所示为拉杆孔边的应力分布简图。

应力集中的程度用理论应力集中系数 α 度量，它是应力集中处的最大应力 σ_{max} 和同一截面上假设应力均匀分布时的名义应力 σ_a 的比值。

$$\alpha = \frac{\sigma_{max}}{\sigma_a} \tag{4-10}$$

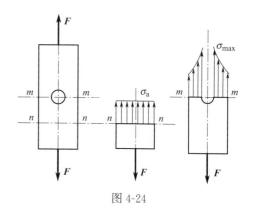

图 4-24

应力集中系数 α 是一个大于 1 的系数。实验结果表明：截面尺寸改变得越剧烈、角越尖、孔越小，应力集中的程度就越严重。各种材料对应力集中的敏感程度并不相同。低碳钢等塑性材料的良好的塑性性能具有缓和应力集中的作用。在静载时，当局部的最大应力 σ_{max} 达到屈服强度 σ_s 时，该处产生塑性变形，应力基本不再增加，弹性区域可以继续承担外载荷。只有整个截面全部屈服，构件才会丧失承载能力，此时称为破坏的极限状态。脆性材料无屈服阶段，在静载时，当应力集中处的最大应力 σ_{max} 达到抗拉强度 σ_b 时，该处首先裂开，所以对应力集中十分敏感。因此，对于脆性材料以及塑性较低的材料（例如高强度钢），必须考虑应力集中的影响。但对于铸铁等材料，本身存在引起应力集中的宏观缺陷（气孔、缩孔、夹渣等），其影响结果已在实验结果中体现，因而在设计时不必考虑应力集中的影响。

当横截面上的应力随时间作周期性变化时，应力集中对各种材料的强度都有很大的影响。这一问题将在"交变应力与疲劳破坏"章节研究。

二、轴向拉（压）静不定问题

在前面所讨论的问题中，**结构的约束力与杆件的内力都能用静力学平衡方程求解，这类问题称为"静定问题"**。但在工程上为了提高结构或杆件的强度和刚度，往往增加多余约束，这时**由于存在多于独立平衡方程个数的未知力，未知力就不能用静力学平衡方程全部解出。这类未知量个数多于独立平衡方程个数的问题，称为"静不定问题"**。未知力多于独立平衡方程的个数称为静不定次数。本节只介绍简单静不定问题的思路与解法，同样适用于多次静不定问题的解法。

求解静不定问题，除了列出静力学平衡方程外，还必须建立含有未知力的补充方程。补充方程可根据结构变形协调条件（变形几何关系）与杆件变形的物理关系建立。因此建立变形协调条件是求解静不定问题的关键。下面举例说明。

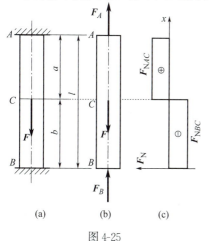

图 4-25

【例 4-11】 图 4-25（a）所示的杆件 AB，两端点为固定端约束，在杆件中间 C 截面处沿着轴线作用力 F。已知杆件的抗拉（压）刚度 EA，试求两端支座的约束力。

解：（1）选取杆件 AB 为研究对象，画受力图，如图 4-25（b）所示，列出平衡方程：
$$\sum F_y = 0 \quad 得 \quad F_A + F_B = F$$

（2）根据几何关系列出变形协调方程。

由于 AB 杆的上下两端固定不动，故此杆受到力

作用后的总长度是不会改变的,即
$$\Delta l_{AB}=0$$
AC 段的变形必与 CB 段的变形相容,所以 AC 段的伸长量等于 CB 段的缩短量,即
$$\Delta l_{AC}=\Delta l_{BC}$$

(3) 将物理关系代入变形协调条件得补充方程为
$$\frac{F_{NAC}a}{EA}=\frac{F_{NBC}b}{EA}$$

绘制出 AB 杆的受力图,如图 4-25(c)所示,得
$$F_{NAC}=F_A \quad F_{NBC}=F_B$$

代入补充方程得
$$F_A a = F_B b$$

将 $F_A a = F_B b$ 代入平衡方程得
$$F_A = \frac{Fb}{l}$$
$$F_B = \frac{Fa}{l}$$

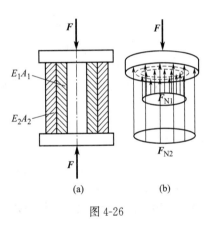

图 4-26

【例 4-12】 图 4-26(a)所示的两种不同材料的内外圆筒紧密地套在一起,两端共同承受轴向的压力 **F**,已知:内套筒材料的弹性模量为 E_1,其横截面面积为 A_1,外套筒材料的弹性模量为 E_2,其横截面面积为 A_2。试计算内、外套筒承受的压力。

解:(1) 选取端盖板为研究对象,画受力图,如图 4-26(b)所示,列出平衡方程:
$$\sum F_y=0 \quad 得 \quad F_{N1}+F_{N2}=F$$

(2) 根据几何关系列出变形协调方程。两个圆筒的上下端共同承受着盖板的约束,在压力 **F** 的作用下,两个圆筒的缩短量是相等的,即
$$\Delta l_1 = \Delta l_2$$

(3) 将物理关系代入变形协调条件得补充方程为
$$\frac{F_{N1}l}{E_1 A_1}=\frac{F_{N2}l}{E_2 A_2}$$

将补充方程代入静力平衡方程,得
$$F_{N1}=\frac{E_1 A_1}{E_1 A_1 + E_2 A_2}F \quad F_{N2}=\frac{E_2 A_2}{E_1 A_1 + E_2 A_2}F$$

计算结果表明,两个圆筒承受的压力不仅与外力 **F** 有关,而且与它们的抗拉伸(压缩)刚度有关。若 $E_2 A_2 > E_1 A_1$,则 $F_{N2} > F_{N1}$,即载荷是按照它们的刚度分配的。这就是"静不定结构"不同于"静定结构"的一个特点。

※ **装配应力**

由于制造或加工过程中引起的构件长度误差,在装配静不定结构中将产生应力,这种应力称为"装配应力"。例如图 4-27 所示的静不定结构,如果 CD 杆因为制造误差比原来短了 δ,三根杆连接在一起时,必须将 CD 杆拉长一点,将 B 点向上压一点,使三根杆连接于 B'

点。于是在 CD 杆产生拉应力，在 AB 和 BE 杆产生压应力。

装配应力
$$\sigma=\frac{F_N}{A}=\frac{E\delta}{l}$$

装配应力并不都是对结构有害，例如机械制造上的紧配合问题、钢筋混凝土结构中的预应力问题都是从这个概念出发的。

※ 温度应力

温度的变化将会在静不定结构的构件中引起应力，称其为"温度应力"或"热应力"。 例如，对于图 4-28(a) 所示的等截面直杆，当温度升高 ΔT 时，杆产生热膨胀 $\Delta l = \alpha l \Delta T$，$\alpha$ 为线膨胀系数。由于一端是自由的，因而热膨胀不受任何限制，杆的内部不会产生应力。但对于图 4-28(b) 中的静不定杆，由于两端固定，热膨胀受到限制。这相当于在杆的 B 端施加一个轴向压缩力 F_N，将自由热膨胀量压缩到固定端 B 的位置。于是，在杆的内部便产生温度应力：

$$\sigma=\frac{F_N}{A}=E\alpha\Delta T$$

为了避免过高的温度应力，工程中对于可能产生温度应力的构件，都要采取一定的措施使得由于温度引起的线膨胀变得比较自由，从而降低温度应力的数值。

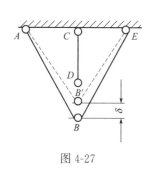

图 4-27

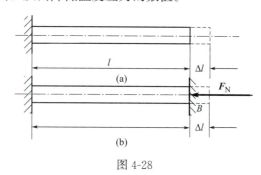

图 4-28

本章小结

一、材料力学研究任务

在保证构件安全适用又经济合理的前提下，为构件选择合适的材料，确定合理的截面形状和尺寸，提供有关强度、刚度和稳定性分析的基本理论、计算方法和实验技术。

二、材料力学研究的四种基本变形

(1) 轴向拉（压）；(2) 剪切和挤压；(3) 圆轴扭转；(4) 直梁弯曲。

三、轴向拉（压）变形

(1) 内力：称为轴力 F_N。用截面法求，绘制轴力图判断危险截面。

(2) 应力：轴力 F_N 在截面上均匀分布，公式为

$$\sigma=\frac{F_N}{A}$$

(3) 强度准则为

$$\sigma_{max}=\frac{F_{Nmax}}{A}\leqslant[\sigma]$$

思考题

4-1 试判断下列杆件（或杆上的哪一段）承受轴向拉伸还是压缩（图 4-29）。

4-2 何谓轴力？其正负是如何规定的？如何应用简便方法求截面的轴力和绘制轴力图？

4-3 试判断下列结构中（图 4-30）哪些杆发生轴向拉伸，哪些杆发生压缩。

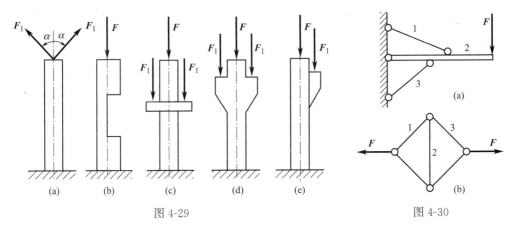

图 4-29　　　　　　　　　　　　　　　图 4-30

4-4 何谓应力？推导拉（压）杆截面应力公式时，为什么要作平面假设？

4-5 什么是绝对变形、相对变形？胡克定律的适用条件是什么？何谓杆件截面的抗拉（抗压）刚度？何谓弹性模量？何谓泊松比？

4-6 两根用不同材料制成的等截面直杆，承受相同的轴向拉力，其横截面和长度都相等。试分析：(1) 横截面上的应力是否相等？(2) 强度是否相同？(3) 绝对变形是否相同？为什么？

4-7 两根材料相同的拉杆如图 4-31 所示，试分析：(1) 绝对变形是否相同？(2) 如不相同，哪根的变形大？(3) 不等截面杆上各段的应变是否相同？为什么？

4-8 何谓材料的力学性能？衡量材料弹性、强度、塑性的指标分别是什么？

4-9 图 4-32 所示为三种材料的应力-应变曲线，哪种材料的强度高？哪种材料的刚度大？哪种材料的塑性好？

4-10 图 4-33 所示结构中，若用铸铁制作杆 1，用低碳钢制作杆 2，哪种设计方案最合理？为什么？

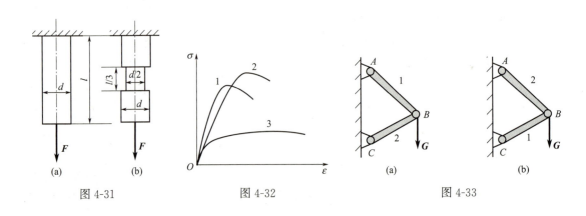

图 4-31　　　　　　图 4-32　　　　　　　　图 4-33

4-11 材料的许用应力是怎样确定的？塑性材料和脆性材料分别用什么作为失效时的极限应力？为什么？

4-12 在铺设火车钢轨时，为什么每根钢轨之间要预留一定的空隙？

4-13 试指出下列概念的区别与联系：

外力与内力；内力与应力；纵向变形和线应变；弹性变形和塑性变形；比例极限与弹性极限；屈服点与屈服强度；抗拉强度与抗压强度；应力和极限应力；工作应力和许用应力；断后伸长率和线应变；材料的强度和构件的强度；材料的刚度和构件的刚度。

习 题

4-1 试用截面法计算图 4-34 所示杆件各段的轴力，并画出轴力图。

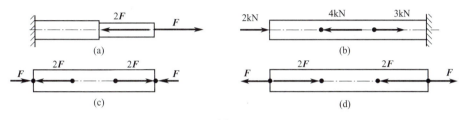

图 4-34

4-2 试作图 4-35 所示杆件的轴力图。已知杆长为 l，载荷为 F。

4-3 如图 4-36 所示的吊环螺钉，其外径 $D=48\text{mm}$，内径 $d=42.8\text{mm}$，起吊的最大的重物 $G=50\text{kN}$，试计算螺钉横截面上的正应力。

4-4 如图 4-37 所示的阶梯杆，AC 段为圆形截面，直径 $d=16\text{mm}$，其上有一 $\phi3\text{mm}$ 的小通孔；CB 段为矩形截面，其面积 $b\times h=11\text{mm}\times12\text{mm}$。试计算阶梯杆横截面上最大的正应力。

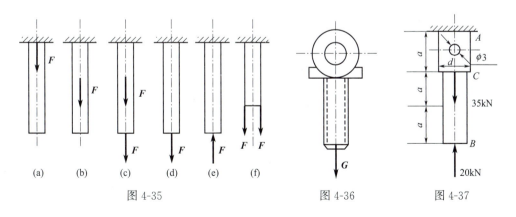

图 4-35　　　　图 4-36　　　　图 4-37

4-5 一根钢质的圆截面杆长 $l=3\text{m}$，直径 $d=25\text{mm}$，两端受到轴向拉力 $F=100\text{kN}$ 的作用，弹性模量 $E=200\text{GPa}$。试计算杆件横截面上的正应力和纵向应变。

4-6 阶梯轴一端固定，受力如图 4-38 所示，$A_1=400\text{mm}^2$，$A_2=200\text{mm}^2$，$[\sigma]=100\text{MPa}$，$E=240\text{GPa}$，$l=100\text{mm}$，求：

(1) 1—1、2—2、3—3 截面的应力；

（2）校核轴强度；

（3）各段变形及总变形。

4-7 如图 4-39 所示的不等截面直杆，已知：其横截面面积 $A_1=A$，$A_2=A/2$，弹性模量为 E。试求：（1）各段横截面上的正应力；（2）杆的绝对变形 Δl。

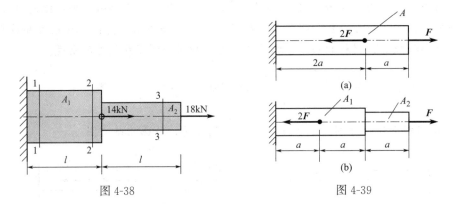

图 4-38　　　　　　　　图 4-39

4-8 某种钢材的拉伸试件，直径 $d=10\text{mm}$，标距 $l_0=50\text{mm}$，在比例阶段测得力每增加 $\Delta F=9\text{kN}$，对应的伸长量为 $\Delta(\Delta l)=0.028\text{mm}$，测得下屈服点的拉力 $F_s=17\text{kN}$，拉断前的最大拉力 $F_b=32\text{kN}$，拉断后测量标距 $l_1=62\text{mm}$，断口处的直径 $d_1=6.9\text{mm}$，试计算其 E、σ_s、σ_b、δ 和 Ψ。

4-9 某种钢材的拉伸试件，直径 $d=10\text{mm}$，标距 $l_0=100\text{mm}$，材料的比例极限为 $\sigma_p=200\text{MPa}$，在试验机载荷的读数 $F_s=10\text{kN}$ 时，测得试件工作段的伸长 $\Delta(\Delta l)=0.0607\text{mm}$，同时测得试件直径缩小 $\Delta d=0.0017\text{mm}$。试求：（1）此时试件横截面上的正应力；（2）材料的 E、μ 值。

4-10 如图 4-40 所示为用绳索吊起重物。已知：$F=20\text{kN}$，绳索横截面面积 $A=12.6\text{mm}^2$，许用应力 $[\sigma]=10\text{MPa}$。试校核当 $\alpha=45°$ 和 $\alpha=60°$ 时绳索的强度。

4-11 如图 4-41 所示为蒸汽机汽缸，已知：汽缸内径 $D=350\text{mm}$，连接汽缸和汽缸盖板的螺栓直径 $d=20\text{mm}$，蒸汽机汽缸内部压强 $p=1\text{MPa}$，螺栓材料的许用应力 $[\sigma]=40\text{MPa}$。试计算所需螺栓的个数。

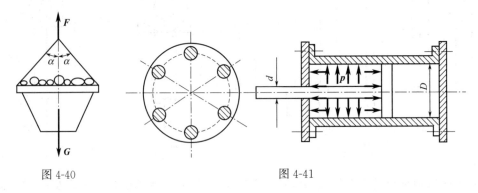

图 4-40　　　　　　　　图 4-41

4-12 如图 4-42 所示的结构架，已知：$G=80\text{kN}$，杆 AB 为圆形截面，直径 $d=30\text{mm}$，许用应力 $[\sigma]=160\text{MPa}$；木杆 BC 为矩形截面，其横截面面积 $A=b\times h=50\times 100$（mm^2），许用应力 $[\sigma]=8\text{MPa}$。试校核结构的强度。

4-13 如图 4-42 所示的结构架，若使两杆达到等强度结构（就是每个杆横截面上的正应力接近或等于材料的许用应力值)。(1) 试计算两杆各自的横截面尺寸;(2) 试计算等强度结构两杆的尺寸各是原来的百分之几。

4-14 如图 4-43 所示的结构中的 AB 杆为刚体,斜拉杆 CD 为 $d=20\text{mm}$ 圆形截面,许用应力 $[\sigma]=160\text{MPa}$。试计算结构的许可载荷 $[F]$。

4-15 如图 4-44 所示的三角架结构,杆 AB 用钢制成,横截面面积 $A_{AB}=600\text{mm}^2$,许用应力 $[\sigma]=140\text{MPa}$;杆 BC 用木材制成,横截面面积 $A_{BC}=3\times10^4$(mm^2),$[\sigma]_w=3.5\text{MPa}$。试计算结构的许可载荷 $[F]$。

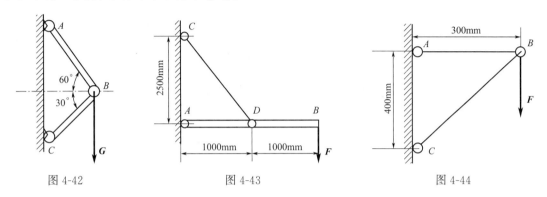

图 4-42　　　　　　　图 4-43　　　　　　　图 4-44

4-16 飞机操纵系统中钢索长 $l=3\text{m}$,承受轴向拉力 $F=24\text{kN}$,钢索材料的弹性模量 $E=200\text{GPa}$,$[\sigma]=120\text{MPa}$,要使钢索受到拉力后的伸长量不超过 $\Delta l=2\text{mm}$,试计算钢索的横截面面积至少应设计多大。

4-17 如图 4-45 所示的钢链环的直径 $d=20\text{mm}$,钢链环承受的最大载荷 $F=40\text{kN}$,已知:其材料的比例极限 $\sigma_p=180\text{MPa}$,屈服强度 $\sigma_s=240\text{MPa}$,抗拉强度 $\sigma_b=400\text{MPa}$,若安全系数 $n=2$。试校核钢链环的强度。

4-18 如图 4-46 所示的结构,两杆横截面均为圆形,直径分别为 $d_1=30\text{mm}$,$d_2=20\text{mm}$,两杆材料相同,许用应力 $[\sigma]=160\text{MPa}$。试计算结构的许可载荷 $[F]$。

4-19 如图 4-47 所示的结构中,梁的变形及重量可以忽略不计,视为刚性梁,杆 1 的材料为钢质,直径 $d_1=20\text{mm}$,$E_1=200\text{GPa}$;杆 2 的材料为铜质,直径 $d_2=25\text{mm}$,$E_2=100\text{GPa}$。试求:(1) 当 x 为何值时,才能使刚性梁 AB 受到力作用后保持水平?(2) 若 $F=30\text{kN}$,计算两拉杆横截面上的正应力。

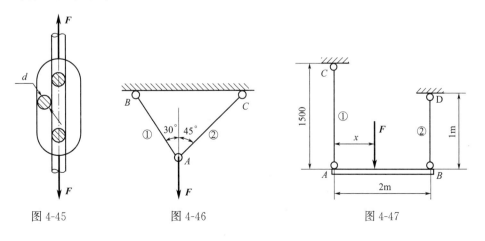

图 4-45　　　　　　　图 4-46　　　　　　　图 4-47

4-20 等截面杆 AB 的横截面面积 $A=2000\text{mm}^2$，在 C 截面处作用力 $F=100\text{kN}$，试计算杆横截面上的正应力（图 4-48）。

4-21 木制等截面的粗短立柱（图 4-49），其横截面面积为 $250\times250(\text{mm}^2)$，其四个棱角用四根 $40\times40\times4$ 的等边角钢加固。已知：等边角钢的许用正应力 $[\sigma]_s=160\text{MPa}$，材料的弹性模量 $E_s=200\text{GPa}$，木材的许用应力 $[\sigma]_w=10\text{MPa}$，弹性模量 $E_w=10\text{GPa}$。试求结构的最大许可载荷 $[F]$。

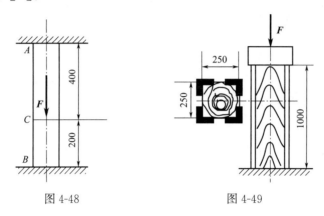

图 4-48　　　　图 4-49

第五章 剪切和挤压

知识目标

1. 认知剪切和挤压概念；
2. 理解螺栓的剪切面和挤压面的特点；
3. 了解键的剪切面和挤压面；
4. 正确理解剪切和挤压的应力。

能力目标

1. 能正确计算螺栓的剪切面和挤压面的面积；
2. 能正确计算键的剪切面和挤压面的面积；
3. 熟练掌握剪切和挤压强度的计算。

素质目标

1. 培养辩证分析意识；
2. 增强职业责任感；
3. 培养坚强意志。

重点和难点

1. 剪切和挤压受力分析；
2. 剪切和挤压的强度三类计算。

图 5-1

任务引入

图 5-1 所示吊钩吊起重物，$F=20\text{kN}$，已知螺栓直径 $d=20\text{mm}$，中间连接部分 $t=40\text{mm}$，许用切应力 $[\tau]=80\text{MPa}$，许用挤压应力 $[\sigma_{jy}]=30\text{MPa}$，求吊钩与上部的连接螺栓的强度。其他构件自重不计。

第五章 剪切和挤压　　115

> 知识链接

第一节　剪切和挤压的实例分析

一、剪切和挤压的概念

1. 剪切变形

受力特点：构件两侧面上作用大小相等、方向相反、作用线平行且相距很近的两个外力。

变形特点：夹在两力作用线之间的截面发生了相对错动，如图 5-2(a) 所示。

2. 挤压变形

像剪刀与管子在接触面相互作用而压紧，称为挤压，如图 5-2(b) 所示。

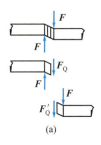
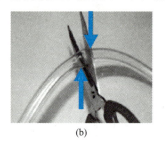

图 5-2

二、工程实例

动画：铆钉受力变形

如图 5-3(a) 所示，用压力机剪切钢板，钢板被剪切时，在上下刀刃挤压下沿着 $m-n$ 面发生相对错动，直到最后被剪断。常用的键（图 5-4）、螺栓（图 5-5）、铆钉等连接件在外力作用下，沿 $m-n$ 截面发生剪切变形，当外力过大时沿剪切面将连接件剪断。因此必须进行剪切强度计算。连接件发生剪切变形的同时，连接件和被连接件的接触面相互压紧，这种现象称为挤压。挤压力过大时，在接触面的局部范围内将发生塑性变形或被压溃，如图 5-5(b) 所示，这种现象称为**挤压破坏**。相互压紧的接触面称为挤压面，一般挤压力垂直于挤压面。

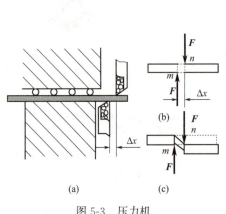

图 5-3　压力机

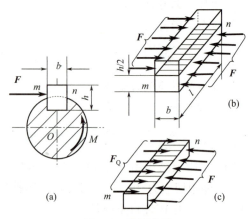

图 5-4　平键连接

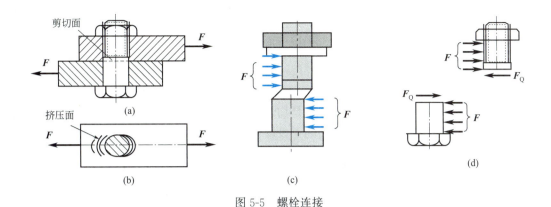

图 5-5 螺栓连接

第二节 剪切和挤压的强度计算

1. 剪切的强度计算

(1) 剪力 现以图 5-5 所示的螺栓为例，说明剪切面上内力的计算。应用截面法假想地将螺栓沿剪切面切开，取其中任一部分为研究对象[图 5-5(d)]，由平衡条件可知，内力平行于截面，用 F_Q 表示，称其为剪力。剪力的大小，由平衡条件

$$\sum F_x = 0 \qquad F - F_Q = 0$$

得

$$F_Q = F$$

视频：键的设计

(2) 切应力 剪力在剪切面上的分布比较复杂，工程上通常采用实用计算法，即假定剪切面上的切应力是均匀分布的。设 A 为剪切面面积，于是有

$$\tau = \frac{F_Q}{A} \tag{5-1}$$

(3) 剪切强度条件 为了保证连接件安全可靠地工作，要求切应力 τ 不得超过连接件材料的许用切应力 $[\tau]$，则相应的剪切强度条件为

$$\tau = \frac{F_Q}{A} \leqslant [\tau] \tag{5-2}$$

式中，$[\tau]$ 为材料的许用切应力，其大小是用材料的剪切极限应力 τ_b 除以安全系数 n 得到的，可以从有关工程手册中查到。也可以按下列经验公式近似确定。

塑性材料：$[\tau] = (0.75 - 0.8)[\sigma_1]$
脆性材料：$[\tau] = (0.8 - 1.0)[\sigma_1]$

式中，$[\sigma_1]$ 为材料的许用拉应力。

应用剪切强度条件可以解决工程上剪切变形的三类强度问题。

2. 挤压的强度计算

构件发生挤压变形的接触面称为挤压面，用 A_{jy} 表示，挤压面上的作用力称为挤压力，用 $\boldsymbol{F}_{jy}$ 表示。挤压面上由挤压力引起的应力称为挤压应力，用 $\boldsymbol{\sigma}_{jy}$ 表示。挤压应力在挤压面上的分布也是比较复杂的。所以工程计算中常采用实用计算法，即假定挤压力在挤压面上是均匀分布的。因此挤压的强度条件为

$$\sigma_{jy} = \frac{F_{jy}}{A_{jy}} \leqslant [\sigma_{jy}] \tag{5-3}$$

式中，A_{jy} 为挤压面积，也就是接触面的面积，A_{jy} 要根据接触面是平面或者是半圆柱面的具体情况而定。若接触面为平面，则挤压面积为接触面面积，如键连接，$A_{jy}=\dfrac{hl}{2}$ ［图 5-6(a)］。若接触面是圆柱形曲面，如铆钉、销钉、螺栓等圆柱形连接件，挤压面积按半圆柱面的正投影面积计算［图 5-6(d)］，即 $A_{jy}=dt$，d 为铆钉、销钉等的直径，t 为铆钉、销钉等与孔接触的长度。由于挤压应力并不是均匀分布的，而最大挤压应力发生于半圆柱形侧面的中间部分，所以采用半圆柱形侧面的正投影面积作为挤压计算面积，所得的应力与接触面的实际最大挤压应力大致相同。

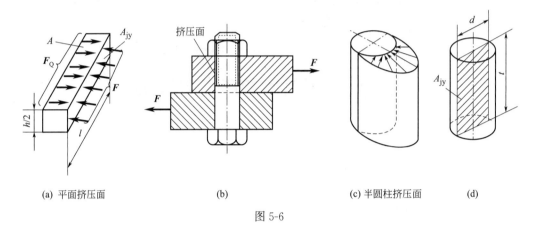

(a) 平面挤压面   (b)   (c) 半圆柱挤压面   (d)

图 5-6

许用挤压应力 $[\sigma_{jy}]$ 的确定与许用切应力的确定方法相类似，由实验结果通过实用计算确定。设计时可查阅有关设计规范，一般塑性材料的许用挤压应力 $[\sigma_{jy}]$ 与许用拉应力 $[\sigma_l]$ 之间存在如下关系：

$$[\sigma_{jy}]=(1.7-2.0)[\sigma_l]$$

强与弱

注意：在连接件挤压强度计算过程中，铆钉与钢板互相挤压，弱的构件容易先被挤压坏。同理，在我们的生活和学习中会遇到挫折，如果我们软弱妥协，必将被挫折击垮，只有面对困难，强大自我，才能使我们勇往直前。

3. 焊缝的强度计算

对于主要承受剪切的焊接焊缝，如图 5-7 所示，假定沿焊缝的最小断面即焊缝最小剪切面发生破坏，并假定切应力在剪切面上是均匀分布的。若一侧焊缝的剪力 $F_Q=F/2$，则焊缝的剪切强度准则为

$$\tau_{max}=\dfrac{F_Q}{A_{min}}=\dfrac{F_Q}{\delta l\cos 45°}\leqslant[\tau] \tag{5-4}$$

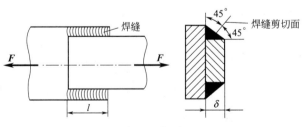

图 5-7 焊缝

【例 5-1】 图 5-8(a) 所示为齿轮用平键和传动轴连接，传动轴的直径 $d=70\text{mm}$，传递的转矩 $M=2\text{kN·m}$，平键的材料为优质碳钢，许用切应力 $[\tau]=60\text{MPa}$，许用挤压应力 $[\sigma_{jy}]=100\text{MPa}$，已知键的尺寸 $b\times h\times l=20\text{mm}\times 12\text{mm}\times 100\text{mm}$，试校核键的强度。

解：(1) 计算作用于键上的作用力 F。取轴和平键整体研究，画受力图，如图 5-8(b) 所示，列平衡方程：

$$\sum M_O(F)=0 \qquad -F\frac{d}{2}+M=0$$

得

$$F=\frac{M}{d/2}=\frac{2\times 10^3}{70/2}\text{kN}=57.1\text{kN}$$

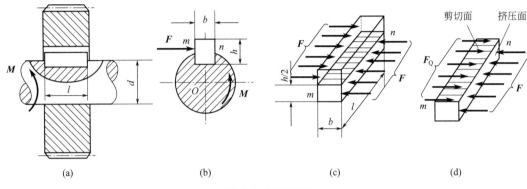

(a)　　　　(b)　　　　(c)　　　　(d)

图 5-8　平键连接

(2) 校核键的剪切强度。键的受力如图 5-8(c) 所示。由截面法 [图 5-8(d)] 可得剪切面上的剪力 $F_Q=F=57.1\text{kN}$，由式(5-2) 得

$$\tau=\frac{F_Q}{A}=\frac{F}{bl}=\frac{57.1\times 10^3}{20\times 100}\text{MPa}=28.6\text{MPa}\leqslant[\tau]$$

(3) 校核键的挤压强度。

$$\sigma_{jy}=\frac{F_{jy}}{A_{jy}}=\frac{F}{\frac{1}{2}hl}=\frac{57.1\times 10^3}{\frac{12}{2}\times 100}\text{MPa}=95.2\text{MPa}\leqslant[\sigma_{jy}]$$

因此键的剪切强度、挤压强度都足够。

【例 5-2】 如图 5-9(a) 所示，拖拉机挂钩用销钉连接，已知：牵引力 $F=15\text{kN}$，挂钩的尺寸 $t=8\text{mm}$，销钉的材料为碳钢，许用切应力 $[\tau]=30\text{MPa}$，许用挤压应力 $[\sigma_{jy}]=100\text{MPa}$。试设计销钉的直径 d。

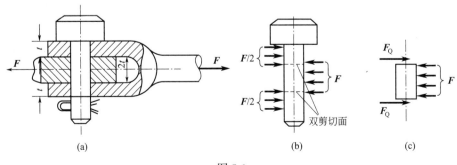

(a)　　　　(b)　　　　(c)

图 5-9

解：(1) 选销钉为研究对象，画受力图［图 5-9(b)］。销钉有两个剪切面，工程上称其为双剪。销钉的破坏形式是：剪切破坏和与孔壁间的挤压破坏。

(2) 内力计算。如图 5-9(c) 所示，应用截面法，列平衡方程，求出销钉受到的剪力 F_Q。

$$\sum F_x = 0 \qquad 2F_Q - F = 0$$

得

$$F_Q = \frac{F}{2} = 7.5 \text{kN}$$

(3) 按照剪切强度条件计算销钉的直径 d。

$$\tau = \frac{F_Q}{A} = \frac{7.5 \times 10^3}{\frac{\pi d^2}{4}} = \frac{4 \times 7.5 \times 10^3}{\pi d^2} \leqslant 30 \text{MPa}$$

得

$$d \geqslant \sqrt{\frac{4 \times 7.5 \times 10^3}{\pi \times 30}} \text{mm} = 17.8 \text{mm}$$

(4) 按照挤压强度条件计算销钉的直径 d。

$$\sigma_{jy} = \frac{F_{jy}}{A_{jy}} = \frac{\frac{F}{2}}{dt} = \frac{7.5 \times 10^3}{8d} \leqslant 100 \text{MPa}$$

$$d \geqslant \frac{7.5 \times 10^3}{8 \times 100} \text{mm} = 9.4 \text{mm}$$

(5) 确定销钉的直径 d。为了保证结构能安全可靠，选取根据剪切强度和挤压强度条件分别计算出的最大直径，因此销钉的直径 $d = 20$mm。在解决实际问题时，应查阅机械设计手册，选取标准圆柱销。

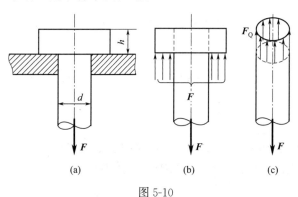

图 5-10

【**例 5-3**】 如图 5-10(a) 所示的螺栓接头受力 F 作用，已知材料的 ［τ］和 ［σ］之间的关系为 ［τ］= 0.6 ［σ］，试计算螺栓直径 d 与螺栓头部高度 h 的合理比值。

解：(1) 螺栓的拉伸强度。由图 5-10(b) 可得螺栓的轴力

$$F_N = F$$

根据拉伸强度条件

$$\sigma = \frac{F_N}{A} = \frac{4F}{\pi d^2} \leqslant [\sigma]$$

得许可载荷为

$$F_1 = \pi d^2 [\sigma] / 4$$

(2) 螺栓的剪切强度。由图 5-10(c) 可以得到螺栓的头部的剪切面是高度为 h、直径为 d 的圆筒面，其剪切面积 $A = \pi dh$，剪切面上的剪力为 $F_Q = F$。根据剪切强度条件

$$\tau = \frac{F_Q}{A} = \frac{F}{\pi dh} \leqslant [\tau]$$

得许可载荷为

$$F_2 = \pi dh [\tau]$$

(3) 确定 d 与 h 的合理比值。螺栓要正常工作，必须满足拉伸强度和剪切强度条件。

由

$$F_1 = \pi d^2 [\sigma]/4 = F_2 = \pi d h [\tau]$$

得

$$\frac{d}{h} = 4\frac{[\tau]}{[\sigma]} = 4 \times 0.6 = 2.4$$

这就是螺栓直径 d 与螺栓头部高度 h 的合理比。

任务实施

图 5-11 所示吊钩吊起重物，$F=20\text{kN}$，已知螺栓直径 $d=20\text{mm}$，中间连接部分 $t=40\text{mm}$，许用切应力 $[\tau]=80\text{MPa}$，许用挤压应力 $[\sigma_{jy}]=30\text{MPa}$，求吊钩与上部的连接螺栓的强度。其他构件自重不计。

解：（1）建立螺栓的力学模型。

（2）画出螺栓的受力图。

（3）剪切强度计算。

$$\tau = \frac{F_Q}{A} = \frac{F/2}{\pi d^2/4} = 31.8\text{MPa} \leqslant [\tau]$$

所以剪切强度足够。

（4）挤压强度计算。

$$\sigma_{jy} = \frac{F_{jy}}{A_{jy}} = \frac{F/2}{dt/2} = 25\text{MPa} \leqslant [\sigma_{jy}]$$

所以挤压强度足够。

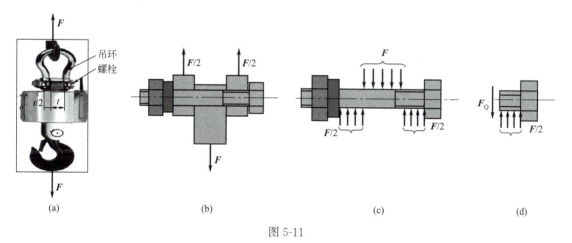

图 5-11

第三节 剪切胡克定律

一、切应变

如图 5-12（a）所示，构件中的微立方体 $abdc$ 在剪切变形时，变成了平行六面体 $ab'd'c$ [图 5-12(b)]。线段 bb'（或 dd'）为面 bd 相对于 ac 面的滑移量，称为绝对剪切变形。而 $\frac{bb'}{\text{d}x} = \tan\gamma \approx \gamma$（因变形很小），称之为**相对剪切变形或切应变**。由图 5-12(b) 可见，剪应变 γ 是直角的改变量，故称为**角应变**，用弧度（rad）来度量。

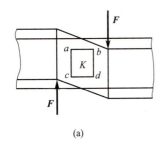 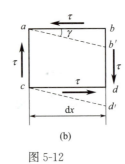 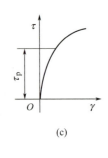

图 5-12

二、剪切胡克定律

实验证明，当切应力不超过材料的剪切极限应力 τ_p 时，切应力与切应变成正比 [图 5-12(c)]：

$$\tau = G\gamma \tag{5-5}$$

式(5-5) 称为剪切胡克定律。式中，G 为剪切弹性模量，表示材料抵抗剪切变形能力的量。常用碳钢 $G \approx 80\mathrm{GPa}$，铸铁 $G \approx 45\mathrm{GPa}$。其他材料的 G 值可从有关设计手册中查得。

E、G、μ 都是表示材料弹性性能的常数。实验证明，对于各向同性的材料，三者之间存在以下关系：

$$G = \frac{E}{2(1+\mu)}$$

三、切应力互等定律

杆件受力发生拉伸变形进入屈服阶段时，杆件表面容易出现滑移线，说明斜截面上也产生有切应力（图 5-13）。所以杆件发生拉伸变形时任何截面都产生应力，横截面上只产生正应力，纵向截面上只产生切应力，其他方向的斜截面上既产生正应力又产生切应力。两个相互垂直的截面上切应力大小相等，方向相反，同时指向或者背离两个斜截面的交线，这就是切应力互等定律，即

$$\tau_1 = \tau_2$$

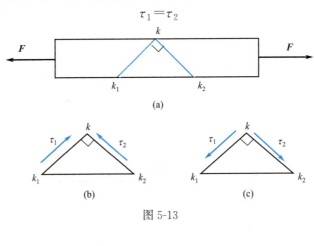

图 5-13

本章小结

一、剪切和挤压的概念

（1）剪切受力特点：作用在构件两侧的两力大小相等，方向相反，作用线相距很近。剪切变形特点：两个力之间的截面发生了相对错动。

(2) 挤压特点：连接件发生剪切变形的同时，和被连接件的接触面相互压紧，这种现象称为挤压。挤压力过大时，在接触面的局部范围内将发生塑性变形或压溃，这种现象称为挤压破坏。

二、强度准则

(1) 工程实际中常采用实用计算法进行强度计算，分别如下。

剪切的强度准则：
$$\tau = \frac{F_Q}{A} \leqslant [\tau]$$

挤压的强度准则：
$$\sigma_{jy} = \frac{F_{jy}}{A_{jy}} \leqslant [\sigma_{jy}]$$

焊缝的实用计算：
$$\tau = \frac{F_Q}{A_{min}} = \frac{F_Q}{\delta l \cos 45°} \leqslant [\tau]$$

(2) 正确判断剪切面和挤压面，并计算出它们的面积。
① 连接件的剪切面位于两个外力之间且平行于外力。
② 焊接焊缝的剪切面位于焊缝的最小剪切面。
③ 接触面为平面时，挤压面积就是接触面面积。
④ 接触面为半圆柱面时，挤压面积为半圆柱面的正投影面积。

三、剪切胡克定律

当切应力不超过材料的剪切极限应力 τ_b 时，切应力和切应变满足：
$$\tau = G\gamma$$
即为胡克定律。在构件内部任意两个相互垂直的平面上，切应力必然成对存在，且大小相等，方向同时指向或同时背离这两个截面的交线。

思 考 题

5-1 何谓剪切？何谓挤压？如何判断剪切面和挤压面的位置？
5-2 挤压应力和压缩应力有何区别？
5-3 剪切和挤压实用计算法采用了什么假设？为什么？
5-4 在拉杆和木板之间常放金属垫圈，试解释垫圈的作用。
5-5 接触面为半圆柱面时，挤压面积如何计算？

习 题

5-1 如图 5-14 所示的压力机的最大冲力 $F=100$ kN，冲头的许用挤压应力 $[\sigma_{jy}]=440$ MPa，钢板材料的剪切极限应力 $\tau_b=360$ MPa，试计算在最大冲力作用下所能冲出的最小直径 d 与钢板的最大厚度 t。

5-2 如图 5-14 所示，如果钢板的厚度 $t=10$ mm，其剪切极限应力 $\tau_b=360$ MPa，若用压力机将钢板冲出直径 $d=50$ mm 的孔，需要多大的冲剪力 F？

5-3 如图 5-15 所示的铆钉连接件，钢板和铆钉材料相同，许用切应力 $[\tau]=140$ MPa，许用挤压应力 $[\sigma_{jy}]=320$ MPa。已知：铆钉直径 $d=16$ mm，$t=10$ mm。试计算连接件的许可载荷 $[F]$。

5-4 如图 5-16 所示的销钉接头，已知：$F=15$ kN，$t_1=8$ mm，$t_2=5$ mm，销钉直径 $d=16$ mm，销钉的许用切应力 $[\tau]=60$ MPa，许用挤压应力 $[\sigma_{jy}]=220$ MPa。试校核销钉的

剪切和挤压强度。

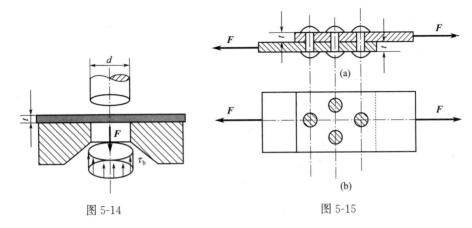

图 5-14　　　　　　　　图 5-15

5-5　图 5-17 所示为螺栓接头，已知：板厚 $t=20\text{mm}$，板宽 $b=150\text{mm}$，板的许用拉应力 $[\sigma]=160\text{MPa}$，螺栓直径 $d=40\text{mm}$，许用切应力 $[\tau]=100\text{MPa}$，许用挤压应力 $[\sigma_{jy}]=300\text{MPa}$，试求接头的许可载荷。

5-6　如图 5-18 所示的传动轴与齿轮用平键连接，已知：传动轴的直径 $d=70\text{mm}$，平键的宽 $b=20\text{mm}$，高 $h=12\text{mm}$，传递的外力偶 $M=4.2\text{kN}\cdot\text{m}$，键的许用切应力 $[\tau]=60\text{MPa}$，许用挤压应力 $[\sigma_{jy}]=100\text{MPa}$。试设计平键的长度 l。

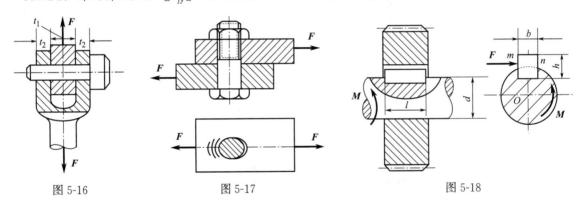

图 5-16　　　　　　图 5-17　　　　　　图 5-18

5-7　两块钢板用焊缝搭接，如图 5-19 所示，两钢板的厚度相同，$\delta=12\text{mm}$，右端钢板宽度 $b=120\text{mm}$，焊缝长度 $l=141\text{mm}$，焊缝的许用切应力 $[\tau]=90\text{MPa}$，钢板的许用拉应力 $[\sigma]=120\text{MPa}$，求在保证焊缝和钢板都不破坏的情况下许可的轴向力 F。

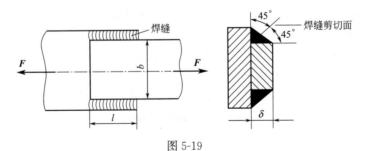

图 5-19

第六章 圆轴扭转

本章主要介绍有关圆轴扭转变形的内力、应力、变形、强度、刚度分析方法和计算方法。重点是圆轴扭转变形的应力、变形、强度计算。

> **知识目标**

1. 正确理解扭转变形的概念；
2. 认知扭转工程实例；
3. 正确理解扭转变形横截面上的切应力。

> **能力目标**

1. 能正确绘制扭矩图；
2. 熟练掌握圆轴扭转横截面上切应力的计算；
3. 能正确求解圆轴扭转时的强度和刚度问题。

> **素质目标**

1. 不要扭曲事实，要培养诚实守信的品质；
2. 增强爱岗敬业责任担当意识；
3. 牢固树立为人民服务意识。

> **重点和难点**

1. 圆轴扭转横截面上的切应力；
2. 扭转变形。

> **任务引入**

如图 6-1 所示传动轴的转速 $n=500\text{r/min}$，主动轮 1 的输入功率 $P_A=368\text{kW}$，从动轮 2、3 输出功率分别为 $P_B=147\text{kW}$，$P_C=368\text{kW}$，$[\tau]=70\text{MPa}$，$[\theta]=1(°)/\text{m}$，材料的切变模量 $G=80\text{GPa}$。

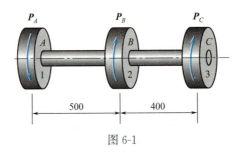

图 6-1

（1）确定 AB 段的直径 d_1 和 BC 段的直径 d_2；
（2）若 AB 和 BC 两段选用同一直径，试确定其数值；
（3）主动轮和从动轮的位置如可以重新安排，怎么样安排才比较合理？

> 知识链接

第一节　圆轴扭转的实例分析

一、工程实例

动画：扭转

（1）受力特点：受到一对大小相等、转向相反、作用面都垂直于轴线的力偶作用。

（2）变形特点：各横截面绕轴线发生相对转动［图 6-2(e)］。

我们经常看到发生扭转变形的现象。例如：在日常生活中，拧干衣服、使用的起子和钥匙等；在工程中，汽车中传递转向盘动力的传动轴、传递发动机动力的传动轴［图 6-2(a)、(b)］，左端受发动机的主动力偶作用，右端受传动齿轮的阻抗力偶作用。又如，桥式起重机的传动轴［图 6-2(c)］，它的两端分别以联轴器与减速器的输出轴和车轮的轮轴相接，将减速器输出的动力传至车轮驱动起重机行驶。其受力如图 6-2(d) 所示。

本书只讨论"圆轴"扭转问题。

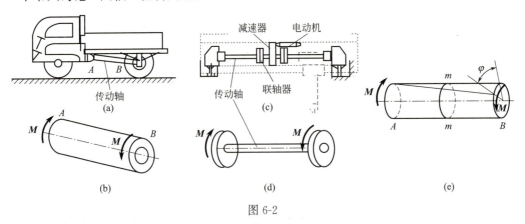

图 6-2

二、外力偶矩

在多数情形下，外力偶根据轴所传递的功率和轴的转速求得。轴作等速转动，作用于轴上的力偶，在单位时间内所做的功，即为功率。其值等于力偶矩 M 与角速度 ω 的乘积：

$$P=M\omega \qquad (a)$$

考虑到角速度 ω 与轴的转速 n（每分钟）之间存在下列关系：
$$\omega=2\pi n/60 \qquad (b)$$

以及单位换算： 1 千瓦(kW)＝1000N·m/s

于是，由式(a)和式(b)得到由功率和转速计算外力偶矩的表达式：

$$M=9549\times\frac{P(\text{kW})}{n(\text{r/min})} \qquad (6-1)$$

外力偶矩单位为 N·m（牛顿·米），外力偶的方向可由力向轴线的简化结果确定。对于传递功率的轴，则可根据下列原则确定：输入功率的齿轮或皮带轮上作用的力偶矩为主动力矩，其方向与轴的转动方向一致；输出功率的齿轮或皮带轮上作用的力偶矩为阻力矩，其转动方向与轴的转动方向相反。

第二节 扭矩和扭矩图

一、扭矩

圆轴在外力偶的作用下，其横截面上将产生内力。以图 6-3(a) 所示的两端承受外力偶矩的圆轴为例，为求 $m—m$ 横截面的内力，应用截面法，用一假想截面从该截面处将轴截为两段，取任意一段画其受力图，如图 6-3(b) 或 (c) 所示。列平衡方程：

$$\sum M_x=0 \qquad T-M=0$$

得 $T=M$

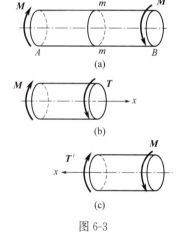

图 6-3

式中，T 为 $m—m$ 截面的内力，称为**扭矩**。

用截面法取同一截面的左侧与右侧时，所得的扭矩正负号相同。扭矩的正负也可以按右手法则确定，如图 6-4(a)、(b) 所示。用右手握住轴，拇指指向截面的外法线方向，则四指自然弯曲方向为扭矩的正方向，反之为负。拇指指向即为扭矩矢量的正方向。由此可知，两个外力偶之间各截面的扭矩相同。

图 6-4

二、扭矩图

根据工作要求，有的传动轴上有三个或三个以上的外力偶作用，各个截面的扭矩不相同，因而需要分段应用截面法计算各段扭矩，并画出**扭矩图**，以描述横截面上扭矩沿轴线方向的变化。

与轴力图绘制方法相似，绘制扭矩图时，需先以轴线方向为横轴 x，以扭矩 T 为纵轴，建立 T-x 坐标系，然后将各段截面上的扭矩标在 T-x 坐标中，即可绘出扭矩图。

实际计算时，可以根据外力的特点确定每个截面上的扭矩 T，即杆件上任意截面的扭矩 T，等于该截面左侧（或右侧）部分杆件上所有外力偶的代数和。

【例 6-1】 传动轴如图 6-5(a) 所示，主动轮 A 输入功率 $P_A=50\text{kW}$，从动轮 B、C 输出功率分别为 $P_B=30\text{kW}$，$P_C=20\text{kW}$，轴的转速 $n=300\text{r/min}$。（1）画出轴的扭矩图，并求轴的最大扭矩 $T_{\max}$。（2）若将 A 轮置于 B、C 轮中间，讨论哪一种布置较为合理。

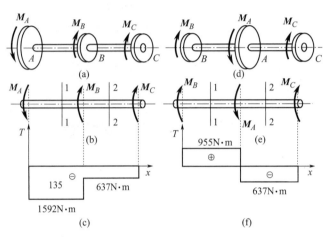

图 6-5

解：(1) 计算外力偶矩。由式(6-1) 得

$$M_A = 9549 \times \frac{P_A}{n} = 9549 \times \frac{50}{300}\text{N}\cdot\text{m} = 1592\text{N}\cdot\text{m}$$

$$M_B = 9549 \times \frac{P_B}{n} = 9549 \times \frac{30}{300}\text{N}\cdot\text{m} = 955\text{N}\cdot\text{m}$$

$$M_C = 9549 \times \frac{P_C}{n} = 9549 \times \frac{20}{300}\text{N}\cdot\text{m} = 637\text{N}\cdot\text{m}$$

画出传动轴的力学模型，如图 6-5(b) 所示。

(2) 计算各段的扭矩。AB 段：1—1 截面扭矩 T_1 等于该截面左侧部分轴段上所有外力偶矩的代数和。左侧部分轴段上只作用 M_A，力偶矩矢量与横截面的外法线方向相反，产生负值扭矩，得

$$T_1 = -M_A = -1592\text{N}\cdot\text{m}$$

BC 段：2—2 截面扭矩 T_2 等于该截面左侧部分轴段上所有外力偶矩的代数和。左侧部分轴段上作用 M_A 产生负值扭矩，还有 M_B，力偶矩矢量与横截面的外法线方向相同，产生正值扭矩，得

$$T_2 = -M_A + M_B = (-1592+955)\text{N}\cdot\text{m} = -637\text{N}\cdot\text{m}$$

(3) 绘制扭矩图。根据计算出的扭矩，按比例画出扭矩图，如图 6-5(c) 所示。最大扭矩作用在 AB 段，其值为 $|T|_{\max}=1592\text{N}\cdot\text{m}$。

(4) 若将 A 轮置于 B、C 轮中间 [图 6-5(d)、(e)]，则轴的扭矩图如图 6-5(f) 所示。最大扭矩 $|T|_{\max}=955\text{N}\cdot\text{m}$。

综上所述，主动轮布置的位置不同，最大的扭矩就不同。传动轴上轮系最合理的布置方案是：扭矩图中的 $|T|_{\max}$ 的值最小，即将 A 轮置于 B、C 轮中间。

扭矩图的快捷绘制方法：

从坐标原点出发从左向右（从右向左相同）遇到力偶的矢量背离该截面向上画，指向该截面向下画，两截面之间画 x 轴的平行线，最后回到零。

【例 6-2】 画出图 6-6（a）所示圆轴的扭矩图［请自行分析（b）图］。

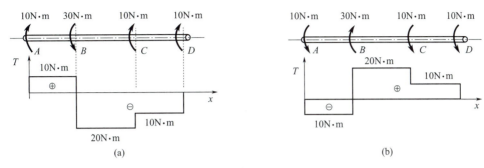

图 6-6

解：如图 6-6(a) 所示，由坐标原点向上画 10N·m（按比例），画 x 轴平行线向右至 B 截面；向下画 30N·m，从 -20N·m 画 x 轴平行线向右至 C 截面，向上画 10N·m，从 -10N·m 画 x 轴平行线向右至 D 截面；向上画至 x 轴，回到零。由图 6-6（a）可知，$|T|_{max}=20$N·m，作用在 BC 段。

第三节　圆轴扭转时横截面上的应力和强度计算

一、圆轴扭转时横截面上的应力计算

1. 变形分析

我们已经掌握了应用截面法求圆轴扭转时横截面上的扭矩，为了确定内力分布，需要考察圆轴扭转的变形。为此，通过模型实验并进行假设推知内部的变形从而推知应力。

承受扭转之前，在圆截面杆模型表面画上互相平行的圆周线和平行于轴线的纵向线，形成许多微小的方格，如图 6-7（a）所示。圆截面杆受到扭转后，轴表面的变形如图 6-7(b)

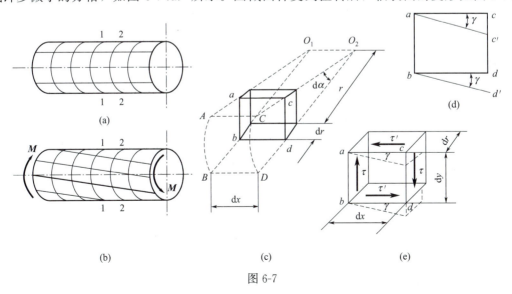

图 6-7

所示。从图中可以看出，圆截面杆表面变形具有以下特点。

(1) 各圆周线形状、尺寸和间距均保持不变，只是绕轴线作相对转动。

(2) 各纵向线仍然保持为直线，但都倾斜了一个角度。

(3) 由于上述变形结果，表面的小方格变成菱形。

根据圆截面杆表面变形的特点，作如下假设：圆截面杆受到扭转变形后，横截面依然保持平面，且其形状和尺寸以及两相邻横截面之间的距离均保持不变；半径仍保持为直线，即横截面刚性地绕轴线作相对转动。这一假设称为"平面假设"。

2. 圆轴扭转时横截面上的应力

由扭转变形几何关系和静力学平衡关系可知，圆轴扭转时，横截面上各点只有切应力，其作用线垂直于半径，半径不同应力就不同，但在同一半径的圆周上各点切应力相等。任何一点的切应力公式如下：

$$\tau_\rho = \frac{T\rho}{I_P} \tag{6-2}$$

式中，I_P 为横截面对圆心的**极惯性矩**；ρ 为点到轴线的距离。可以看出，应力沿截面半径线性分布。图 6-8 所示分别为实心和空心截面的应力分布。

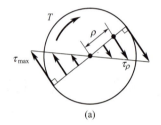
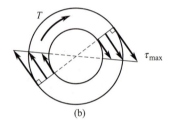

图 6-8

当 $\rho = R = D/2$ 时，切应力最大，它发生在横截面边缘各点，其最大值为

$$\tau_{max} = \frac{T_{max}R}{I_P} = \frac{T_{max}}{W_P} \tag{6-3}$$

式中，$W_P = I_P/R$，称为**抗扭截面系数**，国际单位用 mm^3 或 m^3。

对于直径为 d 的实心截面： $I_P = \dfrac{\pi d^4}{32}$ $W_P = \dfrac{\pi d^3}{16}$；

对于内、外直径分别为 d 和 D 的空心截面：

$$I_P = \frac{\pi D^4}{32}(1-\alpha^4) \qquad W_P = \frac{\pi D^3}{16}(1-\alpha^4)$$

式中，$\alpha = d/D$。

二、圆轴扭转时横截面上的强度计算

为了保证圆轴扭转时安全可靠地工作，必须使其横截面上的最大切应力满足下列条件：

$$\tau_{max} = \frac{T_{max}}{W_P} \leqslant [\tau] \tag{6-4}$$

式中，$[\tau]$ 为许用切应力，由极限应力 τ^0 与安全系数 n 确定，$[\tau] = \tau^0/n$。

在静载荷作用下，材料的"扭转许用切应力"与"拉伸许用正应力"之间有如下关系：

对于脆性材料：$[\tau] = (0.5 \sim 0.6)[\sigma]$

对于塑性材料：$[\tau] = (0.8 \sim 1.0)[\sigma]$

【例 6-3】 如图 6-9 所示为一直径 $D=80$ mm 的圆轴横截面，其上的扭矩 $T=20.1$ kN·m。试求 $\rho_A=30$ mm 的 A 点切应力的大小、方向及该截面上的最大切应力。

解：（1）极惯性矩： $I_P=\dfrac{\pi D^4}{32}=\dfrac{\pi\times80^4}{32}=4.02\times10^6$（mm^4）

（2）A 点应力：
$$\tau_A=\frac{T\rho_A}{I_P}=\frac{20.1\times10^6\times30}{4.02\times10^6}=150(\text{MPa})$$

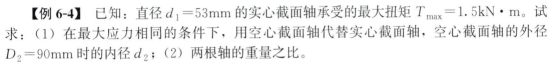

图 6-9

（3）最大切应力：最大切应力 $\tau_{\max}$ 发生在 $\rho=40$ mm 处。
$$\tau_{\max}=\frac{TD/2}{I_P}=\frac{20.1\times10^6\times40}{4.02\times10^6}=200(\text{MPa})$$

【例 6-4】 已知：直径 $d_1=53$ mm 的实心截面轴承受的最大扭矩 $T_{\max}=1.5$ kN·m。试求：（1）在最大应力相同的条件下，用空心截面轴代替实心截面轴，空心截面轴的外径 $D_2=90$ mm 时的内径 d_2；（2）两根轴的重量之比。

解：（1）计算实心截面轴横截面上的最大切应力。
$$\tau_{\max}=\frac{T_{\max}}{W_P}=\frac{16T_{\max}}{\pi d_1^3}=\frac{16\times1.5\times10^6}{\pi\times53^3}=51.3(\text{MPa})$$

（2）计算空心截面轴的内径 d_2。因为两根轴的最大切应力相等，即 $\tau_{\max}=\tau_{\max2}$，由
$$\tau_{\max2}=\frac{T_{\max}}{W_P}=\frac{16T_{\max}}{\pi D_2^3(1-\alpha^4)}=51.3\text{MPa}$$

得
$$\alpha=\sqrt[4]{1-\frac{16T_{\max}}{\pi D_2^3\times51.3}}=\sqrt[4]{1-\frac{16\times1.5\times10^6}{\pi\times90^3\times51.3}}=0.944$$

空心截面轴的内径 $d_2=\alpha D_2=0.944\times90=84.96$（mm）。

（3）求两根轴的重量比。

因为两根轴的长度和材料都相同，故二者重量之比等于面积之比，即
$$\frac{A_2}{A_1}=\frac{D_2^2-d_2^2}{d_1^2}=\frac{90^2-84.96^2}{53^2}=0.314$$

可见，在保证最大切应力相同的条件下，空心轴的重量比实心轴的轻得多。显然，采用空心轴可以减轻构件重量、节省材料，因而更合理。

空心轴的这种优点是圆轴承受扭转时，横截面上切应力沿半径方向线性分布的特点所决定的。由于圆形截面中心附近区域切应力很小，当截面边缘上各点的应力达到扭转的许用切应力时，中心附近区域内各点的切应力却远小于扭转的许用切应力值。因此，这部分材料便没有得到充分利用。

为充分利用截面中心附近区域的材料，可以将这部分材料移到距截面中心较远处，即将实心截面轴改变为空心轴。这样，在不增加材料消耗的条件下，截面的极惯性矩、抗扭截面系数将会有较大增加，使截面上的切应力分布趋于均匀，充分利用了轴的承载能力。但是空心轴价格昂贵，一般情况下不采用。

注意： 空心截面轴和实心截面轴的选取属于安全与经济的关系，如果过于强调经济，安全就难以保证。比如加拿大魁北克大桥由于节省建造桥墩基础的成本，过度增大跨度，导致了一场事故，给我们敲响了警钟。

【例 6-5】 图 6-10 所示传动轴的作用力偶矩 $M=2.45$ kN·m，$[\tau]=100$ MPa，试：（1）画出扭矩图；（2）设计传动轴的直径。

安全与经济

解：（1） 画出扭矩图。

（2） 设计轴的直径。

$$T_{\max}=M$$

$$\tau_{\max}=\frac{T_{\max}}{W_P}=\frac{T_{\max}}{\pi d^3/16}\leqslant[\tau]$$

$$d\geqslant\sqrt[3]{\frac{16T_{\max}}{\pi[\tau]}}=50\text{mm}$$

所以传动轴的直径取 50mm。

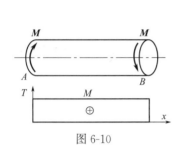

图 6-10

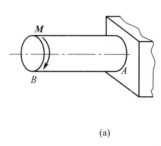

(a)

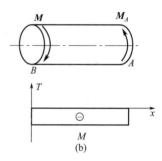

(b)

图 6-11

【例 6-6】 已知圆轴的直径 $d=50$mm，$[\tau]=60$MPa，求许可扭矩 $[T]$。

解： A 端是固定端约束，轴在 A 端受到一个力偶 M_A 作用，根据平衡，轴受到的两个力偶相等。绘制轴力图，轴力是一条水平线，说明两力偶之间的横截面扭矩处处相等，如图 6-11 所示。

$$\tau_{\max}=\frac{T_{\max}}{W_P}=\frac{T}{\pi d^3/16}\leqslant[\tau]$$

$$T\leqslant[\tau]\times\frac{\pi d^3}{16}=60\text{MPa}\times\frac{\pi\times(50\text{mm})^3}{16}=1.47(\text{kN}\cdot\text{m})$$

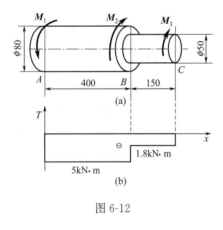

图 6-12

【例 6-7】 图 6-12（a）所示为阶梯轴，已知：$[\tau]=60$MPa，$M_1=5$kN·m，$M_2=3.2$kN·m，$M_3=1.8$kN·m。试校核轴的强度。

解：（1） 根据任意截面上的扭矩等于该截面以左部分所有外力偶矩的代数和，绘制出扭矩图，如图 6-12（b）所示。

（2） 校核轴的强度。两段轴的直径、扭矩各不相同，故需要分段校核。

AB 段：根据扭转强度条件

$$\tau_{\max AB}=\frac{T_{AB}}{W_{PAB}}=\frac{16\times T_{AB}}{\pi d_{AB}^3}=\frac{16\times 5\times 10^6}{\pi\times 80^3}\text{MPa}$$

$$=49.8\text{MPa}<[\tau]$$

在计算切应力时，扭矩 T 取绝对值，其正负号（转向）对强度计算无影响。

BC 段：根据扭转强度条件

$$\tau_{\max BC}=\frac{T_{BC}}{W_{PBC}}=\frac{16\times T_{BC}}{\pi d_{BC}^3}=\frac{16\times 1.8\times 10^6}{\pi\times 50^3}\text{MPa}=73.4\text{MPa}>[\tau]$$

阶梯轴 BC 段的强度不够。

第四节 圆轴扭转时的变形和刚度计算

一、圆轴扭转时的变形

扭转变形用相对扭转角来度量。把圆轴扭转时两个截面绕轴线相对转动的角度称为这两个截面的相对扭转角 φ，即

$$\varphi = \frac{Tl}{GI_P} \quad (6\text{-}5)$$

相对扭转角 φ 的单位为弧度（rad），其正负号与扭矩正负号相一致。式中的 GI_P，称为截面"抗扭刚度"，反映了截面形状和材料对弹性扭转变形的影响。抗扭刚度 GI_P 越大，相对扭转角 φ 越小（图 6-13）。

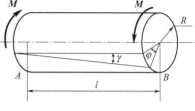

图 6-13

二、刚度计算

工程设计中，对于扭转的圆截面轴，除了要求有足够的强度外，还要求有足够的刚度，即要求传动轴在弹性范围内的扭转变形不能超过一定的限度。例如，车床结构中的传动丝杠，其相对扭转角不能太大，否则将会影响车刀进给动作的准确性，降低加工的精度等。为保证承受扭转作用的传动轴具有足够的刚度，通常规定：单位长度上的相对扭转角的最大值不得超过规定的数值，即满足

$$\theta_{\max} = \frac{T_{\max}}{GI_P} \leqslant [\theta]$$

此式称为圆轴扭转的"刚度条件"或"刚度设计准则"。$[\theta]$ 的单位为 rad/m。

工程实际中，许用扭转角 $[\theta]$ 的单位为 (°)/m，考虑到单位的换算，得

$$\theta_{\max} = \frac{T_{\max}}{GI_P} \times \frac{180}{\pi} \leqslant [\theta] \quad (6\text{-}6)$$

$[\theta]$ 的值按传动轴的工作条件和机器的精度来确定，可查阅有关手册，一般规定：

精密机器的轴：　　　　　　$[\theta] = 0.25 \sim 0.5 \,(°)/m$
一般传动轴：　　　　　　　$[\theta] = 0.50 \sim 1.0 \,(°)/m$
精度较低的轴：　　　　　　$[\theta] = 1.0 \sim 2.5 \,(°)/m$

【例 6-8】 如图 6-14(a) 所示为等截面实心轴受力偶作用，已知：$M_B = 76\text{N} \cdot \text{m}$，$M_C =$

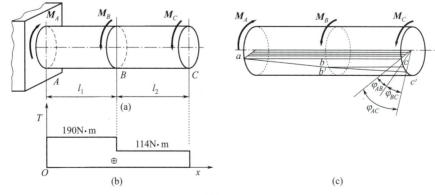

图 6-14

114N·m，截面的极惯性矩 $I_P=2\times10^5\text{mm}^4$，材料的切变模量 $G=80\text{GPa}$，$l_1=l_2=2\text{m}$。试求 C 截面相对 A 截面的扭转角。

解：(1) 根据任意截面上的扭矩等于该截面以左部分所有外力偶矩的代数和，绘制出扭矩图，如图 6-14(b) 所示。

(2) 计算相对扭转角。C 截面相对 A 截面的扭转角 φ_{AC} 等于 B 截面在扭矩 T_{AB} 作用下相对 A 截面的扭转角 φ_{AB} 与 C 截面在扭矩 T_{BC} 作用下相对 B 截面的扭转角 φ_{BC} 的代数和，如图 6-14(c) 所示，即

$$\varphi_{AC}=\varphi_{AB}+\varphi_{BC}=\frac{T_{AB}l_1}{GI_P}+\frac{T_{BC}l_2}{GI_P}$$
$$=\left(\frac{190\times10^3\times2\times10^3}{80\times10^3\times2\times10^5}+\frac{114\times10^3\times2\times10^3}{80\times10^3\times2\times10^5}\right)\text{rad}$$
$$=2.38\times10^{-2}\text{rad}+1.43\times10^{-2}\text{rad}=3.81\times10^{-2}\text{rad}$$

【例 6-9】 图 6-15(a) 所示为传动轴。已知：传动轴的转速 $n=300\text{r/min}$，主动轮输入功率 $P_C=30\text{kW}$，从动轮输入功率 $P_D=15\text{kW}$，$P_B=10\text{kW}$，$P_A=5\text{kW}$，材料的切变模量 $G=80\text{GPa}$，$[\tau]=40\text{MPa}$，$[\theta]=1(°)/\text{m}$。试根据强度条件和刚度条件设计传动轴的直径。

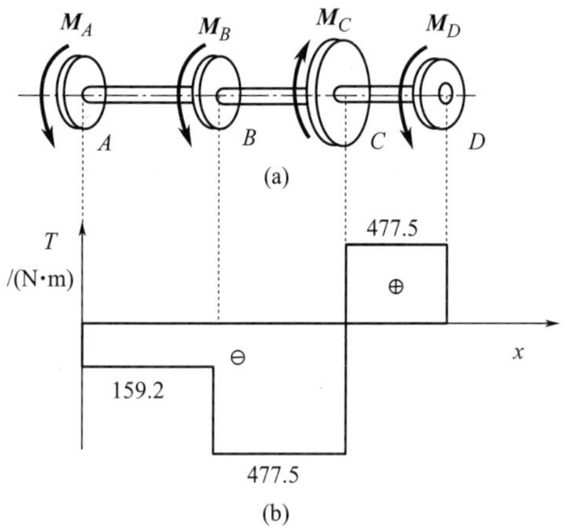

图 6-15

解：(1) 计算外力偶矩。

由 $M=9549\times\dfrac{P}{n}$ 可得

$$M_A=9549\times\frac{5}{300}=159.2(\text{N·m})$$
$$M_B=9549\times\frac{10}{300}=318.3(\text{N·m})$$
$$M_C=9549\times\frac{30}{300}=954.9(\text{N·m})$$
$$M_D=9549\times\frac{15}{300}=477.5(\text{N·m})$$

(2) 根据任意截面上的扭矩等于该截面以左部分所有外力偶矩的代数和，绘制出扭矩图，如图 6-15(b) 所示。由扭矩图可以看出，最大扭矩发生在 BC 段和 CD 段，即

$$T_{max}=477.5\text{N·m}$$

(3) 根据强度条件设计传动轴的直径。由扭转强度条件：

$$\tau_{max}=\frac{T_{max}}{W_P}=\frac{16\times T_{max}}{\pi d^3}=\frac{16\times477.5\times10^3}{\pi\times d^3}\leqslant[\tau]=40(\text{MPa})$$

得
$$d\geqslant\sqrt[3]{\frac{16\times477.5\times10^3}{\pi\times40}}=39.3(\text{mm})$$

(4) 根据刚度条件设计传动轴的直径。由扭转刚度条件：

$$\theta_{max}=\frac{T_{max}}{GI_P}\times\frac{180}{\pi}=\frac{32\times T_{max}}{G\pi d^4}\times\frac{180}{\pi}=\frac{32\times477.5\times10^3\times180}{80\times10^3\times\pi^2\times d^4}\leqslant[\theta]=1\times10^{-3}(°)/\text{mm}$$

得
$$d\geqslant\sqrt[4]{\frac{32\times477.5\times10^3\times180}{\pi^2\times80\times10^3\times10^{-3}}}=43.2(\text{mm})$$

为使传动轴同时满足强度条件和刚度条件，选取较大的直径，即 $d=44\text{mm}$。

三、提高圆轴承受扭转时的强度和刚度的主要措施

（1）降低最大扭矩 合理地布置主动轮与从动轮的位置，可以最有效降低最大扭矩。按图 6-16（a）所示的方案布置，$|T|_{max}=795.8\text{N}\cdot\text{m}$；按图 6-16（b）所示的方案布置，$|T|_{max}=955.0\text{N}\cdot\text{m}$。由于前者降低了最大扭矩，减小了最大切应力 τ_{max} 和相对扭转角 θ，故提高了传动轴的强度和刚度。

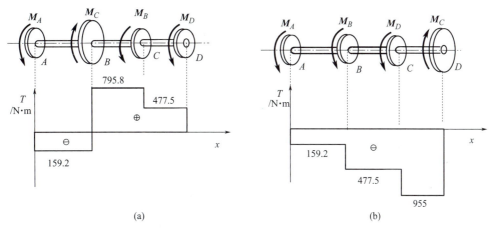

图 6-16

（2）增大极惯性矩 I_P 和抗扭截面系数 W_P 工程上常采用空心轴，在满足强度和刚度的条件下，节省了原材料，但空心轴的价格较高。

任务实施

如图 6-17 所示传动轴的转速 $n=500\text{r/min}$，主动轮 1 的输入功率 $P_A=368\text{kW}$，从动轮 2、3 输出功率分别为 $P_B=147\text{kW}$，$P_C=221\text{kW}$，$[\tau]=70\text{MPa}$，$[\theta]=1(°)/\text{m}$，材料的切变模量 $G=80\text{GPa}$。

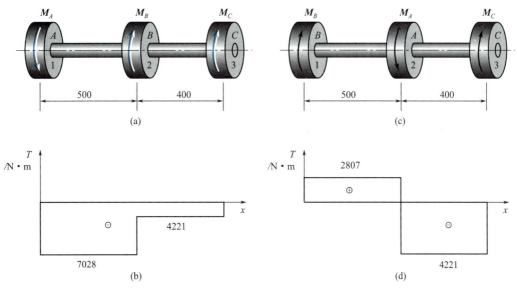

图 6-17

(1) 确定 AB 段的直径 d_1 和 BC 段的直径 d_2；

(2) 若 AB 和 BC 两段选用同一直径的轴，试确定其数值；

(3) 主动轮和从动轮的位置如可以重新安排，怎么样安排才比较合理？

解：(1) 画扭矩图。

$$M_C = 9549 \frac{P_C}{n} = 9549 \times \frac{221}{500} = 4221(\text{N} \cdot \text{m})$$

$$M_A = 9549 \frac{P_A}{n} = 9549 \times \frac{368}{500} = 7028(\text{N} \cdot \text{m})$$

$$M_B = 9549 \frac{P_B}{n} = 9549 \times \frac{147}{500} = 2807(\text{N} \cdot \text{m})$$

设计轴径。

根据扭转强度条件设计：

$$\tau_{AB} = \frac{T_{AB}}{W_P} = \frac{T_{AB}}{\pi d^3/16} \leqslant [\tau] \qquad \tau_{BC} = \frac{T_{BC}}{W_P} = \frac{T_{BC}}{\pi d^3/16} \leqslant [\tau]$$

$$\frac{7028 \times 10^3}{\pi d^3/16} \leqslant 70 \qquad \frac{4221 \times 10^3}{\pi d^3/16} \leqslant 70$$

$$d \geqslant 80\text{mm} \qquad d \geqslant 67\text{mm}$$

根据扭转刚度条件设计：

$$\theta_{AB} = \frac{T_{AB}}{GI_P} \times \frac{180}{\pi} \leqslant [\theta] \qquad \theta_{BC} = \frac{T_{BC}}{GI_P} \times \frac{180}{\pi} \leqslant [\theta]$$

$$\frac{7028 \times 10^3 \times 32}{80 \times 10^3 \times \pi d^4} \times \frac{180}{\pi} \leqslant 1 \times 10^{-3} (°)/\text{mm} \qquad \frac{4221 \times 10^3 \times 32}{80 \times 10^3 \times \pi d^4} \times \frac{180}{\pi} \leqslant 1 \times 10^{-3} (°)/\text{mm}$$

$$d \geqslant \sqrt[4]{\frac{7028 \times 180 \times 32 \times 10^3}{80 \times 10^3 \times \pi^2 \times 10^{-3}}} = 84.6(\text{mm}) \qquad d \geqslant \sqrt[4]{\frac{4221 \times 180 \times 32 \times 10^3}{80 \times 10^3 \times \pi^2 \times 10^{-3}}} = 74.5(\text{mm})$$

综合强度和刚度条件取直径：

$$d_1 = 84.6\text{mm}$$
$$d_2 = 74.5\text{mm}$$

(2) 若 AB 和 BC 两段选用同一直径的轴，则取 $d_1 = d_2 = 84.6\text{mm}$。

(3) 若将轮 A 和 B 调换位置，则 $T_{AB} = 2807\text{N} \cdot \text{m}$

最大扭矩减小，轴的扭转强度提高了，所以主动轮放在中间更合理。

本章小结

一、圆轴扭转概念

(1) 受力特点：当轴受到一对等值、反向、作用面和轴线垂直的外力偶作用就会发生扭转变形。

(2) 变形特点：各个横截面绕轴线转了一定的角度。

二、扭转内力

(1) 扭转的内力：扭矩 **T**。

(2) 内力的求法：截面法，它是求解内力的基本方法。

（3）扭矩图：反映轴上所有横截面的扭矩。

三、扭转应力和强度计算

（1）扭转时横截面上任一点的切应力公式为

$$\tau_\rho = \frac{T\rho}{I_P}$$

（2）强度准则为

$$\tau_{max} = \frac{T_{max}}{W_P} \leqslant [\tau]$$

四、扭转变形和刚度计算

（1）任意两个截面相对扭转角度公式为

$$\varphi = \frac{Tl}{GI_P}$$

（2）刚度准则为

$$\theta_{max} = \frac{T_{max}}{GI_P} \times \frac{180}{\pi} \leqslant [\theta]$$

思考题

6-1 判断图 6-18 所示圆截面轴是否发生扭转变形，为什么？

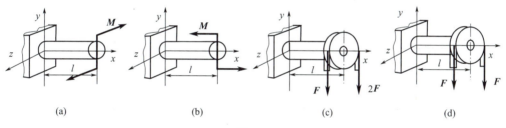

图 6-18

6-2 若两轴的外力偶矩以及各段的长度相等，而截面尺寸不同，其扭矩图相同吗？

6-3 根据扭矩图中的 $|T|_{max}$ 的值最小的原则，判断图 6-19 所示传动轴上轮系最合理的布置方案。

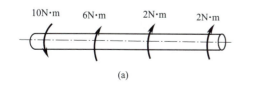
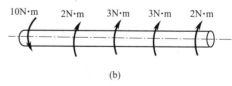

图 6-19

6-4 一般减速器中，高速轴的直径比低速轴的直径细，试解释其原因。

6-5 试分析图 6-20 所示的切应力分布图哪些是正确的，哪些是错误的。

6-6 两根轴的直径和长度相同，扭矩也相同，而材料不相同，它们的最大切应力是否相同？扭转角是否相同？为什么？

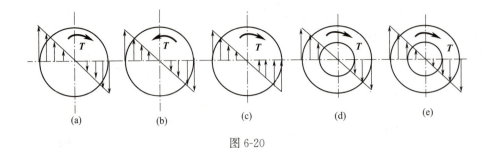

图 6-20

6-7 横截面面积相同的空心轴与实心轴，为什么空心轴的强度和刚度都大？

6-8 在载荷和材料都相同的条件下，如果将圆截面轴的直径增大一倍，抗弯曲截面系数是原来的几倍？最大切应力是原来的几倍？极惯性矩增大了几倍？扭转角是原来的几倍？

习 题

6-1 试画出图 6-21 所示各轴的扭矩图。

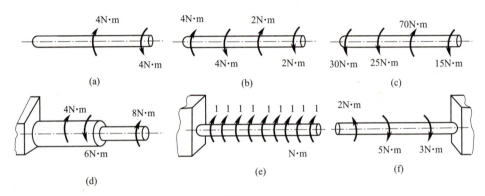

图 6-21

6-2 图 6-22 所示的传动轴，其转速 $n=300$ r/min，主动轮 A 输入功率 $P_A=50$ kW，从动轮 B、C、D 输出功率分别为 $P_B=P_C=15$ kW，$P_D=20$ kW。(1) 画出传动轴的扭矩图；(2) 确定最大扭矩 $|T|_{max}$；(3) 确定传动轴上轮系最合理的布置方案。

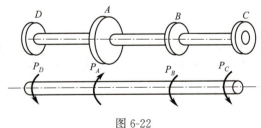

图 6-22

6-3 已知直径 $d=30$ mm，画轴的扭矩图，求指定截面上点 A、B 的应力，并画出直径 AB 上的应力分布（图 6-23）。

6-4 图 6-24 所示传动轴传递的力偶矩 $M=2.5$ kN·m，材料的许用切应力 $[\tau]=100$ MPa，试按照强度条件设计传动轴的直径。

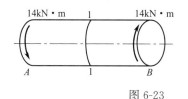
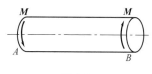

图 6-23　　　　　　　　　　　　　　图 6-24

6-5　图 6-25 所示为圆截面空心轴，已知：空心轴的外径 $D=50$mm，内径 $d=20$mm，外力偶矩 $M=1$kN·m，材料的切变模量 $G=80$GPa。试计算：(1) 横截面上 A 点处 ($r=15$mm) 的扭转切应力和相应的切应变；(2) 横截面上的最大切应力和最小切应力，并画出应力分布图。

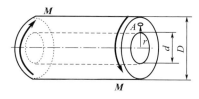

图 6-25

6-6　圆截面实心轴的直径 $d=50$mm，转速 $n=120$ r/min，若该轴的最大切应力 $\tau_{\max}=60$MPa，试计算该轴传递的功率是多大。

6-7　图 6-26 所示为实心轴和空心轴通过牙嵌式离合器连接在一起，已知：轴的转速 $n=120$r/min，轴传递的功率 $P=14$kW，材料的许用应力 $[\tau]=60$MPa，空心轴的内外径之比 $\alpha=0.8$。(1) 试计算实心轴的直径 d_1 和空心轴的外径 D、内径 d_0。(2) 比较两根轴的横截面面积。

6-8　圆木制截面轴受到扭转，如图 6-27 所示，轴的直径 $d=150$mm，外力偶矩 $M=1$kN·m，顺纹的许用切应力 $[\tau]_{w1}=2$MPa，横纹的许用切应力 $[\tau]_{w2}=8$MPa，试校核该轴的扭转强度。

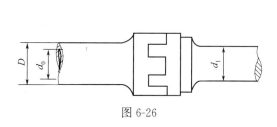
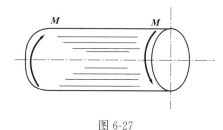

图 6-26　　　　　　　　　　　　　　图 6-27

6-9　图 6-28 所示为船用推进器，一端是实心轴，直径 $d_1=28$cm；另一端是空心轴，外径 $D=28.6$cm，内径 $d_0=14.8$cm。材料的许用切应力 $[\tau]=50$MPa，试计算此传动轴允许传递的最大外力偶矩。

6-10　图 6-29 所示钢制传动轴作用外力偶矩 $M_1=3$kN·m，$M_2=1$kN·m，材料的切变模量 $G=80$GPa，已知：$d_1=50$mm，$d_2=40$mm，$l=100$mm。试求：(1) 画出传动轴的扭矩图；(2) 计算传动轴的最大切应力；(3) 计算 C 截面相对于 A 截面的扭转角。

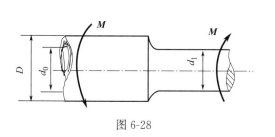
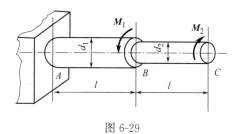

图 6-28　　　　　　　　　　　　　　图 6-29

6-11 某钢制传动轴的转速 $n=300\text{r/min}$，轴传递的功率 $P=60\text{kW}$，材料的许用应力 $[\tau]=60\text{MPa}$，材料的切变模量 $G=80\text{GPa}$，传动轴的许用扭转角 $[\theta]=0.5(°)/\text{m}$。试按照扭转的强度和刚度条件设计传动轴的直径。

6-12 图 6-30 所示钢制传动轴的直径 $d=40\text{mm}$，材料的许用应力 $[\tau]=60\text{MPa}$，材料的切变模量 $G=80\text{GPa}$，传动轴的许用扭转角 $[\theta]=0.5(°)/\text{m}$，轴的转速 $n=360\text{r/min}$，设主动轮 B 由电动机拖动的输入功率为 P，从动轮 A 的输出功率为 $P_A=2P/3$，C 的输出功率为 $P_C=P/3$，试求在满足强度和刚度条件下传动轴的最大输入功率 P。

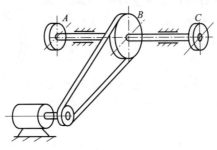

图 6-30

第七章 直梁弯曲

本章主要介绍有关平面弯曲梁的内力、应力、变形、强度、刚度分析方法和计算方法。重点是平面弯曲梁的内力图的绘制,平面弯曲梁的应力、变形、强度计算。

1. 认知纯弯曲与横力弯曲的概念;
2. 正确理解纯弯曲梁横截面上的正应力分布规律;
3. 正确理解中性轴和惯性矩;
4. 正确掌握梁横截面上的最大正应力。

1. 能正确绘制剪力图和弯矩图;
2. 熟练掌握各种截面惯性矩的求解;
3. 能够解决工程中各种梁的强度问题。

1. 培养学生不屈不挠的精神;
2. 保持严谨的求学态度;
3. 提升学生的思维能力。

1. 纯弯曲梁横截面上的正应力;
2. 绘制弯矩和剪力图。

任务引入

铸铁材料圆截面悬臂梁受 $F=960\text{N}$ 力作用,$l=100\text{mm}$,许用拉应力 $[\sigma]^+=15\text{MPa}$,许用压应力 $[\sigma]^-=80\text{MPa}$,按照强度条件确定梁的直径 d(图7-1)。

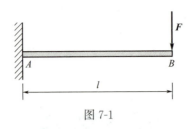

图 7-1

第一节　平面弯曲的实例分析

工程中承受弯曲或主要承受弯曲的构件是很多的。图 7-2(a) 所示的机车的车轴，图 7-2(b) 所示的承受设备与起吊重量作用的桥式吊车大梁等都要发生弯曲变形。图 7-2(c) 所示的直立式水塔，在自重作用下将产生压缩变形，在风力载荷作用下还将产生弯曲变形。

当构件承受垂直于其轴线的外力或位于其轴线所在平面内的力偶作用时，其轴线将弯曲成曲线，这种受力与变形形式称为弯曲。主要承受弯曲的构件统称为"**梁**"。根据梁的支座性质与支座的位置的不同，梁可分为**外伸梁**［图 7-2(a)］、**简支梁**［图 7-2(b)］、**悬臂梁**［图 7-2(c)］。

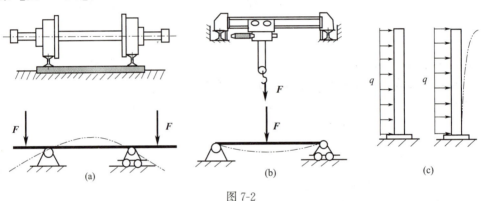

图 7-2

主要矛盾与次要矛盾

注意：对机车轮轴、大梁和水塔等工程实例，抓住其主要因素，忽略次要因素，进行了三个假设：均匀连续假设、各向同性假设和弹性小变形假设，分别建立力学模型。

本书主要研究比较简单的梁弯曲问题，即梁的横截面具有对称轴，所有横截面的对称轴组成梁的纵向对称面。当所有外力均垂直于梁轴线并作用在同一对称面内时，梁弯曲后其轴线弯曲成一条平面曲线，并位于加载平面内，如图 7-3 所示，这种弯曲称为"**平面弯曲**"，它是弯曲问题中最常见也是最基本的一种。

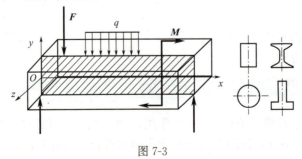

图 7-3

第二节　剪力和弯矩

一、剪力和弯矩

应用截面法，可以确定在平面弯曲情形下，梁的任意截面上分布的内力将组成一作用于截面内并沿着加载方向的力和作用于加载平面内的力偶。前者称为"剪力"，后者称为"弯矩"，分别用 F_Q 和 M 表示。

梁在集中力作用下的内力

以图 7-4(a) 所示的简支梁为例。用截面法将梁从任意截面 $m-m$ 处分开，分成左、右两部分，可取其中任一部分作为研究对象，如图 7-4(c) 所示为截面以左部分。将该段上的所有外力向截面 $m-m$ 的形心 C 简化，得到垂直于梁轴线的主矢 F_Q' 及作用在梁对称面内的主矩 M'，根据平衡条件，截面 $m-m$ 上的分布内力的主矢 F_Q 和主矩 M 必然与外力主矢和主矩大小相等、方向相反。内力主矢 F_Q 称为剪力，它的作用是使相邻横截面产生剪切错动变形，内力主矩 M 称为弯矩，它使横截面绕着某一坐标轴转动从而使梁发生弯曲变形。剪力和弯矩统称为弯曲内力。

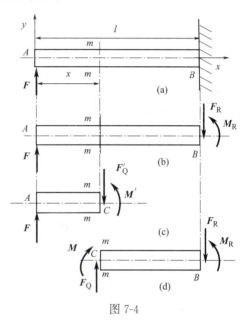

图 7-4

二、剪力、弯矩的正负号规则

由于同一截面上的左、右两侧上的 F_Q、M 必须具有相同的数值和正负号，特规定如下：

集中力的作用是使所截取的一段具有作顺时针转动趋势的剪力为正，反之为负（图 7-5）。力偶的作用是使所截取的一段上产生向下凹的弯曲变形的弯矩为正，反之为负（图 7-6）。

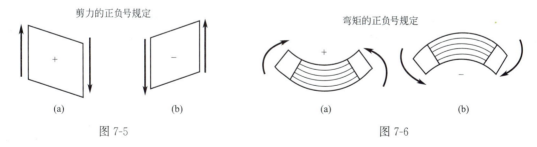

实际计算中，是根据外力的特点确定每个截取截面上的弯曲内力的正负号，即**梁上任意截面的剪力 F_Q，等于该截面以左边部分（或以右）杆件上所有外力的代数和（左上右下的外集中力在该截面引起的剪力为正）。梁上任意截面的弯矩 M，等于该截面以左边（或以右）部分杆件上所有外力对该截面形心 C 力矩的代数和（外力对该截面形心 C 力矩左顺右逆引起的弯矩为正）。**

剪力和弯矩的公式为

$$F_Q(x) \stackrel{左}{=} F_上 - F_下$$

取截面的**左侧**：

$$M^{左} = M_{C顺} - M_{C逆}$$

取截面右侧与此相反。

【**例 7-1**】 图 7-7（a）所示的外伸梁，已知分布载荷集度 q，集中力偶的力偶矩 $M = 3qa^2$，设 2—2 截面到 A 截面的距离为 Δ，当 $\Delta \to 0$ 时，2—2 截面称为 A 截面的左邻近截面，同理，3—3 截面称为 A 截面的右邻近截面，4—4 截面称为 C 截面的左邻近截面，5—5 截面称为 C 截面的右邻近截面。试求指定截面上的剪力和弯矩。

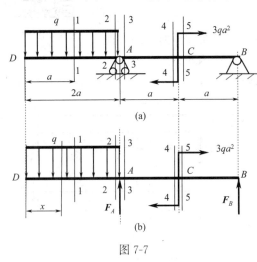

图 7-7

解：（**1**）求梁的支座约束力。选取梁的整体作为研究对象，受力图如图 7-7（b）所示。列出平衡方程：

$$\sum M_A(F) = 0 \qquad F_B \times 2a - 3qa^2 + 2qa \times a = 0$$

得

$$F_B = \frac{3qa^2 - 2qa^2}{2a} = \frac{qa}{2}$$

$$\sum F_y = 0$$

$$F_A + F_B - 2qa = 0$$

得

$$F_A = 2qa - F_B = 2qa - \frac{qa}{2} = \frac{3qa}{2}$$

（**2**）计算指定截面的剪力和弯矩。观察 1—1 截面左边上所有的外力，qa 向下，在 1—1 截面产生的剪力为负；qa 对 1—1 截面形心的力矩为逆时针转动，在 1—1 截面产生的弯矩为负。根据 1—1 截面处的剪力和弯矩分别等于截取的截面以左所有外力和力矩的代数和，得

$$\left. \begin{array}{l} F_{Q1} = -qa \\ M_1 = -\dfrac{qa^2}{2} \end{array} \right\} \tag{a}$$

观察 2—2 截面左边上所有的外力，$2qa$ 向下，在 2—2 截面产生的剪力为负；$2qa$ 对 2—2 截面形心的力矩为逆时针转动，在 2—2 截面产生的弯矩为负。根据 2—2 截面处的剪力和弯矩分别等于截取的截面以左所有外力和力矩的代数和，得

$$F_{Q2} = -2qa$$

$$M_2 = -2qa \times a = -2qa^2$$

观察 3—3 截面左边上所有的外力，$2qa$ 向下，在 3—3 截面产生的剪力为负；$2qa$ 对 3—3 截面形心的力矩为逆时针转动，在 3—3 截面产生的弯矩为负。F_A 向上，在 3—3 截面产生的剪力为正；F_A 通过 3—3 截面形心，在 3—3 截面产生的弯矩为零。根据 3—3 截面处的剪力和弯矩分别等于截取的截面以左所有外力和力矩的代数和，得

$$F_{Q3} = -2qa + \frac{3qa}{2} = -\frac{qa}{2}$$

$$M_3 = -2qa \times a + 0 = -2qa^2$$

观察 2—2 截面和 3—3 截面剪力和弯矩的表达式可以得出：**在集中力作用的截面处，左右邻近截面的弯矩相同，剪力不同，剪力有突变。剪力的突变值等于集中力的大小。因此，应用截面法计算任意截面的剪力时，截面不能选取在集中力作用的截面上**。

观察 4—4 截面左边上所有的外力，$2qa$ 向下，在 4—4 截面产生的剪力为负；$2qa$ 对 4—4 截面形心的力矩为逆时针转动，在 4—4 截面产生的弯矩为负。$\boldsymbol{F}_A$ 向上，在 4—4 截面产生的剪力为正；$\boldsymbol{F}_A$ 对 4—4 截面形心的力矩为顺时针转动，在 4—4 截面产生的弯矩为正。根据 4—4 截面处的剪力和弯矩分别等于截取的截面以左所有外力和力矩的代数和，得

$$F_{Q4} = -2qa + \frac{3qa}{2} = -\frac{qa}{2}$$

$$M_4 = -2qa \times 2a + \frac{3qa}{2} \times a = -\frac{5qa^2}{2}$$

观察 5—5 截面左边上所有的外力，$2qa$ 向下，在 5—5 截面产生的剪力为负；$2qa$ 对 5—5 截面形心的力矩为逆时针转动，在 5—5 截面产生的弯矩为负。$\boldsymbol{F}_A$ 向上，在 5—5 截面产生的剪力为正；$\boldsymbol{F}_A$ 对 5—5 截面形心的力矩为顺时针转动，在 5—5 截面产生的弯矩为正。力偶 $\boldsymbol{M}$ 对 5—5 截面形心的力矩为顺时针转动，在 5—5 截面产生的弯矩为正。根据 5—5 截面处的剪力和弯矩分别等于截取的截面以左所有外力和力矩的代数和，得

$$F_{Q5} = -2qa + \frac{3qa}{2} = -\frac{qa}{2}$$

$$M_5 = -2qa \times 2a + \frac{3qa}{2} \times a + 3qa^2 = \frac{qa^2}{2}$$

观察 4—4 截面和 5—5 截面剪力和弯矩的表达式可以得出：**在集中力偶作用的截面处，左右邻近截面的剪力相同，弯矩不同，弯矩有突变。弯矩的突变值等于集中力偶的大小。**

第三节　剪力图和弯矩图

一、剪力方程和弯矩方程

一般情形下，梁任意截面上的剪力和弯矩随着横截面位置而变化，描述二者沿着梁长度方向变化的表达式，称为剪力方程和弯矩方程。沿着梁长度方向自左至右建立 Ox 坐标，坐标 x 即可表示横截面的位置。剪力和弯矩都表示成 x 的函数，即 $F_Q = F_Q(x)$，$M = M(x)$，便得到剪力方程和弯矩方程。

建立剪力和弯矩方程，实际上就是用截面法写出坐标为 x 截面上的剪力和弯矩。例如图 7-7(b) 中，计算梁的左端点距离为 x 截面处的剪力方程和弯矩方程。

根据 x 截面处的剪力和弯矩分别等于该截面以左所有外力和力矩的代数和，得

$$\left. \begin{array}{l} F_Q(x) = -qx \\ M(x) = -\dfrac{qx^2}{2} \end{array} \right\} \tag{b}$$

比较（a）和（b）表达式，建立剪力和弯矩方程的步骤与求指定截面上的剪力、弯矩时基本相同，所不同的是，现在的截面的位置不是常量，而是变量 x。

若作用在梁上的载荷是连续的，即无集中力和集中力偶（包括约束力）作用，剪力和弯矩沿着梁长度方向变化可各由一个函数描述；若作用在梁上的外力有突变，即有集中力或集中力偶作用，则在两个集中力或集中力偶作用点之间的剪力和弯矩方程可各用一个函数描述。这时应分段建立剪力方程和弯矩方程。

若将集中力、集中力偶以及分布载荷的起点和终点处作用点两侧的截面称为控制面，这

些控制面即为剪力和弯矩方程的定义区间的端点。在集中力作用的截面处，弯矩相同，剪力不同，剪力有突变。剪力的突变值等于集中力的大小。在集中力偶作用的截面处，剪力相同，弯矩不同，弯矩有突变。弯矩的突变值等于集中力偶的大小。

二、剪力图和弯矩图的绘制

根据梁的剪力方程和弯矩方程，可求出梁的任意截面上的剪力和弯矩以及它们的最大值。为了更直观地表示出横截面上的剪力、弯矩沿着梁轴线的变化情况，可以在 $F_Q(x)$-x 坐标和 $M(x)$-x 坐标中，画出二者变化的图形，称为剪力图和弯矩图。

梁在集中力作用下的内力图

工程上常利用弯矩、剪力、分布载荷集度之间的微分关系，并注意到在集中力作用的截面处，剪力有突变；在集中力偶作用的截面处，弯矩有突变的特征，列成表格来绘制图形。表 7-1 所示为剪力图和弯矩图的特征。

表 7-1 剪力图和弯矩图的特征

图形	无 q 的区间	有 q 的区间		集中力作用处	集中力偶作用处
剪力图 F_Q	平行于 x 的水平线	斜直线	q 向上,斜率>0	有突变,突变方向和数值与集中力 **F** 相同	无影响
			q 向下,斜率<0		
弯矩图 M	斜直线	F 向上,斜率>0	抛物线	q 向下,下凹	直接转折	有突变,顺时针向上突变值等于集中力偶 **M**
		F 向下,斜率<0		q 向上,上凹		
		F=0,水平线		F_Q=0 处,有极值		

【例 7-2】 试绘制图 7-8(a) 所示简支梁 (a>b) 的剪力图和弯矩图。

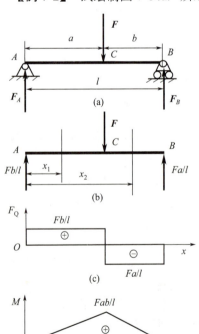

图 7-8

解：(1) 画受力图，求支座的约束力。列出平衡方程：

$$\sum M_A(F)=0 \quad F_B l - Fa = 0$$

得

$$F_B = \frac{Fa}{l}$$

$$\sum F_y = 0 \quad F_A + F_B - F = 0$$

得

$$F_A = F - F_B = F - \frac{Fa}{l} = \frac{Fb}{l}$$

(2) 建立剪力方程和弯矩方程。集中力作用处将梁分为 AC、CB 两段。在 AC 段内，取与左端点相距为 x_1 的截面，如图 7-8(b) 所示。观察 x_1 截面左边上所有的外力，F_A 向上，x_1 在截面产生的剪力为正；F_A 对 x_1 截面形心的力矩为顺时针转动，在 x_1 截面产生的弯矩为正，得

$$F_Q(x_1) = F_A = \frac{Fb}{l} \qquad (0<x_1<a)$$

$$M(x_1) = F_A x_1 = \frac{Fb}{l} x_1 \qquad (0 \leqslant x_1 \leqslant a)$$

在 CB 段内，取与左端点相距为 x_2 的截面，如图 7-8(b) 所示，得

$$F_Q(x_2) = F_A - F = -\frac{Fa}{l} \qquad (a < x_2 < l)$$

$$M(x_2) = F_A x_2 - F(x_2 - a) = \frac{Fb}{l} x_2 - F(x_2 - a) \qquad (a \leqslant x_2 \leqslant l)$$

(3) 绘制剪力图和弯矩图。本题梁上无分布载荷，剪力图是水平线，弯矩图是两条斜直线，根据剪力方程和弯矩方程计算结果如下：

$x_1 = 0$	$x_1 = a^-$	$x_2 = a^+$	$x_2 = l$
$F_{QA} = Fb/l$	$F_{QC^-} = Fb/l$	$F_{QC^+} = -Fa/l$	$F_{QB} = -Fa/l$
$M_A = 0$	$M_C = Fab/l$	$M_C = Fab/l$	$M_B = 0$

画出梁的剪力图和弯矩图，如图 7-8(c)、(d) 所示，得

$$|F_Q|_{max} = \frac{Fa}{l} \qquad |M|_{max} = \frac{Fab}{l}$$

(4) 校核。根据弯矩、剪力、分布载荷集度之间的微分关系，在 AC 段，剪力为正，弯矩直线的斜率大于零，在 CB 段，剪力为负，弯矩直线的斜率小于零，集中力作用处，剪力突变，弯矩图发生转折。剪力图和弯矩图正确无误。

观察剪力图和弯矩图可以明显看出，当 $a > b$ 时，最大剪力 $|F_Q|_{max} = Fa/l$，在 C 截面有最大弯矩 $|M|_{max} = Fab/l$；当 $a = b$ 时，即集中力作用在梁的中点时，弯矩有最大值 $|M|_{max} = Fl/4$。

【例 7-3】 试绘制图 7-9(a) 所示简支梁（$a > b$）的剪力图和弯矩图。

解：(1) 画受力图求支座的约束力。列出平衡方程：

$$\sum M_A(F) = 0 \quad F_B l - M = 0$$

得

$$F_B = \frac{M}{l}$$

$$\sum F_y = 0 \quad -F_A + F_B = 0$$

得

$$F_A = F_B = \frac{M}{l}$$

(2) 建立剪力方程和弯矩方程。由于集中力偶会引起弯矩图突变，所以在集中力偶作用处，应将梁分段计算，将简支梁分为 AC、CB 两段分别研究。

在 AC 段内，取与左端点相距为 x_1 的截面，如图 7-9(b) 所示。根据 x_1 截面处的剪力和弯矩等于所截取的截面以左所有外力的代数和，得

$$F_Q(x_1) = -\frac{M}{l} \qquad (0 < x_1 \leqslant a)$$

$$M(x_1) = -\frac{M}{l} x_1 \qquad (0 \leqslant x_1 \leqslant a)$$

在 CB 段内，取与左端点相距为 x_2 的截面，如图 7-9(b) 所示。根据 x_2 截面处的剪力和弯矩等于所截取的截面以左所有外力的代数和，得

$$F_Q(x_2) = -\frac{M}{l} \qquad (a \leqslant x_2 < l)$$

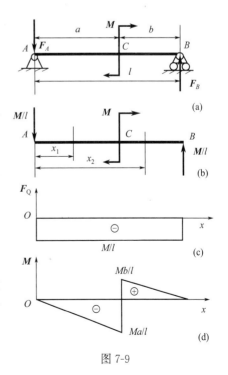

图 7-9

$$M(x_2) = -\frac{M}{l}x_2 + M = \frac{M(l-x_2)}{l} \qquad (a \leqslant x_2 \leqslant l)$$

(3) 绘制剪力图和弯矩图。本题梁上无分布载荷，剪力图是水平线，弯矩图是两条斜直线，一条直线需要确定两点的坐标来绘制，根据剪力方程和弯矩方程，计算结果如下：

$x_1=0$	$x_1=a^-$	$x_2=a^+$	$x_2=l$
$F_{QA}=-M/l$	$F_{QC^-}=-M/l$	$F_{QC^+}=-M/l$	$F_{QB}=-M/l$
$M_A=0$	$M_C=-Ma/l$	$M_C=Mb/l$	$M_B=0$

画出梁的剪力图和弯矩图，如图 7-9（c）、（d）所示。

$$|F_Q|_{\max}=\frac{M}{l} \qquad |M|_{\max}=\frac{Ma}{l}$$

(4) 校核。根据弯矩、剪力、载荷集度之间的微分关系，在 AC 段，剪力为负，弯矩直线的斜率小于零，在 CB 段，剪力为负，弯矩直线的斜率小于零，集中力偶作用处。剪力不变，弯矩图发生突变。剪力图和弯矩图正确无误。

观察剪力图和弯矩图可以明显看出，当 $a > b$ 时，最大剪力 $|F_Q|_{\max}=M/l$，在 C 截面有最大弯矩 $|M|_{\max}=Ma/l$；当 $a=b$ 时，即集中力偶作用在梁的中点时，弯矩有最大值 $|M|_{\max}=M/2$。当集中力偶作用在梁的左、右端点时，弯矩有最大值 $|M|_{\max}=M$。

【例 7-4】 试绘制图 7-10（a）所示简支梁的剪力图和弯矩图。

解：（1） 画受力图求支座的约束力。列出平衡方程：

$$\sum M_A(F)=0 \qquad F_B l-\frac{1}{2}ql^2=0$$

得

$$F_B=\frac{ql}{2}$$

$$\sum F_y=0 \qquad F_A+F_B-ql=0$$

得

$$F_A=ql-F_B=ql-\frac{ql}{2}=\frac{ql}{2}$$

(2) 建立剪力方程和弯矩方程。由于梁上只作用分布载荷，剪力方程和弯矩方程在梁上是截面坐标 x 的单值连续函数。取与左端点相距为 x 的截面，如图 7-10（b）所示。根据 x 截面处的剪力与弯矩分别等于所截取的截面以左所有外力和力矩的代数和，得

$$F_Q(x)=\frac{ql}{2}-qx \qquad (0 \leqslant x \leqslant l)$$

$$M(x)=\frac{ql}{2}x-\frac{qx^2}{2} \qquad (0 \leqslant x \leqslant l)$$

(3) 绘制梁的剪力图和弯矩图。在作用有分布载荷的梁上，剪力图是一条斜直线，需要确定两点的坐标来绘制：$F_Q(0)=ql/2$，$F_Q(l)=-ql/2$。在作用有分布载荷的梁上，弯矩图是一条抛物线，最少需要确定三点的坐标来绘制：$M(0)=0$，$M(l)=0$，剪力的符号在梁上由正变负，剪力等于零的截面处，弯矩应有极值。令

$$F_Q(x)=\frac{ql}{2}-qx=0$$

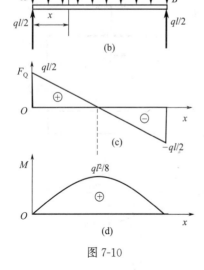

图 7-10

将 $x=l/2$ 代入弯矩方程得

$$M(x)=\frac{ql}{2}x-\frac{qx^2}{2}=\frac{ql^2}{4}-\frac{ql^2}{8}=\frac{ql^2}{8}$$

绘制剪力图和弯矩图，如图 7-10(c)、(d) 所示，得

$$|F_Q|_{\max}=\frac{ql}{2} \qquad |M|_{\max}=\frac{ql^2}{8}$$

(4) 校核。根据弯矩、剪力、载荷集度之间的微分关系，在左边部分，剪力为正，弯矩直线的斜率大于零；在右边部分，剪力为负，弯矩直线的斜率小于零；剪力图是一条斜直线，弯矩图是一条抛物线；剪力等于零的截面处，弯矩应有极值。剪力图和弯矩图正确无误。

从上述例题可知，若从梁的左端作图，剪力图、弯矩图随着外力存在以下变化规律。

(1) 剪力方程、弯矩方程在梁上是分段定义的函数。

(2) 无载荷作用的一段梁上，剪力图为水平线，弯矩图为斜直线。

(3) 集中力作用处，剪力图有突变，突变的幅值等于集中力的大小，突变的方向与集中力的方向相同。

(4) 集中力偶作用处，剪力图不变；弯矩图突变，突变的幅值等于集中力偶矩的大小，突变的方向，即集中力偶顺时针向坐标正向突变，反之向坐标负向突变。

(5) 分布载荷作用的一段梁上，剪力图为斜直线；弯矩图为二次曲线，剪力等于零的截面，曲线有极值。

(6) 无力偶作用梁的左、右端点，弯矩等于零。有集中力偶作用梁的左、右端点，弯矩等于端点的集中力偶的大小。

(7) 最大弯矩可能出现在：集中力作用处、集中力偶作用处；分布载荷作用的一段梁上剪力都是正值（或负值），分布载荷作用的两个端点处；分布载荷作用的一段梁上剪力符号由正变负（或由负变正），剪力等于零的截面处。

三、剪力图和弯矩图的直接绘制

(1) 剪力图的绘制。从坐标原点出发从左向右，遇到力的箭头向上的集中力向上画，遇到力的箭头向下的集中力向下画，两截面之间画 x 轴的平行线。遇到分布载荷力的箭头向下，起点和终点之间的剪力减少，从起点画直线向下至终点；遇到分布载荷力的箭头向上，起点和终点之间的剪力增加，从起点画直线向上至终点。

(2) 弯矩图的绘制。根据任意截面弯矩等于该截面左边的剪力所围成图形面积的代数和，如果该截面左边作用有集中力偶，则该截面弯矩等于该截面左边的剪力所围成图形面积和集中力偶的力偶矩的代数和，确定各个控制点的弯矩值。

首先确定是否有集中力偶，梁的左右端如无集中力偶作用，则弯矩为零；求出集中力作用截面的弯矩值和集中力偶作用截面的两个弯矩值（一个弯矩等于该截面以左的剪力所围成图形的面积的代数和；如果集中力偶顺时针转动，向上突变集中力偶值；如果集中力偶逆时针转动，向下突变集中力偶值）；遇到在分布载荷作用的一段梁上剪力都是正值（或负值），用抛物线连接两个端点处的弯矩值；分布载荷作用的一段梁上剪力符号由正变负（或由负变正），用抛物线连接两个端点处和剪力等于零的截面处的弯矩值。从坐标原点从左向右画，依次用直线连接各点截面处的弯矩值。

【例 7-5】 试绘制图 7-11(a) 所示简支梁的剪力图和弯矩图。

解：(1) 画受力图，求约束力。如图 7-11(b) 所示，列出平衡方程：

$$\sum M_A(F)=0$$

$$F_B \times 3 - 32 - 40 \times 1 = 0$$

得
$$F_B = \frac{32 + 40 \times 1}{3} \text{kN} = 24 \text{kN}$$

$$\Sigma F_y = 0 \qquad F_A + F_B - 40 = 0$$

得
$$F_A = 40 - F_B = (40 - 24) \text{kN} = 16 \text{kN}$$

(2) 剪力图的绘制。如图 7-11(c) 所示，由坐标原点向上画 16kN（按比例），画 x 轴平行线至 C 截面；在 C 截面向下画 40kN 至 −24kN，从 −24kN 画 x 轴平行线至 B 截面；在 B 截面向上画 24kN 至 0 点（画毕）。

(3) 弯矩图的绘制。如图 7-11(d) 所示，先确定 A、B 两个端点的弯矩等于零，再根据任意截面上的弯矩等于该截面左边的剪力所围成图形的面积的代数和，得

$$M_A = 0 \qquad M_B = 0$$
$$M_C = (16 \times 1) \text{kN} \cdot \text{m} = 16 \text{kN} \cdot \text{m}$$
$$M_{D^-} = (16 \times 1 - 24 \times 1) \text{kN} \cdot \text{m} = -8 \text{kN} \cdot \text{m}$$
$$M_{D^+} = (16 \times 1 - 24 \times 1 + 32) \text{kN} \cdot \text{m} = 24 \text{kN} \cdot \text{m}$$

由坐标原点斜向上画至 C 截面的 16kN·m（按比例），从 C 截面斜向下画至 D 截面的 −8kN·m，在 D 截面向上突变 32kN·m 至 24kN·m，从 D 截面斜向下画至 0 点（画毕）。

【例 7-6】 试绘制图 7-12(a) 所示简支梁的剪力图和弯矩图。

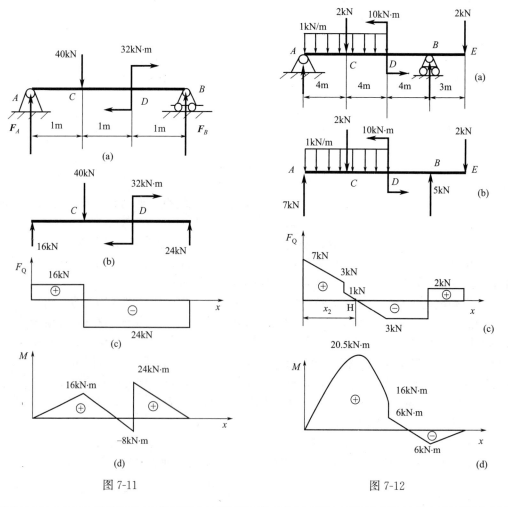

图 7-11

图 7-12

解：(1) 画受力图，求约束力。如图 7-12(b) 所示，列出平衡方程：

$$\sum M_A(F)=0$$

$$F_B\times 12+10-2\times 15-2\times 4-1\times 8\times 4=0$$

$$F_B=\frac{2\times 15+2\times 4+1\times 8\times 4-10}{12}\text{kN}=5\text{kN}$$

$$\sum F_y=0$$

$$F_A+F_B-2-2-1\times 8=0$$

得

$$F_A=2+2+8-F_B=(12-5)\text{kN}=7\text{kN}$$

(2) 剪力图的绘制。如图 7-12(b) 所示，由坐标原点向上画 7kN（按比例），从 7kN 画斜线下降 4kN 至 C 截面。从 C 截面向下画 2kN 至 1kN，从 1kN 画斜线下降 4kN 至 D 截面。以 -3kN 画 x 轴平行线至 B 截面；在 B 截面向上画 5kN 至 2kN，以 2kN 画 x 轴平行线至 E 截面；在 E 截面向下画 2kN 至 0 点。

(3) 弯矩图的绘制。如图 7-12(c) 所示，先确定 A、B 两个端点的弯矩等于零，再根据任意截面上的弯矩等于该截面左边的剪力所围成图形的面积的代数和，得

$$M_A=0 \qquad M_B=0$$

在分布载荷作用的 AC 段，梁上剪力都是正值，没有极值点。

$$M_C=(7\times 4-1\times 4\times 2)\text{kN}\cdot\text{m}=20\text{kN}\cdot\text{m}$$

在分布载荷作用的 CD 段，梁上剪力符号由正变负，有极值点。设极值点到左端点的距离为 x_2，令 $F_Q(x_2)=7-1\times x_2-2=0$ 得 $x_2=5$m。

$$M_H=\left(7\times 5-2\times 1-1\times 5\times\frac{5}{2}\right)\text{kN}\cdot\text{m}=20.5\text{kN}\cdot\text{m}$$

$$M_{D^-}=(7\times 8-2\times 4-8\times 4)\text{kN}\cdot\text{m}=16\text{kN}\cdot\text{m}$$

$$M_{D^+}=(16-10)\text{kN}\cdot\text{m}=6\text{kN}\cdot\text{m} \qquad M_B=(6-3\times 4)\text{kN}\cdot\text{m}=-6\text{kN}\cdot\text{m}$$

用下凹的抛物线连接坐标原点和 C 截面的 20kN·m（按比例），从 C 截面用下凹的抛物线向上至极值点 H 的 20.5kN·m，从 H 截面用下凹的抛物线向下至 D 截面的 16kN·m，从 D 截面向下突变 10kN·m 至 6kN·m，从 D 截面的 6kN·m 斜向下画至 B 截面的 -6kN·m，从 B 截面的 -6kN·m 斜向上画至 0 点（画毕）。

对于载荷复杂的梁，工程上也常采用叠加的方法绘制内力图，读者可参阅有关书籍。

第四节　梁弯曲时横截面上的应力和强度

1. 观察变形和平面假设

梁横截面上只有弯矩作用时，梁的弯曲称为纯弯曲。图 7-13 中所示的梁，其 AB 段的各截面上均只有弯矩作用，因而都将产生纯弯曲。

观察图 7-14(a) 中所示的纯弯曲梁模型，加载前在其表面画上平行于轴线的纵向线及垂直于轴线的横向线〔7-14(a)〕，受力作用后，变形如图 7-14(b) 所示，可以看出：

(1) 横向线仍是直线，只是相对地转了一个角度，但仍与变形后的纵向线垂直。

(2) 纵向线都弯曲成相互平行的弧线，且靠近顶面的纵向线缩短了，靠近底面的纵向线伸长了。

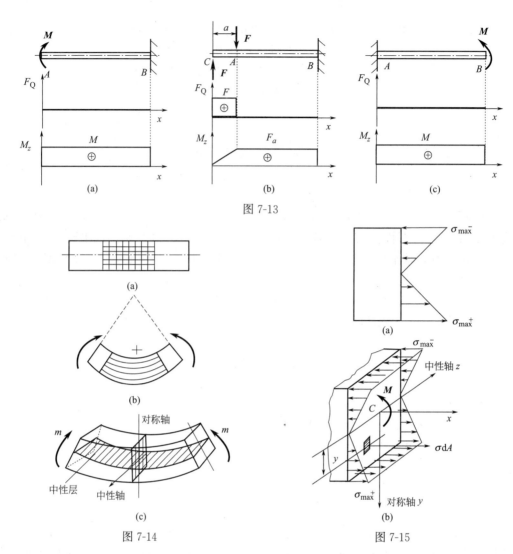

图 7-13

图 7-14

图 7-15

根据观察到的表面变形现象，作如下假设：梁弯曲前的横截面在变形后仍保持平面，并垂直于梁的轴线，只是各自绕截面上的某轴线转过一个角度。这一假设称为"平面假设"。弯曲后，梁的某些纵向层发生伸长变形，也有些纵向层发生缩短变形，二者之间存在着既不伸长也不缩短的纵向层，称为中性层。中性层与横截面的相交线称为中性轴，伸长的各纵向层承受拉应力，缩短的各纵向层承受压应力。

2. 应力

根据变形几何条件和静力学平衡方程可推知：纯弯曲横截面上任意一点正应力公式为

$$\sigma = \frac{M_z y}{I_z} \tag{7-1}$$

式中，M_z 为截面的弯矩；y 为所求点至中性轴的距离；I_z 为截面对中性轴的**惯性矩**。此公式同样适用于横力弯曲。横截面上应力分布为线性分布，如图 7-15 所示。任何截面的最大应力发生在 y 最大的点处。

$$\sigma_{max} = \frac{M_z y_{max}}{I_z} = \frac{M_z}{\dfrac{I_z}{y_{max}}} = \frac{M_z}{W_z} \tag{7-2}$$

其中，W_z 是既与截面尺寸有关又与截面形状有关的几何量，称为抗弯截面系数。其量纲为 [长度]^3，国际单位用 mm^3 或 m^3。

对于矩形截面（$b \times h$）：

$$W_z = \frac{I_z}{y_{\max}} = \frac{bh^3/12}{h/2} = \frac{bh^2}{6} \tag{7-3}$$

对于圆形截面（直径为 d）：

$$W_z = \frac{I_z}{y_{\max}} = \frac{\pi d^4/64}{d/2} = \frac{\pi d^3}{32} \tag{7-4}$$

对于圆环形截面（外径为 D，内径为 d，设 $\alpha = d/D$）：

$$W_z = \frac{I_z}{y_{\max}} = \frac{\pi D^4/64(1-\alpha^4)}{D/2} = \frac{\pi D^3}{32}(1-\alpha^4)$$

常用截面的 W_z 可查阅表 7-2，型钢的 W_z 可查阅附录型钢表。

表 7-2 常见截面的几何性质

截面形状	惯性矩	抗弯截面系数
圆形	$I_z = I_y = \dfrac{\pi d^4}{64}$ $I_P = \dfrac{\pi d^4}{64}$	$W_z = W_y = \dfrac{\pi d^3}{32}$
圆环形	$I_z = I_y = \dfrac{\pi D^4}{64}(1-\alpha^4)$ $I_P = \dfrac{\pi D^4}{32}(1-\alpha^4)$ $\alpha = d/D$	$W_z = W_y = \dfrac{\pi d^3}{32}(1-\alpha^4)$
矩形	$I_z = \dfrac{bh^3}{12}$ $I_y = \dfrac{hb^3}{12}$	$W_z = \dfrac{bh^2}{6}$ $W_y = \dfrac{hb^2}{6}$
矩形环	$I_z = \dfrac{BH^3 - bh^3}{12}$ $I_y = \dfrac{HB^3 - hb^3}{12}$	$W_z = \dfrac{BH^3 - bh^3}{6H}$ $W_y = \dfrac{HB^3 - hb^3}{6B}$

3. 弯曲强度计算

为了使弯曲变形梁具有足够的强度，梁的最大应力不超过材料的许用应力，即

$$\left.\begin{array}{c}\sigma_{\max}^{+}=\dfrac{M_{\max}}{W_z^+}\leqslant [\sigma^+]\\[2mm]\sigma_{\max}^{-}=\dfrac{M_{\max}}{W_z^-}\leqslant [\sigma^-]\end{array}\right\} \quad (7\text{-}5)$$

此式即为弯曲强度准则。$\sigma_{\max}$ 为梁的最大正应力，发生在梁的危险面（$M_{\max}$）上的危险点（$y_{\max}$）处。

第五节　组合截面的惯性矩

一、常见截面的惯性矩

1. 常见截面对形心轴的惯性矩

见表 7-2。

2. 常见截面对形心以外轴的惯性矩

在工程实际问题中，许多组合图形的截面形心与各组成部分图形的截面形心并不重合。计算组合截面形心惯性矩时要应用到**平行轴定理**，其表达式为

$$I_z = I_{zC} + a^2 A \quad (7\text{-}6)$$

组合截面的惯性矩

惯性矩的平行轴定理表明：截面对任一坐标轴的惯性矩（I_z）等于它对平行于该轴的形心轴的惯性矩（I_{zC}）与一附加项之和，这附加项等于截面面积（A）与两轴之间距离平方的乘积（$a^2 A$）。因为附加项 $a^2 A$ 恒为正，所以截面对各平行轴的惯性矩 I_z 中，以对形心轴的惯性矩 I_{zC} 为最小。

二、组合截面惯性矩

设组合截面由两个或两个以上部分（简单图形）组成。各部分面积分别为 A_1、A_2、$\cdots$、A_n，根据惯性矩的定义以及定积分的概念，组合截面 A 对某坐标轴（z）的惯性矩（I_z）等于其各组成部分（A_i）对同一坐标轴（z）的惯性矩 $[I_z(i)]$ 之和，即

$$I_z = \int_A y^2 \mathrm{d}A = \int_{A_1} y^2 \mathrm{d}A + \int_{A_2} y^2 \mathrm{d}A + \cdots + \int_{A_n} y^2 \mathrm{d}A$$

【**例 7-7**】　图 7-16 所示为一圆形截面，z 轴和 y 轴是通过截面形心 C 的一对正交轴，试计算该圆形截面对形心 C 的极惯性矩、对 z 轴和 y 轴的惯性矩。

解： 先计算截面对形心的极惯性矩 I_P。

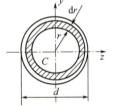

图 7-16

如图 7-16 所示，在半径 r 处，取宽度为 $\mathrm{d}r$ 的圆环作为微元面，微元面的面积 $\mathrm{d}A = 2\pi r \mathrm{d}r$，则

$$I_\mathrm{P} = \int_A \rho^2 \mathrm{d}A = \int_0^{d/2} 2\pi r^3 \mathrm{d}r = \frac{\pi d^4}{32}$$

根据对称性有 $I_z = I_y$，应用 $I_\mathrm{P} = 2I_z = 2I_y$，得

$$I_z = I_y = \frac{\pi d^4}{64}$$

其他简单图形截面的惯性矩可以查阅表 7-2 或有关手册，标准型钢的惯性矩可以在附录查阅。

【**例 7-8**】　图 7-17 所示为一组合截面，z 轴和 y 轴是通过截面形心 C 的一对正交轴，试

计算该组合截面对 z 轴和 y 轴的惯性矩。

解：这是机械工程中常见的组合截面，在一根直径为 d 的轴上钻一个直径为 φ 的圆孔。

(1) 计算 I_z。组合截面由圆形截面 I 和矩形截面 II 组成，z 轴既是通过组合截面形心的对称轴，也是圆形截面和矩形截面形心的对称轴，应用圆形截面和矩形截面惯性矩的计算公式得

$$I_z = I_{z1} + I_{z2} = \frac{\pi d^4}{64} - \frac{\varphi d^3}{12}$$

(2) 同理可以计算出

$$I_y = \frac{\pi d^4}{64} - \frac{d\varphi^3}{12}$$

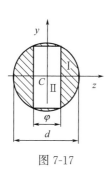
图 7-17

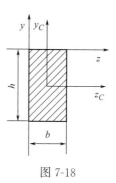
图 7-18

【例 7-9】 计算图 7-18 所示的矩形截面对 z 轴和 y 轴的惯性矩。

解：由图可知，矩形截面形心 C 在 zy 坐标系中的坐标为

$$z_C = \frac{b}{2}, y_C = -\frac{h}{2}$$

已知截面对其形心轴的惯性矩为

$$I_{zC} = \frac{bh^3}{12}, I_{yC} = \frac{hb^3}{12}$$

应用平移定理得

$$I_z = I_{zC} + \left(\frac{h}{2}\right)^2 A = \frac{bh^3}{12} + \left(\frac{h}{2}\right)^2 bh = \frac{bh^3}{3}$$

$$I_y = I_{yC} + \left(\frac{b}{2}\right)^2 A = \frac{hb^3}{12} + \left(\frac{b}{2}\right)^2 bh = \frac{hb^3}{3}$$

【例 7-10】 图 7-19 所示为 T 形截面，试求截面对形心轴 z 的惯性矩。

解：**(1)** 确定截面形心 C 的位置。建立参考坐标系 Oy_Cz，如图 7-19 所示。将截面分为两个矩形（I 和 II），其面积及形心的纵坐标分别为

$$A_1 = 60 \times 20 = 1200(\text{mm}^2), y_{C1} = 40 + \frac{20}{2} = 50(\text{mm})$$

$$A_2 = 40 \times 20 = 800(\text{mm}^2), y_{C2} = \frac{40}{2} = 20(\text{mm})$$

根据计算形心的公式，组合截面形心 C 的总坐标为

$$y_C = \frac{A_1 y_{C1} + A_2 y_{C2}}{A_1 + A_2} = \frac{60 \times 20 \times 50 + 40 \times 20 \times 20}{60 \times 20 + 40 \times 20} \text{mm} = 38\text{mm}$$

(2) 求截面对形心轴 z_C 的惯性矩 I_{zC}。根据组合截面惯性矩的计算公式有

$$I_{zC} = I_{zC}(\text{I}) + I_{zC}(\text{II})$$

对于矩形Ⅰ和Ⅱ，z_C轴都不通过各自的形心，因而需要应用平移定理。根据平移定理得

$$I_{zC}(Ⅰ)=\frac{60\times 20^3}{12}+60\times 20\times \left(60-38-\frac{20}{2}\right)^2$$

$$=4.0\times 10^4+17.28\times 10^4=21.28\times 10^4 \text{（mm}^4\text{）}$$

$$I_{zC}(Ⅱ)=\frac{20\times 40^3}{12}+40\times 20\times (38-20)^2$$

$$=10.67\times 10^4+25.92\times 10^4=36.59\times 10^4 \text{（mm}^4\text{）}$$

再由组合截面惯性矩的计算公式得

$$I_{zC}=I_{zC}(Ⅰ)+I_{zC}(Ⅱ)=21.28\times 10^4+36.59\times 10^4=57.87\times 10^4 \text{（mm}^4\text{）}$$

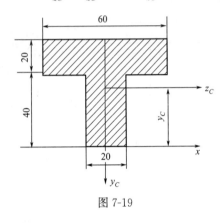

图 7-19

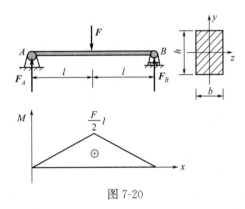

图 7-20

【**例 7-11**】 已知图 7-20 所示为低碳钢材料制作的矩形截面简支梁，$[\sigma]=80\text{MPa}$，中间受到 $F=50\text{kN}$ 力作用，$h=2b=80\text{mm}$，$l=100\text{mm}$，试校核梁的强度。

解：(1) 画梁受力图，求约束力。

$$\sum F_y=0 \quad F_A+F_B-F=0$$
$$\sum M_A=0 \quad F_B\times 2l-Fl=0$$
$$F_A=\frac{F}{2} \quad F_B=\frac{F}{2}$$

(2) 画弯矩图，得出最大弯矩。

$$M_{\max}=\frac{F}{2}l$$

(3) 校核梁的强度。

$$\sigma_{\max}=\frac{M_{\max}}{W_z}=\frac{Fl}{2\times\frac{bh^2}{6}}=\frac{3Fl}{bh^2}$$

$$=\frac{3\times 50\times 10^3\times 100}{40\times 80^2}=58.6\text{MPa}\leqslant[\sigma]$$

梁弯曲变形的强度

因为最大应力没有超过许用应力，所以梁的强度足够。

【**例 7-12**】 图 7-21(a) 所示为圆截面外伸梁，其外伸部分是空心的，$D=140\text{mm}$，$d=100\text{mm}$，梁的受力情况及尺寸（单位：mm）如图 7-21 所示，已知 $F=10\text{kN}$，$q=5\text{kN/m}$，试求梁的最大正应力。

解：(1) 计算支座约束力。画出梁的受力图，如图 7-21(b) 所示。列出平衡方程求出：

$$F_{Ay}=17.5\text{kN} \quad F_{NB}=32.5\text{kN}$$

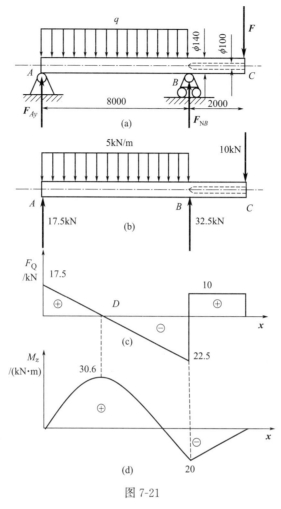

图 7-21

(2) 确定危险截面和其上的弯矩值。根据剪力方程和弯矩方程画出剪力图和弯矩图,如图 7-21(c)、(d) 所示。由弯矩图可以看出,最大弯矩发生在 $x_D=3500$mm 的 D 截面上,故 D 截面有可能为危险截面。但应注意到外伸端为空心圆截面,其上 B 截面的弯矩也较大,故 B 截面也有可能为危险截面。

(3) 计算梁的最大正应力。

D 截面:

$$\sigma_{\max}=\frac{M_z}{W_z}=\frac{32M_z}{\pi D^3}$$

$$=\frac{32\times30.6\times10^6}{\pi\times140^3}=114\text{（MPa）}$$

B 截面: $\sigma_{\max}=\dfrac{M_z}{W_z}=\dfrac{32M_z}{\pi D^3(1-\alpha^4)}=\dfrac{32\times20\times10^6}{\pi\times140^3\left[1-\left(\dfrac{100}{140}\right)^4\right]}=100$(MPa)

得梁的最大正应力发生在 D 截面上,$\sigma_{\max}=114$MPa。

【例 7-13】 图 7-22(a) 所示为螺栓压板夹紧装置。已知 $a=50$mm,压板材料的许用应力 $[\sigma]=140$MPa,试计算压板夹紧工件的最大许可压紧力 $[F]$。

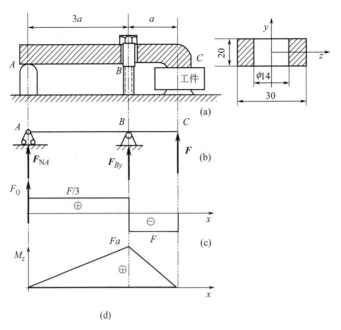

图 7-22

解：（1）确定危险截面和其上的弯矩值。压板可抽象为图 7-22(b) 所示的外伸梁，由梁的外伸部分 BC 可以求出 B 截面的弯矩 $M_{zB}=Fa$，根据无集中力偶梁的左、右端点弯矩等于零，绘制出的剪力图与弯矩图如图 7-22(c)、(d) 所示。最大弯矩作用在 B 截面上，$M_{\max}=M_{zB}=Fa$。

（2）计算抗弯截面系数 W_z。危险截面 B 处由两个矩形组成，z 轴即通过组合截面形心的对称轴，也是两个矩形截面形心的对称轴，应用矩形截面惯性矩的计算公式得

$$I_z = I_{z1} - I_{z2} = \frac{30 \times 20^3}{12} - \frac{14 \times 20^3}{12} = 1.07 \times 10^4 \,(\mathrm{mm}^4)$$

$$W_z = \frac{I_z}{y_{\max}} = \frac{1.07 \times 10^4}{10} = 1.07 \times 10^3 \,(\mathrm{mm}^3)$$

（3）计算压板夹紧工件的最大许可压紧力 $[F]$。根据弯曲正应力强度条件：

$$\sigma_{\max} = \frac{M_z}{W_z} = \frac{F \times 50}{1.07 \times 10^3} \leqslant 140 \mathrm{MPa}$$

得

$$F \leqslant \frac{1.07 \times 10^3 \times 140}{50} = 2996 (\mathrm{N}) = 2.996 (\mathrm{kN})$$

【例 7-14】 图 7-23(a) 所示为 T 形截面铸铁梁，已知铸铁的许用拉应力 $[\sigma]^+=30\mathrm{MPa}$，许用压应力 $[\sigma]^-=60\mathrm{MPa}$，T 形截面尺寸如图 7-23(e) 所示，截面对形心轴 z_C 的惯性矩 $I_{zC}=763\mathrm{cm}^4$，$y_1=52\mathrm{mm}$，$y_2=88\mathrm{mm}$，试校核梁的弯曲正应力强度。

解：（1）计算支座约束力。画出梁的受力图，如图 7-23(b) 所示。列出平衡方程求出：

$$F_{Ay}=2.5\mathrm{kN} \qquad F_{NB}=10.5\mathrm{kN}$$

（2）确定危险截面和其上的弯矩值。根据剪力图与弯矩图的特征，剪力图是三条平行于 x 轴的直线，在集中力作用处发生突变。右端点的弯矩 $M_{zD}=0$，左端点的弯矩 $M_{zA}=0$。绘制出的剪力图与弯矩图如图 7-23(c)、(d) 所示。最大正弯矩在 C 截面，$M_C=2.5\mathrm{kN \cdot m}$；最大负弯矩在 B 截面，$M_B=4\mathrm{kN \cdot m}$；故 B 截面有可能为危险截面。但应注意铸铁的拉伸

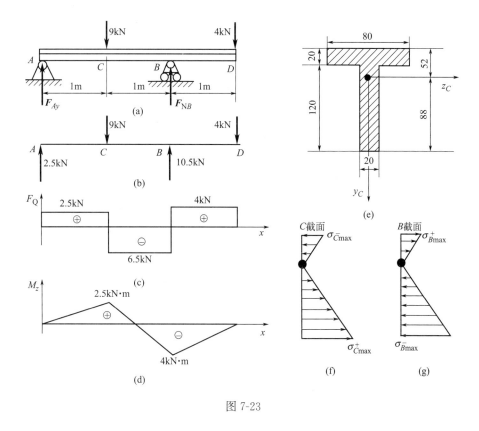

图 7-23

强度和压缩强度不相同，C 截面的正弯矩也较大，故 C 截面也有可能为危险截面。

(3) 校核梁 B 截面上的弯曲正应力强度。B 截面处的最大拉应力发生在截面上边缘的各点处，最大压应力发生在截面下边缘的各点处，如图 7-23(g) 所示。根据弯曲正应力强度条件：

$$\sigma_{B\max}^+ = \frac{M_B y_1}{I_z} = \frac{4 \times 10^6 \times 52}{763 \times 10^4} \text{MPa} = 27.3 \text{MPa} \leqslant [\sigma]^+ = 30 \text{MPa}$$

$$\sigma_{B\max}^- = \frac{M_B y_2}{I_z} = \frac{4 \times 10^6 \times 88}{763 \times 10^4} \text{MPa} = 46.1 \text{MPa} \leqslant [\sigma]^- = 60 \text{MPa}$$

(4) 校核梁 C 截面上的弯曲正应力强度。C 截面处的最大拉应力发生在截面下边缘的各点处，最大压应力发生在截面上边缘的各点处，如图 7-23(f) 所示。根据弯曲正应力强度条件：

$$\sigma_{C\max}^+ = \frac{M_C y_2}{I_z} = \frac{2.5 \times 10^6 \times 88}{763 \times 10^4} \text{MPa} = 28.8 \text{MPa} \leqslant [\sigma]^+ = 30 \text{MPa}$$

$$\sigma_{C\max}^- = \frac{M_C y_1}{I_z} = \frac{2.5 \times 10^6 \times 52}{763 \times 10^4} \text{MPa} = 17.0 \text{MPa} \leqslant [\sigma]^- = 60 \text{MPa}$$

梁的弯曲强度足够。

从以上分析可以看出，梁的最大拉应力发生在 C 截面下边缘的各点处，最大压应力发生在 B 截面下边缘的各点处。对拉、压许用应力不等的材料强度校核时，既要校核最大正弯矩作用的截面处的正应力，也要校核最大负弯矩作用的截面处的正应力。

【例 7-15】 图 7-24(a) 所示为悬臂梁，在自由端点作用有集中力 $F=20\text{kN}$，已知：工字钢的材料的许用正应力 $[\sigma]=140\text{MPa}$，$l=1\text{m}$。试根据梁的弯曲强度条件，选择工字钢的型号。

解：(1) 计算支座约束力。画出梁的受力图，如图 7-24(b) 所示。列出平衡方程求出：
$$M_A = Fl \qquad F_{Ay} = F$$

(2) 确定危险截面和其上的弯矩值。根据剪力图与弯矩图的特征，剪力图是平行于 x 轴的直线，右端点的弯矩 $M_{zB}=0$，左端点的弯矩 $M_{zA}=-Fl$。绘制出的剪力图与弯矩图如图 7-24(c)、(d) 所示。最大弯矩作用在 A 截面上，$M_{z\max}=|M_{zA}|=20\text{kN}\cdot\text{m}$。

(3) 选择工字钢的型号。根据弯曲正应力强度条件：
$$\sigma_{\max} = \frac{M_z}{W_z} = \frac{20\times 10^6}{W_z} \leqslant 140\text{MPa}$$

得
$$W_z \geqslant \frac{20\times 10^6}{140} = 143\times 10^3 (\text{mm}^3)$$

查阅型钢规格表，选用 18 工字钢，其抗弯截面系数 $W_z=185\text{cm}^3$，比较合适。

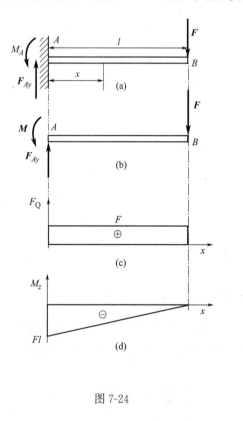

图 7-24

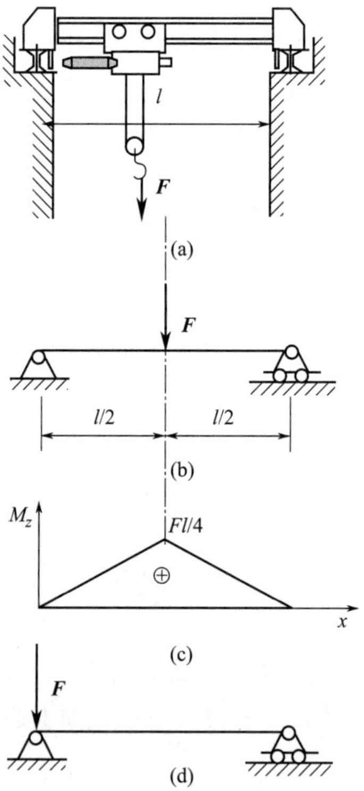

图 7-25

【例 7-16】 图 7-25(a) 所示为单梁吊车。梁的跨度 $l=8\text{m}$，由 No.45a 工字钢制成，材料的许用正应力 $[\sigma]=140\text{MPa}$，许用切应力 $[\tau]=80\text{MPa}$，试根据梁的弯曲强度条件，确定梁的许可起重量 $[F]$（不考虑梁的自重）。

解：(1) 确定危险截面及最大弯矩值。吊车梁可简化为简支梁，起吊重量通过行走小车传递到吊车梁上。小车轮子的间距与梁的跨度 l 相比甚小，故作用在梁上的载荷可简化为一集中力，如图 7-25(b) 所示。

可以证明，当小车移动到梁的跨度中点时，梁的弯矩最大。这时梁的弯矩图，如图 7-25（c）所示。梁跨度中点截面为危险截面，最大弯矩值为

$$M_{z\max}=\frac{Fl}{4}$$

(2) 确定许可载荷 [F]。由型钢表中查得 No.45a 工字钢 $W_z=1430\times10^3\text{mm}^3$，根据弯曲强度条件：

$$\sigma_{\max}=\frac{M_{z\max}}{W_z}=\frac{Fl/4}{1430\times10^3}\leqslant140$$

得

$$F\leqslant\frac{140\times1430\times10^3\times4}{8\times10^3}=100\times10^3(\text{N})$$

因此，吊车的许可起重量 [F]=100kN。

> **任务实施**

铸铁材料圆截面悬臂梁 [图 7-26（a）] 受 $F=960\text{N}$ 力作用，$l=100\text{mm}$，许用拉应力 $[\sigma]^+=15\text{MPa}$，许用压应力 $[\sigma]^-=80\text{MPa}$，按照强度条件确定梁的直径 d。

解：(1) 画梁的受力图，求约束力。

$\sum F_x=0 \qquad F_{Ax}=0$

$\sum F_y=0 \qquad F_{Ay}-F=0 \qquad F_{Ay}=F$

$\sum M_A=0 \qquad M_A-Fl=0 \qquad M_A=Fl$

(2) 画弯矩图。得出 $M_{\max}=Fl$。

(3) 确定梁的直径。按许用拉应力计算：

$$\frac{M_{\max}}{W_z}\leqslant[\sigma]^+$$

$$d\geqslant\sqrt[3]{\frac{M_{\max}}{\pi[\sigma]^+/32}}=\sqrt[3]{\frac{32Fl}{\pi[\sigma]^+}}=\sqrt[3]{\frac{32\times960\times100}{\pi\times15}}$$

$$=\sqrt[3]{65\times10^3}\geqslant40\text{mm}$$

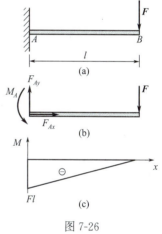

图 7-26

第六节　提高梁抗弯强度的主要措施

提高承载梁的弯曲强度就是指用尽可能少的材料，使承载梁能够承受尽可能大的载荷，达到既安全又经济的要求。设计梁的主要依据是弯曲正应力强度条件。从该强度条件中可以看出在所用材料不改变的情况下，梁的弯曲强度与其横截面的形状和尺寸以及外力所引起的弯矩有关。因此，为了提高承载梁的强度，主要从以下三个方面考虑。

一、选择合理的截面形状

(1) 根据截面的几何特性选择截面　根据最大弯曲正应力公式，梁的抗弯截面系数 W_z 愈大，最大正应力愈小，但另一方面，梁的截面积也将增大，所需的材料也就愈多。因此，最合理的截面形状是采用尽可能小的横截面积 A，获得尽可能大的抗弯截面系数 W_z，现将常用截面的比值 W_z/A 列于表 7-3 中。

表 7-3 常用截面的比值 W_z/A

截面形状	圆形(直径 h)	矩形(高度 h)	圆环(内直径 $0.8h$)	槽钢(高度 h)	工字钢(高度 h)
W_z/A	$0.125h$	$0.167h$	$0.205h$	$(0.27\sim 0.31)h$	$(0.27\sim 0.31)h$

圆形截面的比值最小，而圆环形、工字形、槽形 W_z/A 的值比较高，截面合理。这可以根据梁横截面弯曲正应力的分布规律来解释，因为弯曲时在梁截面上离中性轴越远，正应力越大。为了充分利用材料，应尽可能将中性轴附近的横截面面积移至上下边缘处。而圆截面恰巧相反，在中性轴附近聚集了较多的材料，使其不能充分发挥作用。为了将材料移至上下边缘处，可将圆截面改成截面积相等的圆环截面，其比值可以大大提高。同样，对矩形截面，在不破坏截面整体的前提下，我们可将中性轴附近的面积移至上下边缘处，就变成了工程结构常用的空心截面、工字形截面、箱形截面等合理截面。例如活扳手的手柄、吊车梁等都做成工字形截面。

(2) 根据材料的特性选择截面 对于抗拉能力与抗压能力相等的塑性材料（如钢），应采用工字形等具有对称于中性轴特点的截面，这样可使截面上下边缘的最大拉应力和最大压应力同时达到许用应力，使材料得以充分利用；对于像铸铁一类的脆性材料，由于抗拉能力低于抗压能力，因此，在选择截面时，最好使中性轴靠近受拉的一边，通常采用 T 形截面等截面，应设计为离中性轴距离最远的点承受压应力，从而使最大拉应力值达到最小。

二、采用变等截面梁和等强度梁

梁的强度计算中，主要是以限制危险面上危险点的正应力小于或等于许用应力为依据。一般在载荷作用下，梁上的弯矩沿着梁长方向各不相等。因此，当危险面上危险点的正应力达到许用应力时，其他截面上的最大正应力尚未达到这一数值，从节省材料、减轻结构重量的角度，这样的设计不尽合理。为了节省材料及减轻构件重量，常常在弯矩较大处采用尺寸较大的横截面；在弯矩较小处采用尺寸较小的横截面，即截面尺寸随弯矩的变化而变化，这就是变截面梁。进而，还可以将变截面梁设计成等强度梁：梁上每个横截面上的最大弯曲正应力都同时等于材料的许用应力值。显然，等强度梁的材料利用率最高、重量最轻，因而是最合理的。但由于这种梁的截面尺寸沿着梁的轴线连续变化，加工制造时有一定的难度，故一些实际弯曲构件大都设计成近似的等强度梁。例如建筑结构中的"鱼腹梁"[图 7-27(a)]、电机转子的"阶梯轴"[图 7-27(b)] 等均属此例。

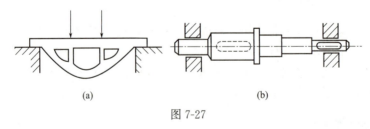

图 7-27

三、合理安排承载梁的受力情况

为提高承载梁的强度，还可以通过改善梁的受力或改变支座位置使承载梁的弯矩的最大值尽量降低。

(1) 载荷的合理布置 增加辅助梁是降低最大弯矩值的有效措施。例如图 7-28(a) 所示的简支梁，在跨度中点受一集中力 F 作用，其最大弯矩 $M_{z\max}=Fl/4$。若在此梁中部增加长度为 $l/2$ 的辅助梁，辅助梁通过支座便将集中载荷 F 分成两个大小相等的集中力 $F/2$，再加到主梁上，同时改变了主梁上力的作用点，此时主梁的弯矩图如图 7-28(b) 所示，最大弯矩变为 $M_{z\max}=Fl/8$，仅为原来最大弯矩的一半。

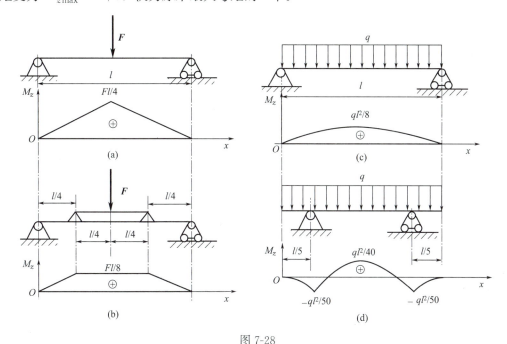

图 7-28

(2) 支座的合理布置 适当改变支座位置可以有效地降低最大弯矩值。例如图 7-28(c) 所示简支梁受分布载荷 q 作用，梁的最大弯矩值 $M_{z\max}=ql^2/8$。若两端支座各向内移动 $l/5$ [图 7-28(d)]，则梁的最大弯矩值 $M_{z\max}=ql^2/40$，仅为原来最大弯矩的 $1/5$。但是要注意的是，当将梁的支座的位置向中点移动，梁的中间截面弯矩降低的同时，梁的支座处截面上弯矩却随之增加。

应该指出：在实际设计构件时，不仅要考虑弯曲强度，还要考虑刚度、稳定性、加工工艺及结构功能等诸多因素。

第七节　弯曲切应力概念

对于在横向载荷作用下的梁，其横截面上的内力除弯矩外还有剪力，而剪力将引起切应力。在一般细长的非薄壁截面的梁中，弯曲正应力是决定梁强度的主要因素，因此只需按弯曲正应力进行强度计算。但在某些情形下，例如薄壁截面梁、细长的梁在支座附近有集中载荷作用等，其横截面上的切应力可能达到很大数值，致使结构发生强度失效。这时，对梁进行强度计算时，不仅要考虑弯曲正应力，而且要考虑弯曲切应力。

分析研究结果表明，横向力弯曲梁的横截面上任意点的切应力公式为

$$\tau=\frac{F_Q S_z}{I_z b} \tag{7-7}$$

式中，F_Q 为所要求应力截面上的剪力；I_z 为整个截面图形对中性轴的惯性矩；b 为横

截面上所求应力点处的宽度；S_z 为通过所求应力的点作中性轴的平行线，此平行线外侧（或内侧）的截面面积对中性轴的静矩。

分析研究结果还表明，对于在横向载荷作用下的矩形、圆形截面梁，最大切应力 τ_{max} 发生在中性轴上的各点处，τ_{max} 的方向都平行于 y 轴，工程上常用截面梁的最大切应力 τ_{max} 的计算公式可查阅表 7-4。

表 7-4　常用简单截面的最大切应力

截面图形	切应力分布规律	横截面面积 A	最大切应力 τ_{max}
矩形	抛物线	$A=bh$	$\tau_{max}=\dfrac{3F_Q}{2A}$
圆形 直径 d	抛物线	$A=\dfrac{\pi}{4}d^2$	$\tau_{max}=\dfrac{4F_Q}{3A}$
圆环 内径 d 外径 D	抛物线	$A=\dfrac{\pi}{4}(D^2-d^2)$	$\tau_{max}=\dfrac{2F_Q}{A}$

最大切应力一般位于截面的中性轴上，而中性轴上各点的弯曲正应力为零，所以最大切应力作用点属于纯剪切状态，其强度条件为

$$\tau_{max} \leqslant [\tau] \tag{7-8}$$

在大多数情况下，切应力要比弯曲正应力小得多，而横截面上最大正应力作用点处，切应力等于零（如矩形截面上下边缘各点），因而只需对最大正应力点作强度计算。只是在以下几种情形下，必须对最大切应力点作强度计算。

(1) 支座附近作用有较大的载荷，此时梁的最大弯矩较小，但最大剪力却可能较大。

(2) 焊接或铆接工字形薄壁截面梁，其腹板宽度较小而截面高度较大，此时腹板上的剪应力可能较大。

(3) 各向异性材料梁，例如木梁，由于木材在顺纹方向的抗切强度差，因而中性层上的切应力可能超过许用值，使梁沿中性层发生剪切破坏。

在梁的横截面设计中，一般是先按弯曲正应力进行强度计算，即按强度条件确定截面尺寸，必要时再校核梁的最大弯曲剪应力是否满足剪切强度条件。

第八节　弯曲的变形和刚度计算

一、弯曲的变形

从平面弯曲的概念我们已经知道，梁的轴线在其纵向对称平面内弯曲成一条连续而光滑

的曲线。以图 7-29 所示的梁为例，取梁在变形前的轴线为 x 轴，建立 Oxy 坐标系，梁的左端为坐标原点 O，y 轴垂直向上，在平面弯曲和弹性范围内加载的情况下，**梁变形后的轴线将弯曲成在 xy 平面内的一条连续而光滑的曲线，这条曲线称为挠曲线**。梁的弯曲变形可用两个基本量来度量。**挠度 y：梁变形后，其上任意横截面的形心在垂直于梁 x 轴（轴）方向的线位移，称为该点的挠度，用 y 表示。**

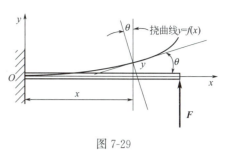

图 7-29

挠度的单位为 mm。在图 7-29 所示的坐标系中，挠度的正负规定为：向上的挠度为正，向下的挠度为负；梁上各截面的挠度 y，随着截面位置 x 的不同而改变，这种变化规律可用方程来表示：

$$y=f(x) \tag{7-9}$$

此方程称为挠曲线方程。

转角 θ：梁变形后，其上任意横截面相对于变形前初始位置（绕中性轴）所转过的角度，称为该截面的转角，用 θ 表示。 转角的单位为弧度（rad）。在图 7-29 所示的坐标系中，逆时针绕横截面形心转向的转角为正，顺时针转向的转角为负。

根据平面假设，梁的横截面在变形前垂直于轴线，变形后仍垂直于任一点挠曲线。所以，任一横截面的转角，也可用挠曲线上与该截面对应点处的切线与 x 轴的夹角来表示。由于转角 θ 很小，有

$$\theta \approx \tan\theta = \frac{\mathrm{d}y}{\mathrm{d}x} = y' = f'(x) \tag{7-10}$$

上式表明：**挠曲线上任一点处切线斜率等于该点处横截面的转角 θ**。因此，研究梁变形的关键在于建立挠曲线方程，由此便能确定梁轴线任一点的挠度和任一横截面的转角的大小和转向。

二、挠曲线的近似微分方程

在研究纯弯曲梁的正应力问题中，曾得到在弹性范围内，梁弯曲后中性层的曲率表达式，这一表达式也是确定挠曲线曲率的公式，即

$$\frac{1}{\rho} = \frac{M_z}{EI_z}$$

对于一般的梁，在横向力弯曲时，剪力对变形的影响很小，可以略去不计，故上列关系式仍可应用。不过在横向力弯曲中，弯矩与曲率都随截面的位置而改变，即它们都是 x 的函数，因此上式必须写成

$$\frac{1}{\rho(x)} = \frac{M_z(x)}{EI_z} \tag{7-11}$$

应用高等数学知识可以证明并推导出

$$\frac{\mathrm{d}^2 y}{\mathrm{d}x^2} = \frac{M_z(x)}{EI_z} \tag{7-12}$$

上式称为挠曲线的近似微分方程。式中 $M_z(x)$ 是弯矩方程。应用式（7-12）可求得转角方程、挠曲线方程。

【例 7-17】 等刚度悬臂梁在自由端点处承受集中力作用，如图 7-30（a）所示。若 F、

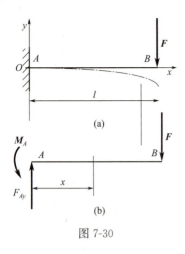

图 7-30

EI_z、l 等均已知,试求:梁的挠度方程和转角方程,并确定加力点处 B 截面的挠度与转角。

解:以刚度悬臂梁的左端点为原点,建立 Oxy 坐标系,如图 7-30(a) 所示。

(1) 建立弯矩方程。由梁的平衡条件求得 A 端约束力为:$F_{Ay}=F$,$M_A=Fl$,方向如图 7-30(b)所示。应用截面法建立弯矩方程,因 AB 段上($0 \leqslant x \leqslant l$)无载荷突变,故可用一个函数描述弯矩的变化规律,即

$$M_z = Fx - Fl \qquad (0 \leqslant x \leqslant l)$$

(2) 建立挠曲线微分方程并积分。考虑到为等刚度梁,EI_z 为常数,将弯矩方程代入式(7-12),得到挠曲线微分方程:

$$\frac{d^2 y}{dx^2} = \frac{M_z(x)}{EI_z} = \frac{Fx - Fl}{EI_z}$$

积分一次得

$$\theta(x) = \frac{dy}{dx} = \frac{F}{EI_z}\left(\frac{x^2}{2} - lx\right) + C \qquad (a)$$

再积分一次得

$$y(x) = \frac{F}{EI_z}\left(\frac{x^3}{6} - \frac{lx^2}{2}\right) + Cx + D \qquad (b)$$

(3) 利用边界条件确定积分常数。在梁的固定端点处,横截面的挠度和转角为零,即

$$x=0, \theta(0)=0; x=0, y(0)=0$$

将其代入式(a)、(b),得到积分常数:$C=0$,$D=0$。

(4) 确定挠度方程和转角方程。将所求得的积分常数($C=0$,$D=0$)代入式(a)、(b),便得到给定的悬臂梁的转角方程和挠度方程。

$$\theta(x) = \frac{F}{EI_z}\left(\frac{x^2}{2} - lx\right) \qquad (c)$$

$$y(x) = \frac{F}{EI_z}\left(\frac{x^3}{6} - \frac{lx^2}{2}\right) \qquad (d)$$

(5) 计算指定截面的挠度和转角。为计算加力点 B 截面的挠度与转角,只需将 $x=l$ 代入式(c)、(d),即可得到

$$\theta_B = \theta(l) = -\frac{Fl^2}{2EI_z} \qquad\qquad y_B = y(l) = -\frac{Fl^3}{3EI_z}$$

所得到的 θ_B 为负值,说明 B 截面的转角顺时针绕其形心转动;所得到的 y_B 为负值,说明 B 截面的挠度向下。因为梁上各处的弯曲为负值,挠曲线为凸形,其大致形状如图 7-30(a) 所示。

积分法是求梁变形的基本方法,在工程实际中,为应用方便起见,应用积分法已将简单载荷作用下等截面梁的挠度、转角的计算结果列成表格,可在《材料力学手册》或《机械设计手册》中查到,其中部分常用的在本章列入表 7-5 中,以供在使用时直接查用。

三、确定梁变形的叠加法

对于一些基本梁(简支梁、悬臂梁等):梁上的载荷比较简单时,其挠度和转角可以从挠度表中查到。梁承受复杂载荷而不能直接从挠度表查得结果时,则应用叠加,利用表 7-5

所列结果确定梁的位移，无须进行烦冗的计算。

所谓"**叠加法**"，是将梁上所承受的复杂载荷分解为几种简单载荷，然后利用表中结果分别求出各种载荷单独作用下，梁上同一位置处的挠度和转角，再将它们的代数值分别相加，最后得到复杂载荷作用下梁的挠度和转角。

应该指出：挠曲线微分方程所得到的梁的挠度和转角与载荷呈线性关系。这种线性关系，正是叠加法的基础。而力和位移间的线性关系只有在小变形和弹性范围内加载这两个前提下才成立，这两个前提即为叠加法适用的条件。

表 7-5　简单载荷作用下梁的挠度和转角

序号	梁的形式及其载荷	挠曲线方程	端截面转角	最大挠度
①	(悬臂梁端部受力偶 M)	$y(x) = -\dfrac{Mx^2}{2EI_z}$	$\theta_B = -\dfrac{Ml}{EI_z}$	$y_B = -\dfrac{Ml^2}{2EI_z}$
②	(悬臂梁自由端受集中力 F)	$y(x) = -\dfrac{Fx^2}{6EI_z}(3l-x)$	$\theta_B = -\dfrac{Fl^2}{2EI_z}$	$y_B = -\dfrac{Fl^3}{3EI_z}$
③	(悬臂梁受均布载荷 q)	$y(x) = -\dfrac{qx^2}{24EI_z}(x^2-4lx+6l)$	$\theta_B = -\dfrac{ql^3}{6EI_z}$	$y_B = -\dfrac{ql^4}{8EI_z}$
④	(简支梁左端受力偶 M)	$y(x) = -\dfrac{Mx}{6EI_z}(l-x)(2l-x)$	$\theta_A = -\dfrac{Ml}{3EI_z}$ $\theta_B = +\dfrac{Ml}{6EI_z}$	$x = 1 - l/1.732$ $y_{\max} = -\dfrac{Ml^2}{15.6EI_z}$ $x = l/2$ $y_{l/2} = -\dfrac{Ml^2}{16EI_z}$
⑤	(简支梁右端受力偶 M)	$y(x) = -\dfrac{Mx}{6EI_z}(l^2-x^2)$	$\theta_A = -\dfrac{Ml}{6EI_z}$ $\theta_B = +\dfrac{Ml}{3EI_z}$	$x = l/1.732$ $y_{\max} = -\dfrac{Ml^2}{15.6EI_z}$ $x = l/2$ $y_{l/2} = -\dfrac{Ml^2}{16EI_z}$
⑥	(简支梁受均布载荷 q)	$y(x) = -\dfrac{qx}{24EI_z}(l^3-2lx^2+x^3)$	$\theta_A = -\dfrac{ql^3}{24EI_z}$ $\theta_B = +\dfrac{ql^3}{24EI_z}$	$y_{\max} = -\dfrac{5ql^4}{384EI_z}$
⑦	(简支梁跨中受集中力 F)	$y(x) = -\dfrac{Fx}{48EI_z}(3l^2-4x^2)$ $(0 \leqslant x \leqslant l/2)$	$\theta_A = -\dfrac{Fl^2}{16EI_z}$ $\theta_B = +\dfrac{Fl^2}{16EI_z}$	$y_{\max} = -\dfrac{Fl^3}{48EI_z}$

续表

序号	梁的形式及其载荷	挠曲线方程	端截面转角	最大挠度
⑧	(图：简支梁AB，长度l，距A为a处作用力F，距B为b)	$y(x) = -\dfrac{Fbx}{6lEI_z}(l^2-x^2-b^2)$ $(0 \leqslant x \leqslant a)$ $y(x) = -\dfrac{Fa(l-x)}{6lEI_z} \times (x^2-a^2-2lx)$ $(a \leqslant x \leqslant l)$	$\theta_A = -\dfrac{Fab(l+b)}{6lEI_z}$ $\theta_B = +\dfrac{Fab(l+a)}{6lEI_z}$	$a>b$ $x=[(l^2-b^2)/3]^{3/2}$ $y_{\max} = -\dfrac{Fb(l^2-b^2)^{3/2}}{15.6lEI_z}$ $y_{l/2} = -\dfrac{Fb(3l^2-4b^2)}{48EI_z}$
⑨	(图：简支梁AB，距A为a处作用力偶M)	$y(x) = -\dfrac{Mx}{6lEI_z}(l^2-x^2-3b^2)$ $(0 \leqslant x \leqslant a)$ $y(x) = -\dfrac{M(l-x)}{6lEI_z} \times (2lx-3a^2-x^2)$ $(a \leqslant x \leqslant l)$	$\theta_A = +\dfrac{Mab(l^2-3b^2)}{6lEI_z}$ $\theta_B = +\dfrac{Ma(l^2-3a^2)}{6lEI_z}$	
⑩	(图：外伸梁，AB段长l，BC段长a，C端作用力F)	$y(x) = -\dfrac{Fax}{6lEI_z}(l^2-x^2)$ $(0 \leqslant x \leqslant l)$ $y(x) = -\dfrac{F(x-l)}{6lEI_z} \times [a(3x-l)-(x-l)^2]$ $(l \leqslant x \leqslant l+a)$	$\theta_A = +\dfrac{Fal}{6EI_z}$ $\theta_B = -\dfrac{Fal}{3EI_z}$ $\theta_C = -\dfrac{Fa}{6EI_z} \times (2l+3a)$	$y_{C\max} = -\dfrac{Fa^2(l+a)}{3EI_z}$

【例 7-18】 等刚度的简支梁受力如图 7-31(a) 所示。若 F、EI_z、l 等均已知，试求梁中点的挠度。

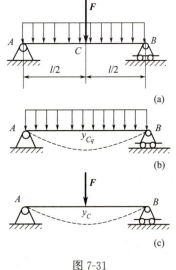

图 7-31

解： 首先将梁上载荷 F 和分布载荷 q 分别施加在梁上，如图 7-31(b)、(c) 所示。梁在 F、分布载荷 q 单独作用下中点的挠度的代数和，便等于梁在 F、分布载荷 q 共同作用下中点的挠度，于是有

$$y_C = y_{CF} + y_{Cq}$$

在分布载荷 q 单独作用下梁中点的挠度为

$$y_{Cq} = -\dfrac{5ql^4}{384EI_z}(\downarrow)$$

在集中力 F 单独作用下梁中点的挠度为

$$y_{CF} = -\dfrac{Fl^3}{48EI_z}(\downarrow)$$

叠加以上结果，求得梁在 F、分布载荷 q 共同作用下中点的挠度，即

$$y_C = -\dfrac{5ql^4}{384EI_z} - \dfrac{Fl^3}{48EI_z}(\downarrow)$$

四、梁的刚度计算

在工程设计中，对于承受弯曲构件的刚度要求，就是根据不同的技术要求，限制其最大挠度和转角（或特定截面的挠度和转角）不超过规定的数值，即

$$y_{\max} \leqslant [y] \tag{7-13}$$
$$\theta_{\max} \leqslant [\theta] \tag{7-14}$$

式中，$[y]$ 为许用挠度；$[\theta]$ 为许用转角。它们的数值是根据不同构件的加工工艺和技术要求而确定的，具体的数值从有关的设计手册查出。常见的许用挠度 $[y]$ 和许用转角 $[\theta]$ 的数值列于表 7-6 中。

表 7-6 常见的许用挠度 $[y]$ 和许用转角 $[\theta]$ 的数值

对挠度的限制		对转角的限制	
轴的类型	许用挠度$[y]$	轴的类型	许用转角$[\theta]$(弧度)
一般传动轴	$(0.0003\sim 0.0005)l$②	滑动轴承	0.001
刚度要求较高的轴	$0.0002l$②	向心球轴承	0.005
齿轮轴	$(0.01\sim 0.03)m$①	向心球面轴承	0.005
蜗轮轴	$(0.02\sim 0.05)m$①	圆柱滚子轴承	0.0025
		圆锥滚子轴承	0.0016
		安装齿轮的轴	0.001

① m 为齿轮模数。
② l 为两轴承之间的距离。

【例 7-19】 图 7-32 所示传动轴用钢制成，若已知 $F=20\text{kN}$，材料的弹性模量 $E=206\text{GPa}$，其他尺寸如图所示，轴承 B 处的许用转角 $[\theta]=0.5°$，试设计传动轴的直径 d。

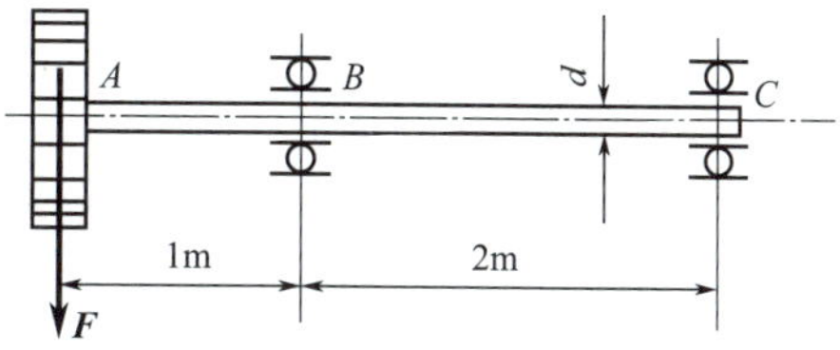

解：(1) 查表确定轴承 B 处的转角。
由表 7-5 的第 10 号可得
$$\theta_B = \frac{Fal}{3EI_z}$$

图 7-32

(2) 根据刚度条件设计传动轴的直径。
在使用刚度条件时，应考虑到单位的一致性，由式(7-14)得
$$\theta_B = \frac{Fal}{3EI_z} \times \frac{180°}{\pi} = \frac{20\times 10^3 \times 10^3 \times 2\times 10^3}{3\times 206\times 10^3 \times \pi d^4/64} \times \frac{180°}{\pi} \leqslant [\theta]=0.5°$$

得
$$d \geqslant \sqrt[4]{\frac{64\times 20\times 10^3 \times 10^3 \times 2\times 10^3 \times 180}{3\times \pi^2 \times 206\times 10^3 \times 0.5}} = \sqrt[4]{151\times 10^6}\,(\text{mm}) \approx 111(\text{mm})$$

取 $d=111\text{mm}$。

五、提高梁弯曲刚度的措施

所谓提高梁的刚度，是指使梁在外载荷作用下，产生尽可能小的弹性位移。根据表 7-6 可以分析，梁的位移不仅与载荷有关，而且与梁长度、抗弯曲刚度及约束条件有关。综合以上各种因素，我们可以采取下列一些措施来提高梁的弯曲刚度。

(1) 减少梁长和增加支承约束 梁的长度 l 对弯曲变形影响最大，因为挠度与跨度三次方（集中载荷时）或四次方（分布载荷时）成正比。故在可能条件下，尽量减少梁的跨度是提高其弯曲刚度的最有效措施。

在跨度不能缩短的情况下，可采取增加支承约束的方法提高梁的刚度。例如在镗长孔时

安装尾架，镗深孔时在镗杆装上木垫块。在车削细长工件时，由切削力而引起的弯曲变形，造成吃刀深度不足，而出现锥度，如在工件的自由端点使用尾架顶针，则锥形显著减小。若再使用跟刀架，就大大减少因细长工件本身变形而引起的加工误差。这些措施，实际上就是通过增加支承约束，减小跨度，来提高梁的刚度。

（2）增大梁的抗弯曲刚度 因各种钢材的弹性模量 E 的数值非常接近，故采用高强度优质钢材以提高弯曲刚度的意义不大，增加截面的惯性矩 I_z 则是提高抗弯曲刚度的主要途径。同强度问题一样，可以采用工字形或圆环等合理的截面形状。

（3）改善受力，减小弯矩 弯矩是引起梁变形的主要因素，而通过改善梁的受力状况可以减小弯矩，从而减小梁的挠度或转角。例如，将简支梁中点的集中力分散在两处施加或分布到全梁上，选择最佳的支座布置，梁的变形将明显减小。

（4）调整结构布局 调整结构布局也能减小梁的变形，即适当调整载荷方向，使各载荷引起的变形互相抵消一部分，达到减小变形的目的。如机床主轴，通过调整齿轮啮合的位置，可使齿轮之间的作用力 F_2 与切削力 F_1 同向［图 7-33(a) 所示的形式布局］，由于 F_1 及 F_2 在外伸端点变形的影响相互抵消一部分，所以主轴外伸端点变形较小。反之，如按图 7-33(b) 所示的形式设计，变形就大得多。

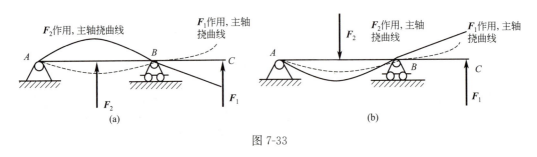

图 7-33

第九节　弯曲静不定梁的平衡

应用变形比较法求解静不定梁，可将多余约束去掉，代之以约束力。去掉多余约束后的"静定梁"，称为原静不定梁的"静定基"。在"静定基"上画出全部外载荷，并在去掉的多余约束处画出约束力，就得到了"静定梁"的相当系统。查变形表（表 7-5）比较外载荷和多余约束力在多余约束处的变形，即可解出多余约束力，使静不定梁的未知力全部求出。

【例 7-20】 图 7-34(a) 所示为一等刚度梁，若 q、l、E、I_z 等均为已知，试求全部约束力并画出等刚度梁的剪力图和弯矩图。

解：（1）判断静不定次数。在 A、B 两端共有四个未知约束力，而独立的平衡方程只有三个，故为一次静不定梁。

（2）选择"静定基"并建立相当系统。将支座 B 作为多余约束除去，得到的"静定基"为一悬臂梁。在悬臂梁上加上分布载荷 q，并在 B 处画出约束力 F_{By}，得到的相当系统如图 7-34(b) 所示。

（3）列出平衡、变形协调和物理方程，并联立求解全部未知约束力。

根据相当系统的整体平衡，列出平衡方程：

$$\left.\begin{array}{ll}\sum F_x=0 & F_{Ax}=0 \\ \sum F_y=0 & F_{Ay}+F_{By}-ql=0 \\ \sum M_A=0 & M_A+F_{By}l-\dfrac{ql^2}{2}=0\end{array}\right\} \quad \text{(a)}$$

变形协调方程：在多余约束 B 处，由分布载荷和约束力在竖直方向产生的挠度，必须与原静不定梁一致，故有

$$y_B=y_{Bq}+y_{BP}=0 \quad \text{(b)}$$

物理方程：(b) 式中 y_{Bq} 和 y_{BP} 分别为分布载荷和多余约束力引起的挠度，由表 7-5 查得：

$$y_{Bq}=-\dfrac{ql^4}{8EI_z} \quad y_{BP}=\dfrac{F_{By}l^3}{3EI_z} \quad \text{(c)}$$

将式 (c) 代入式 (b)，再代入式 (a)，解得

$$F_{By}=\dfrac{3}{8}ql,\ F_{Ay}=\dfrac{5}{8}ql,\ M_A=\dfrac{1}{8}ql^2$$

(4) 画弯矩图。因为作用在相当系统上的全部约束力均已求得，故可对相当系统画出如图 7-34(c)、(d) 所示的剪力图和弯矩图，其中：

$$|F_Q|_{\max}=\dfrac{5}{8}ql,\ |M_z|_{\max}=\dfrac{1}{8}ql^2$$

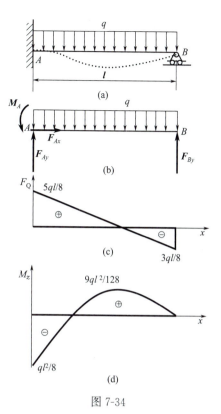

图 7-34

本章小结

一、直梁的平面弯曲
(1) 受力特点：外力沿着横向作用于梁的纵向对称平面。
(2) 变形特点：梁的轴线弯成一条平面曲线。

二、内力
剪力 F_Q 和弯矩 M 用截面法求解。绘制剪力图和弯矩图，判断危险截面。取截面的左侧：

$$F_Q(x)\overset{左}{=}\sum F_i=F_上-F_下$$

$$M(x)\overset{左}{=}\sum(F_ix_i+M_{Ci})=M_{C顺}-M_{C逆}$$

力矩是外力对截面形心的力矩。

三、弯曲应力和强度计算
(1) 直梁纯弯曲时，每个横截面绕自身中性轴转动了一个角度，以不变形的中性层为界限，一侧纵向线拉长，另一侧纵向线缩短，应力分布为线性分布，其大小用下列公式计算：

$$\sigma=\dfrac{M_z y}{I_z}$$

(2) 强度准则为

$$\sigma_{\max}=\dfrac{M_{\max}}{W_z}\leqslant[\sigma]$$

四、组合截面的惯性矩

（1）由定义可知，组合截面的惯性矩等于各简单图形截面对中性轴的惯性矩之和。

（2）组合截面形状的选取：对塑性材料宜选用上下对称于中性轴的截面形状；对脆性材料宜选用上下不对称于中性轴的截面形状。

五、提高梁弯曲强度的措施

以降低最大应力为目的，具体措施有：将载荷分散作用；向内移动铰支座；增加约束；合理选材；选取合适截面形状和尺寸。

六、弯曲切应力概念

剪切弯曲变形的最大切应力发生在截面中性轴上。强度准则为

$$\tau_{max} \leqslant [\tau]$$

一般情况下，对细长梁进行正应力强度计算；对薄壁梁或者短跨梁要进行正应力和切应力两类强度计算。

七、梁的变形和刚度

（1）变形：挠度 y 和转角 θ。应用叠加法和积分法对梁的变形进行求解。

（2）刚度条件：

$$y_{max} \leqslant [y]$$
$$\theta_{max} \leqslant [\theta]$$

八、弯曲静不定梁的平衡问题

应用变形比较法求解静不定梁。在去掉多余约束后的静定基上画出全部外载荷，建立静定梁的形式，应用刚度条件即可解出多余约束力，再列平衡方程解出全部约束力。

思考题

7-1 什么是弯曲？梁在什么情况下发生平面弯曲？

7-2 悬臂梁受到集中力作用，判断图 7-35 所示各种情况下，梁是否发生平面弯曲。

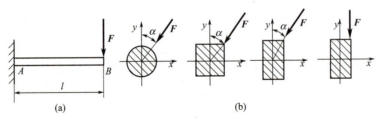

图 7-35

7-3 何谓剪力？何谓弯矩？如何计算剪力和弯矩？如何根据变形或外力确定剪力和弯矩的正负号？

7-4 试比较图 7-36 所示的剪力图和弯矩图：（1）判断四者的支座约束力是否相同。（2）判断四者的剪力图是否相同。（3）判断四者的弯矩图是否相同。（4）比较后总结出基本规律。

7-5 试比较图 7-37 所示的剪力图和弯矩图。已知 $a=l/3$，$b=l/8$。（1）判断四者的支座约束力是否相同。（2）判断四者的剪力图是否相同。（3）判断四者的弯矩图是否相同。（4）判断能否用集中力代替均匀分布载荷。

7-6 在集中力作用处，在集中力偶作用处，内力图有突变，能否说明梁在该处不连续，或内力不确定？如何解释这些现象？

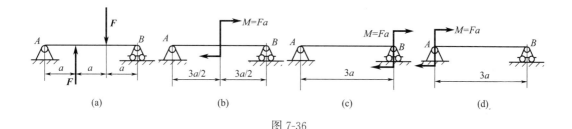

图 7-36

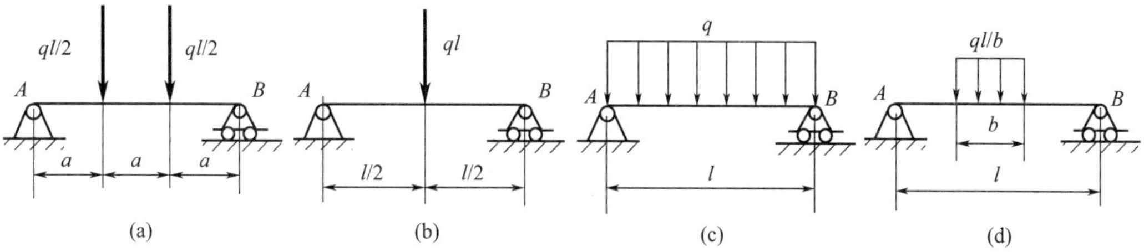

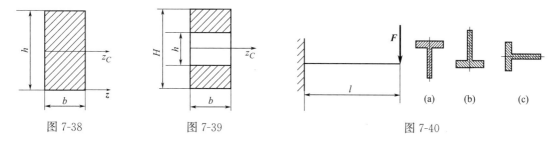

图 7-37

7-7 如何利用弯矩、剪力和分布载荷集度之间的微分关系校核或绘制剪力图和弯矩图？

7-8 何谓纯弯曲？何谓横向力弯曲？

7-9 纯弯曲正应力公式推导时采用了什么假设？根据是什么？该公式的应用范围如何？

7-10 何谓中性层？何谓中性轴？中性轴是否一定是截面的对称轴？

7-11 轴惯性矩与极惯性矩之间存在何种关系？

7-12 已知矩形截面（图 7-38）的 $I_z = \dfrac{bh^3}{3}$，能否直接计算 $I_{zC} = \dfrac{bh^3}{3} + \left(\dfrac{h}{2}\right)^2 bh$？为什么？

7-13 图 7-39 所示截面的抗弯截面系数是否等于 $W_z = \dfrac{bH^2}{6} - \dfrac{bh^2}{6}$？为什么？

图 7-38 图 7-39 图 7-40

7-14 矩形截面高度增加到原来的两倍，梁的承载能力增大到原来的几倍？若宽度增加到原来的两倍，梁的承载能力增大到原来的几倍？圆形截面的直径增加到原来的两倍，梁的承载能力增大到原来的几倍？

7-15 横向力弯曲时，最大的正应力与切应力分别发生在横截面上的什么位置？它们在横截面上是如何分布的？

7-16 图 7-40 所示的铸铁梁，从强度方面考虑，试分析图示的哪种 T 形截面放置最合理。

7-17 拉伸（压缩）与弯曲组合变形的危险截面是如何确定的？中性轴是否通过横截面的形心？危险点是如何确定的？强度条件是如何建立的？

7-18 图 7-41 所示杆件上对称地作用着两个力 **F**，其横截面上的最大正应力等于多少？若去掉一个力，其横截面上的最大正应力又等于多少？后者是前者的几倍？

7-19 图 7-42 所示为压力机立柱，用铸铁制成，从强度方面考虑，图示的哪种 T 形截面放置最合理？

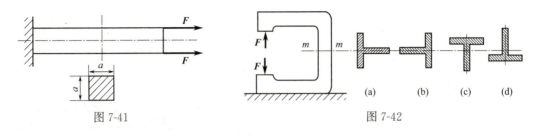

图 7-41   图 7-42

7-20 何谓挠曲线？何谓挠度？何谓转角？它们之间有何关系？
7-21 何谓叠加法？如何应用叠加法计算梁的挠度和转角？
7-22 提高梁弯曲强度有哪几项主要措施？
7-23 提高梁弯曲刚度有哪几项主要措施？

习 题

7-1 试计算图 7-43 所示的梁在指定截面的剪力和弯矩。设 q、a 为已知。

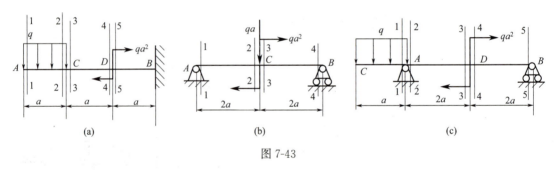

图 7-43

7-2 试列出图 7-44 中梁的剪力方程和弯矩方程，并绘制出梁的剪力图和弯矩图。设 q、a 为已知。

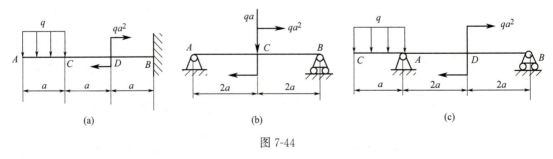

图 7-44

7-3 试绘制出图 7-45 中梁的剪力图和弯矩图。设 q、a 为已知。
7-4 试绘制出图 7-46 中梁的剪力图和弯矩图，并求出最大的剪力和最大的弯矩。设 q、a 为已知。

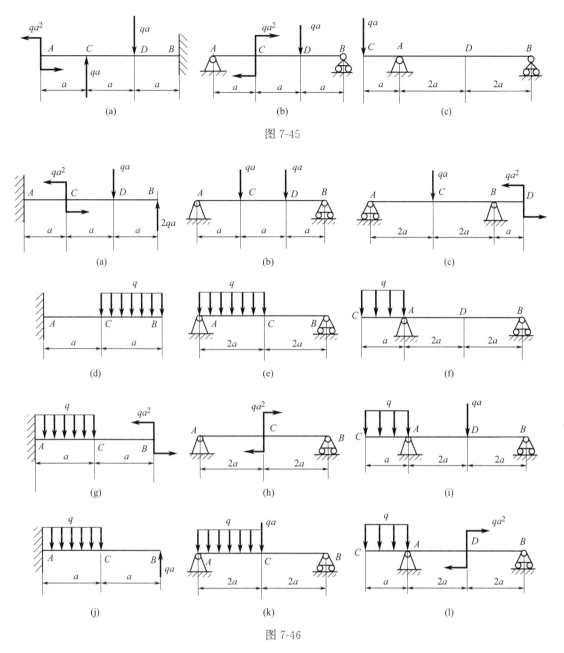

图 7-45

图 7-46

7-5 图 7-47 所示梁承受分布载荷作用，试画出弯矩图，分析哪个图约束位置安排得较合理。

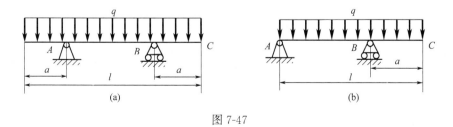

图 7-47

7-6 试计算图 7-48 所示截面对其形心轴 z_C 的惯性矩。

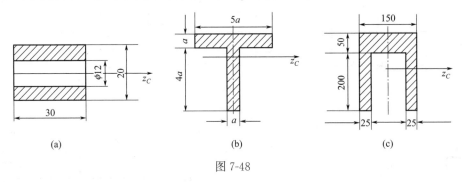

图 7-48

7-7 图 7-49 所示为矩形截面木梁，已知：$q=2\mathrm{kN/m}$，$l=3\mathrm{m}$，$h=2b=240\mathrm{mm}$。试求截面竖直放置和水平放置时，梁的最大正应力，并进行比较。

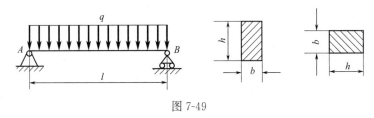

图 7-49

7-8 图 7-50 所示为矩形截面悬臂梁，已知截面 $b=60\mathrm{mm}$，$h=100\mathrm{mm}$，两跨长 $l=1000\mathrm{mm}$，$[\sigma]=120\mathrm{MPa}$。试确定梁的许可载荷 $[F]$。

7-9 图 7-51 所示为圆截面简支梁，已知截面直径 $d=50\mathrm{mm}$，作用力 $F=6\mathrm{kN}$，$a=500\mathrm{mm}$，$[\sigma]=120\mathrm{MPa}$，试按照正应力校核梁的弯曲强度。

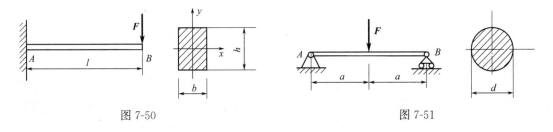

图 7-50   图 7-51

7-10 图 7-52 所示为作用集中力偶的外伸梁，梁的截面为圆环形截面，已知：$M=1.2\mathrm{kN\cdot m}$，$l=300\mathrm{mm}$，$a=100\mathrm{mm}$，$D=60\mathrm{mm}$，$[\sigma]=120\mathrm{MPa}$。试根据弯曲强度条件计算内径 d。

7-11 图 7-53 所示为作用分布载荷的外伸梁，已知：$q=12\mathrm{kN/m}$，$[\sigma]=160\mathrm{MPa}$。试按照弯曲强度条件选择梁的工字钢型号。

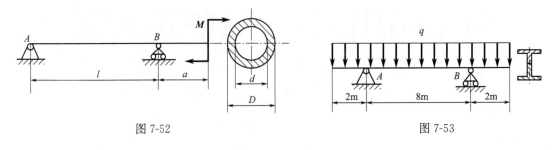

图 7-52   图 7-53

7-12 图 7-54 所示为螺钉与压板夹紧装置，已知：材料为优质碳钢，$\sigma_s = 380\text{MPa}$，安全系数选为 $n = 1.5$，$F = 1.1\text{kN}$，$a = 500\text{mm}$。试校核压板的弯曲强度。

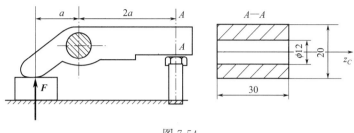

图 7-54

7-13 图 7-55 所示为作用分布载荷的外伸梁，梁的截面为圆形截面，已知：$q = 10\text{N/mm}$，$[\sigma] = 160\text{MPa}$。试确定截面尺寸 d。

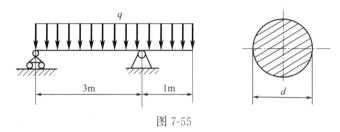

图 7-55

7-14 悬臂梁的受力和尺寸如图 7-56 所示，已知：$I_{zC} = 1.02 \times 10^8 \text{mm}^4$，$[\sigma]^+ = 40\text{MPa}$，$[\sigma]^- = 120\text{MPa}$。试校核其弯曲强度。

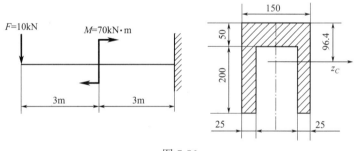

图 7-56

7-15 图 7-57 所示为一矩形截面简支梁，已知：$F = 5\text{kN}$，$a = 180\text{mm}$，$b = 30\text{mm}$，$h = 60\text{mm}$，试求竖放时和横放时梁横截面上的最大应力。

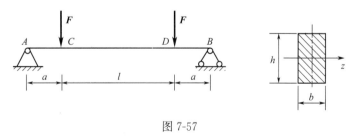

图 7-57

7-16 铸铁梁受力和截面尺寸如图 7-58 所示。已知：$q = 10\text{kN/m}$，$F = 2\text{kN}$，许用拉应力 $[\sigma_1] = 40\text{MPa}$，许用压应力 $[\sigma]_y = 160\text{MPa}$，试按正应力强度条件校核梁的强度。如果载荷不变，将 T 形截面倒置成 ⊥ 形，是否合理？

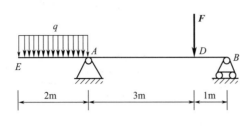
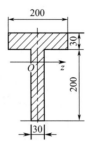

图 7-58

7-17 由表 7-5 查出图 7-59 所示梁的最大挠度和最大转角。

7-18 用叠加法计算图 7-60 所示梁的最大转角和挠度（$M=ql^2$）。

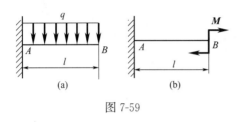
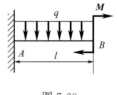

图 7-59   图 7-60

7-19 图 7-61 所示承受集中力的简支梁由工字钢制成，已知：$F=22$kN，$l=0.4$m，单位长度的许用挠度 $[y]=1/400$mm，$[\sigma]=160$MPa，$E=206$GPa。试确定工字钢的型号。

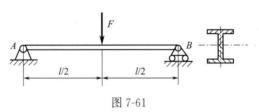

图 7-61

7-20 图 7-62（a）所示为等刚度圆形截面梁，承受分布载荷作用，图 7-62（b）为弯矩图，若已知 $q=75$N/mm，$l=2$m，$d=100$mm，$[\sigma]=100$MPa，试校核梁的强度。

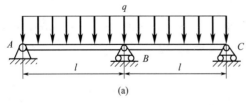

图 7-62

第八章
组合变形

 知识目标

1. 认知组合变形概念；
2. 理解轴承约束与约束反力；
3. 掌握减速器中轴的受力分析方法和步骤。

 能力目标

1. 能正确建立力学模型，实事求是，初步养成良好的科学思维习惯；
2. 能恰当建立轴的力学模型；
3. 能正确绘制轴的受力图；
4. 能正确进行变形分析和强度三类计算。

 素质目标

1. 培养团队协作意识；
2. 促进构建和谐社会；
3. 弘扬大国工匠精神。

 重点和难点

1. 轴的受力图；
2. 变形分析和强度计算。

任务引入

图 8-1 所示为传动轴，皮带轮的直径 $D=160$mm，皮带的拉力 $F_{T1}=5$kN，$F_{T2}=2$kN，轴的许用应力 $[\sigma]=80$MPa，齿轮节圆的直径轴的直径 $d_0=100$mm，压力角 $\alpha=20°$，试按照第三强度理论设计传动轴的直径 d。

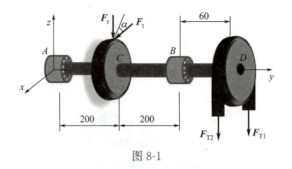

图 8-1

> 知识链接

第一节　组合变形简介

一、组合变形的概念

构件在外力作用下同时发生两种或两种以上基本变形的这类变形，称为组合变形。

前面各章节中分别讨论了杆件拉伸（压缩）、剪切、扭转和弯曲等基本变形。但在工程实际结构中的某些构件往往同时承受几种基本变形。

二、工程实例

烟囱：自重引起轴向压缩＋水平方向的风力而引起弯曲。

传动轴：在齿轮啮合力的作用下，发生弯曲＋扭转。

立柱：荷载不过轴线，为偏心压缩，等于轴向压缩＋纯弯曲（图 8-2）。

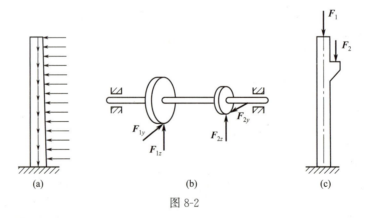

图 8-2

三、组合变形的常见方式

（1）拉伸（压缩）与弯曲组合变形。

（2）扭转和弯曲组合变形。

四、组合变形的研究方法

对于弹性状态的构件，将其组合变形分解为基本变形，考虑在每一种基本变形下的应力和变形，然后进行叠加。

五、解题步骤

（1）外力分析：绘制杆件的受力图，判断变形类型。
（2）内力分析：求出每个基本变形对应的内力方程和内力。
（3）强度计算：画危险截面应力分布图，叠加，建立危险点的强度条件。

第二节 拉伸（压缩）与弯曲组合变形

一、杆件在横向力和纵向力作用下的变形

拉伸（压缩）与弯曲的组合变形是工程中常见的一种变形，现以图 8-3(a) 为例进行分析说明强度计算的方法和解题步骤。

【例 8-1】 图 8-3(a) 所示为一起重机架，横梁 AB 由 20a 工字钢制成，总载荷 F=34kN，作用在梁 AB 的中点，材料的许用应力 $[\sigma]$ =140MPa，试校核横梁 AB 的强度。

解：（1）外力分析。选取梁为研究对象，画出受力图，如图 8-3(b) 所示，列出平衡方程：

$$\sum M_A(F)=0 \quad 2.4F_{BC}\times\sin30°-1.2F=0$$

得 $F_{BC}=\dfrac{1.2F}{2.4\times\sin30°}=34\text{kN}$

$$\sum F_x=0 \quad F_{Ax}-F_{BC}\cos30°=0$$

得 $F_{Ax}=F_{BC}\cos30°=29.44\text{kN}$

$$\sum F_y=0 \quad F_{Ay}+F_{BC}\sin30°-F=0$$

得 $F_{Ay}=-F_{BC}\sin30°+F=17\text{kN}$

根据 AB 受力图判断梁发生的变形。横梁在轴向压力 F_{Ax}、$F_{BC}\cos30°$ 作用下产生压缩变形[图 8-3(c)]；在横向力 $F_{BC}\sin30°$、F_{Ay}、F 作用下产生弯曲变形。因此横梁 AB 发生弯曲与压缩组合变形。

（2）内力分析。由横梁 AB 的受力图绘制出轴力图和弯矩图，确定危险截面，如图 8-3(d)、(f) 所示。据此，可确定 D 截面是危险截面，其内力值：
$F_{ND}=-29.44\text{kN} \quad M_D=F_{Ay}\times1.2=20.4\text{kN}\cdot\text{m}$

（3）应力分析。确定危险点。危险截面上与轴力 F_{ND} 和弯矩 M_D 对应的应力沿着梁高度的分布如图 8-4 所示，应力值为

$$\sigma_N=\dfrac{F_{ND}}{A} \quad \sigma_W=\dfrac{M_D}{W_z}$$

不难看出，a 点是最大的压应力点，b 点是最大的拉应力点，两点都为危险点。

（4）由应力状态建立强度条件。由于 σ_N、σ_W 都是正应力，因此应力可以代数相加，如图 8-4 所

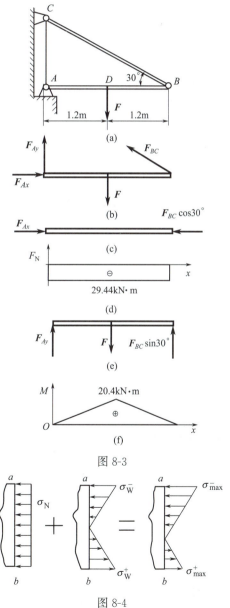

图 8-3

图 8-4

示。对于一般拉（压）强度相同的杆件，拉伸（压缩）与弯曲组合时的强度条件为

$$\sigma_{\max} = \left|\frac{F_N}{A}\right| + \left|\frac{M_{\max}}{W_z}\right| \leqslant [\sigma] \tag{8-1}$$

本例题横梁 AB 的材料为 20a 工字钢，拉伸、压缩强度相同，因此只需校核绝对值最大的应力。由型钢表可以查阅出抗弯截面系数 $W_z = 237\text{cm}^3$，$A = 35.5\text{cm}^2$，$|F_{ND}| = 29.44\text{kN}$，$|M_D| = 20.4\text{kN·m}$，代入式(8-1)，得

$$\sigma_{\max} = \left|\frac{F_N}{A}\right| + \left|\frac{M_{\max}}{W_z}\right| = \left|\frac{F_{ND}}{A}\right| + \left|\frac{M_D}{W_z}\right|$$

$$= \left|\frac{29.44 \times 10^3}{35.5 \times 10^{-4}}\right| + \left|\frac{20.4 \times 10^3}{237 \times 10^{-6}}\right| = 94.37 \text{ (MPa)} \leqslant [\sigma]$$

所以横梁 AB 强度足够。

二、杆件偏心拉伸（压缩）变形

如果外力的作用线与杆件的轴线平行，但不通过杆件横截面的形心，则将引起偏心拉伸

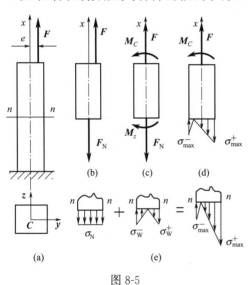

图 8-5

（压缩），即拉（压）弯组合变形。现以图 8-5(a) 为例进行分析说明强度计算的方法和解题步骤。

先计算内力，确定梁受到几种变形。用假想的截面 $n-n$ 把杆件截取开，选取上半部分研究，如图 8-5(b) 所示。也可以利用力的平移定理，将力 F 平行移到截面形心 C，得轴向拉力 F 和力偶矩 $M_C = Fe$，用假想的截面 $n-n$ 把杆件截取开，选取上半部分研究，如图 8-5(c) 所示。根据平衡条件求出轴力 $F_N = F$，弯矩 $M_z = Fe$。偏心压缩实际上仍是弯曲与压缩的组合，故其分析和强度计算的方法和解题步骤同弯曲与拉伸（压缩）组合变形相同。危险截面上与轴力 F_{ND} 和弯矩 M_D 对应的应力沿着梁高的分布如图 8-5(e) 所示，偏心拉伸（压缩）强度条件同式(8-1)。

【例 8-2】 一钻床如图 8-6(a) 所示，工作时最大的切削力 $F = 15\text{kN}$，立柱为铸铁，许用拉应力 $[\sigma]^+ = 35\text{MPa}$，试计算所需的直径 d。

解：（1）外力分析。外力 F 平行立柱轴线但不过截面形心，故为偏心拉伸。立柱发生拉伸和弯曲组合变形。

钻床立柱直径

（2）内力分析。用假想的 $n-n$ 截面把立柱截开，选取上半部分研究，如图 8-6(b) 所示。根据平衡条件求出轴力 $F_N = 15\text{kN}$ 和弯矩 $M_z = Fe = 15 \times 0.4 = 6\text{kN·m}$。

（3）应力分析，确定危险点。应力分析图如图 8-6(c) 所示，轴力和弯矩均在立柱内侧边缘产生拉应力，故此处为危险点。

$$\sigma_{\max}^+ = \frac{F_N}{A} + \frac{M_z}{W_z}$$

（4）设计立柱直径 d。因为 A、W_z 中均含有未知量 d，工程设计时，一般先根据弯曲正应力选择直径 d，然后校核最大拉应力。

由弯曲正应力强度条件：

$$\sigma_{\max}=\frac{M_z}{W_z}=\frac{6\times 10^6}{\pi d^3/32}\leqslant [\sigma]^+=35\text{MPa}$$

得

$$d\geqslant \sqrt[3]{\frac{32\times 6\times 10^6}{\pi \times 35}}\text{mm}=120.4\text{mm}$$

取 $d=122$mm，再按偏心拉伸（压缩）强度条件校核：

$$\sigma_{\max}^+=\frac{F_N}{A}+\frac{M_z}{W_z}=\left(\frac{4\times 15\times 10^3}{\pi \times 122^2}+\frac{32\times 6\times 10^6}{\pi \times 122^3}\right)\text{MPa}=34.9\text{MPa}<[\sigma]^+=35\text{MPa}$$

因此选择 $d=122$mm 满足偏心拉伸（压缩）强度条件。

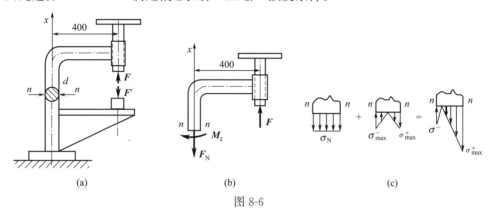

图 8-6

【例 8-3】 链环由直径 $d=12$mm 的圆钢弯曲制成，其形状如图 8-7(a) 所示。若已知链环承受的拉力 $F=800$N，$e=15$mm。

（1）求链环横截面上的正应力。

（2）链环直线段部分出现开口，求链环直线段部分的最大拉、压应力。

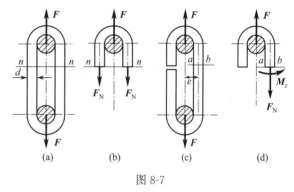

图 8-7

解：（1）链环直线段部分没有出现开口时，链环发生轴向拉伸变形，应用截面法在链环 n—n 处截开，选取上半部分研究，如图 8-7(b) 所示。根据平衡条件得，轴力 $F_N=F/2=400$N，根据拉伸强度条件得

$$\sigma =\frac{F_N}{A}=\frac{4\times 400}{\pi d^2}=\frac{4\times 400}{\pi \times 12^2}=3.54\text{MPa}$$

（2）链环直线段部分出现开口时，如图 8-7(c) 所示，对直线段而言，拉力作用线与所要研究的直线段轴线之间有偏心距，直线段发生拉伸和弯曲组合变形。应用截面法在链环 a—b 处截开，取上半部分研究，如图 8-7(d) 所示。根据平衡条件得出，轴力 $F_N=F=800$N，弯矩 $M_z=800\times 15$N·mm$=12\times 10^3$N·mm。根据 $\boldsymbol{F}_N$ 和 $\boldsymbol{M}_z$ 的方向以及它们所对应的应力分布所知，A 点承受最大的拉应力，其大小为

$$\sigma_{\max}^+=\frac{F_N}{A}+\frac{M_z}{W_z}=\frac{4\times 800}{\pi \times 12^2}+\frac{32\times 12\times 10^3}{\pi \times 12^3}=77.8\text{MPa}$$

B 点承受最大的压应力，其大小为

$$\sigma^-_{max} = \frac{F_N}{A} - \frac{M_z}{W_z} = \frac{4\times 800}{\pi\times 12^2} - \frac{32\times 12\times 10^3}{\pi\times 12^3} = -63.7\text{MPa}$$

从以上的计算结果可以看出，起吊重物的链环如果出现大裂纹或开口，其上的最大应力是正常工作应力的 20 多倍。在工作中，如发现上述情况，应立即采取措施。

注意： 拉弯组合变形可以分解为拉伸和弯曲两个基本变形，其应力由拉伸应力和弯曲应力叠加。每个应力的作用固然重要，但是只有把几个应力叠加才能产生更大应力，甚至引起破坏。同理，一个集体中，每一个人都是一个力，想要发挥更大的力，就需要将每一个人的力量凝集起来，形成强大的合力，为构建社会主义和谐社会做出贡献。

团队协作精神

第三节　强度理论简介

一、应力状态概念

1. 点的应力状态

对于受力弹性物体中的任意点，为了描述其应力状态，一般围绕这一点作一个正六面体。当六面体在三个方向的尺寸趋于无穷小时，六面体便趋于所考察的点。这时六面体称为微单元体，简称"微元体"。

以直等截面杆拉伸为例[图 8-8(a)]，为了分析杆的横截面上任一点 A 的应力情况，假想围绕 A 点截取一个微单元体，并将其放大，如图 8-8(b) 所示。图 8-8(c) 所示则是微单元体的平面简图。微单元体的左右两侧面是杆件横截面的一部分，其应力 $\sigma = F_N/A$。微单元体上下前后的四个侧面均与杆件轴线平行，这些侧面上没有应力。但在 A 点周围按图 8-8(d) 所示的方式截取的微单元体各侧面上应力也不同，一旦确定了微单元体各个侧面上的应力，过这一点任意方向面上的应力均由平衡方法确定。

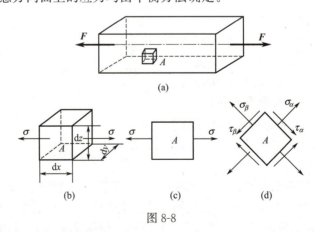

图 8-8

因此，一点处的应力状态可用围绕该点的微单元体及其各面上的应力描述。

2. 应力状态的分类

从受力构件中某一点处截取的任意微单元体，一般情况下，其面上既有正应力也有切应力。弹性力学的研究结果表明，在该点处从不同方位截取的诸多微单元体中，总存在一个特殊的微单元体，在它相互垂直的三个面上只有正应力而没有切应力作用。像这种各个面上的切应力都为零的单元体称为主单元体。切应力等于零的平面称为**主平面**。作用在主平面上的应力称为**主应力**，用 σ_1、σ_2、σ_3 表示，并按代数值排列，即 $\sigma_1 \geqslant \sigma_2 \geqslant \sigma_3$。按照主应力不为零的数目将一点处的应力状态分为以下三类。

（1）单向应力状态 只有一个主应力不等于零的应力状态称为**单向应力状态**。例如图 8-8(c) 所示的轴向拉伸的应力状态，横截面及与此相互垂直的两个纵向截面是单元体的三个主平面，三个主应力依次是：$\sigma_1 = F_N/A$，$\sigma_2 = 0$，$\sigma_3 = 0$。轴向压缩时，三个主平面和拉伸时的情形相同，但三个主应力依次是：$\sigma_1 = 0$，$\sigma_2 = 0$，$\sigma_3 = -F_N/A$。

（2）二向应力状态 有两个主应力不为零的应力状态称为**二向应力状态**。如图 8-9(a) 所示，圆轴扭转时，围绕 A 点所截取的是一瓦块形状微单元体 [图 8-9(b)]，由于点的各边长都是趋近于无穷小的微量，所以这个瓦块形状就非常接近于一个正六面体 [图 8-9(c)]。这种只有切应力的应力状态称为纯剪切应力状态，通常表示成图 8-9(d) 所示的平面简图。纯剪切应力状态的主单元体如图 8-9(e) 所示，其主应力依次为：$\sigma_1 = \sigma_{-45°} = \tau$，$\sigma_2 = 0$，$\sigma_3 = \sigma_{45°} = -\tau$。二向应力状态是工程实际中常见的一种应力状态。

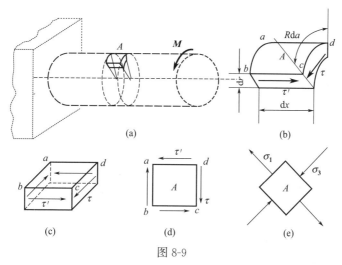

图 8-9

（3）三向应力状态 三个主应力都不为零的应力状态称为**三向应力状态**。例如，一块立方体金属放在一个刚性的模具里，当进行冷锻承受压力 F 时，其中任一点均处于三向应力状态，如图 8-10(a) 所示。又如，冷拉伸圆截面钢时，与拉模接触的一段上各点也处于三向应力状态 [图 8-10(b)]。二向、三向应力状态也称为复杂应力状态。单向应力状态也称为简单应力状态。

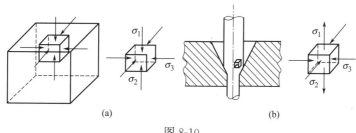

图 8-10

3. 应力状态分析

（1）二向应力状态分析

① 斜截面上的应力。图 8-11(a) 所示的二向应力状态中，正应力和切应力都处在同一

平面内，而且上下两侧面和左右两侧面都有正应力和切应力作用，故为平面应力状态的一般情形。现用截面法来确定微单元体的斜截面 ef 上的应力，斜截面 ef 的外法线 n 与 x 轴的夹角用 α 表示，简称 α 截面。在 α 截面上的正应力与切应力分别用 σ_α 和 τ_α 表示。

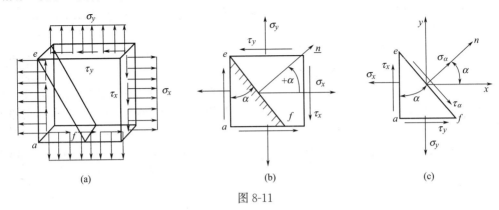

图 8-11

应力的正负规定为：拉应力为正，压应力为负。切应力以对微单元体内任意一点产生顺时针转向的力矩为正，反之为负。自 x 轴的正向逆时针转到 α 截面法线的正方向的 α 角为正，反之为负。

应用截面法，假想地用截面沿 ef 将微单元体分为两部分，取 aef 部分为研究对象[图 8-11(c)]。微单元体处于平衡，微单元上截取的任意部分也必然处于平衡。以 α 截面的法线 n 与切向 τ 作为坐标轴，列出平衡方程整理后得

$$\left.\begin{array}{l} \sigma_\alpha = \dfrac{\sigma_x + \sigma_y}{2} + \dfrac{\sigma_x - \sigma_y}{2}\cos 2\alpha - \tau_x \sin 2\alpha \\ \tau_\alpha = +\dfrac{\sigma_x - \sigma_y}{2}\sin 2\alpha + \tau_x \cos 2\alpha \end{array}\right\} \quad (8\text{-}2)$$

式(8-2)适用于所有平面应力状态问题。

【例 8-4】 计算图 8-12 所示拉杆中任意斜截面上的应力，并说明最大正应力和最大切应力分别发生在哪个方向上，杆的横截面面积为 A，所受拉力为 P。

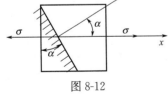

图 8-12

解：因为拉杆中任意点均为单向拉伸应力状态，如图 8-12 所示，故只要求出微单元体任意方向面上的应力，即为拉杆任意斜截面上的应力。对于图 8-12 所示的单向应力状态：

$$\sigma_x = \sigma, \sigma_y = 0, \tau_x = 0$$

将其代入式(8-2)，便得到单向拉伸应力状态任意方向面上的正应力和切应力表达式：

$$\left.\begin{array}{l} \sigma_\alpha = \dfrac{\sigma}{2}(1 + \cos 2\alpha) \\ \tau_\alpha = \dfrac{\sigma}{2}\sin 2\alpha \end{array}\right\}$$

根据上式：方向角 $\alpha = 0°$ 时，横截面上的正应力达到最大值，$\sigma_{\max} = \sigma$；方向角 $\alpha = \pm 45°$ 时，切应力 τ_α 达到最大值，$\tau_{\max} = \sigma/2$。

以上结论可以解释拉伸试验中某些现象的产生原因。例如，低碳钢拉伸试验至屈服时，可以观察到试件表面出现了与轴线成 $45°$ 的"滑移线"，这是由在 $45°$ 的斜截面上的切应力有最大值，材料内部晶格沿着最大切应力面发生滑移而引起的，从而在表面形成条纹。

② 主平面和主应力的确定。将式(8-2)中 σ_α 的表达式对 α 求一阶导数得

$$\frac{d\sigma_\alpha}{d\alpha} = -2\left[\frac{\sigma_x - \sigma_y}{2}\sin2\alpha + \tau_x\cos2\alpha\right] \tag{a}$$

令 $d\sigma_\alpha/d\alpha = 0$，$\alpha = \alpha_0$，则 α_0 所确定的斜截面上，正应力有极大值或极小值。以 α_0 代入式(a)，令 $d\sigma_\alpha/d\alpha = 0$，得

$$\frac{\sigma_x - \sigma_y}{2}\sin2\alpha + \tau_x\cos2\alpha = 0 \tag{b}$$

得主方向角为

$$\tan\alpha_0 = \frac{2\tau_x}{\sigma_x - \sigma_y} \tag{8-3}$$

主平面的方向角，即主平面法线与 x 轴的夹角，主方向角也是主应力方向与 x 轴的夹角，用 α_0 表示。

将式(8-3)代入式(8-2)得主应力的极值为

$$\left.\begin{array}{c}\sigma_{\max}\\\sigma_{\min}\end{array}\right\} = \frac{\sigma_x + \sigma_y}{2} \pm \sqrt{\left(\frac{\sigma_x - \sigma_y}{2}\right)^2 + \tau_x^2} \tag{8-4}$$

主平面上主应力用 σ_1、σ_2、σ_3 表示，并按代数值排列，即 $\sigma_1 \geqslant \sigma_2 \geqslant \sigma_3$。

【例 8-5】 图 8-13(b) 所示为圆轴承受扭转时的应力状态，试计算其主平面的位置和主应力的大小，并分析铸铁试件承受扭转时的破坏现象。

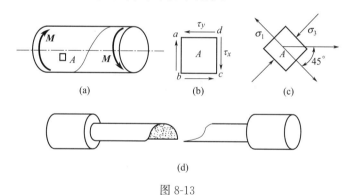

图 8-13

解： 圆轴承受扭转时，在横截面的边缘处的切应力最大，其值 $\tau_{\max} = T/W_P$ 作用在最外层，按图 8-13(a) 所示的方式截取微单元体 A，微单元体 A 上的应力状态如图 8-13(b) 所示，$\sigma_x = 0$，$\sigma_y = 0$，$\tau_x = \tau$，是纯剪切应力状态。

将纯剪切应力状态的应力数值代入式(8-4)，得

$$\left.\begin{array}{c}\sigma_{\max}\\\sigma_{\min}\end{array}\right\} = \frac{\sigma_x + \sigma_y}{2} \pm \sqrt{\left(\frac{\sigma_x - \sigma_y}{2}\right)^2 + \tau_x^2} = \pm\tau$$

主应力为：$\sigma_1 = \sigma_{-45°} = \tau$，$\sigma_2 = 0$，$\sigma_3 = \sigma_{45°} = -\tau$。主平面的位置可由式(8-3)计算出，如图 8-13(c) 所示。

圆截面铸铁试件承受扭转时，表面各点 $\sigma_1 = \sigma_{-45°} = \tau$ 所在的主平面形成倾角为 $45°$ 的螺旋面，由于铸铁抗拉强度低，试件将沿着这一螺旋面发生断裂破坏，如图 8-13(d) 所示。

(2) 三向应力状态分析

① 三向应力状态中的最大切应力。弹性力学的研究结果表明，三向应力状态中的最大切应力为

$$\tau_{\max}=\frac{\sigma_1-\sigma_3}{2} \tag{8-5}$$

由于单向应力状态和二向应力状态是三向应力状态的特殊情况，上述结论同样适用单向应力状态和二向应力状态。

【例 8-6】 计算图 8-14(a) 所示应力状态的主应力 σ_1、σ_2、σ_3 和 $\tau_{\max}$。

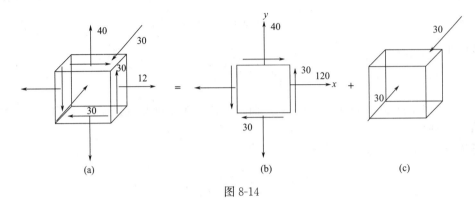

图 8-14

解：由图 8-14(c) 所示的微单元体可知，一个主应力为 -30MPa，而在图 8-14(b) 所示的平面，$\sigma_x=120\text{MPa}$，$\sigma_y=40\text{MPa}$，$\tau_x=-30\text{MPa}$，由主应力公式(8-4)可计算出另外两个主应力。

$$\left.\begin{array}{r}\sigma_{\max}\\ \sigma_{\min}\end{array}\right\}=\frac{\sigma_x+\sigma_y}{2}\pm\sqrt{\left(\frac{\sigma_x-\sigma_y}{2}\right)^2+\tau_x^2}=\frac{120+40}{2}\pm\sqrt{\left(\frac{120-40}{2}\right)^2+(-30)^2}\text{(MPa)}$$

$$=(80\pm50)\text{MPa}$$

由此得：图 8-14 所示微单元体处于三向应力状态，三个主应力分别为

$$\sigma_1=130\text{MPa},\sigma_2=30\text{MPa},\sigma_3=-30\text{MPa}$$

由式(8-5)可计算出最大切应力为

$$\tau_{\max}=\frac{\sigma_1-\sigma_3}{2}=\frac{130-(-30)}{2}\text{MPa}=80\text{MPa}$$

② 广义胡克定律。图 8-15 是从受力物体上某点截取的主单元体，在比例极限范围内，主单元体在三个主应力方向的线应变，可应用叠加法求得：

$$\left.\begin{array}{l}\varepsilon_1=\dfrac{1}{E}[\sigma_1-\mu(\sigma_2+\sigma_3)]\\[4pt] \varepsilon_2=\dfrac{1}{E}[\sigma_2-\mu(\sigma_1+\sigma_3)]\\[4pt] \varepsilon_3=\dfrac{1}{E}[\sigma_3-\mu(\sigma_1+\sigma_2)]\end{array}\right\} \tag{8-6}$$

图 8-15

式(8-6)反映了复杂应力状态下，主应变和主应力的关系，称为广义胡克定律。

【例 8-7】 图 8-16(a)所示为受到拉伸的杆件，已知横截面上的正应力 σ、材料的弹性模量 E 和泊松比 μ，试求与轴线成 $45°$ 角和 $135°$ 角方向上的正应变 $\varepsilon_{45°}$、$\varepsilon_{135°}$。

解：（1） 应力分析。杆件受到轴向拉伸，横截面上只有正应力，没有切应力，其上任意一点均为单向应力状态，如图 8-16(b) 所示。与轴线成 $45°$ 角和 $135°$ 角方向上的正应力分别为

$$\sigma_{45°}=\sigma/2$$
$$\sigma_{135°}=\sigma_{-45°}=\sigma/2$$

图 8-16(c)所示为用 $45°$ 和 $135°$ 斜截面截取的，表示杆件中单向应力状态的微单元的另一种形式。

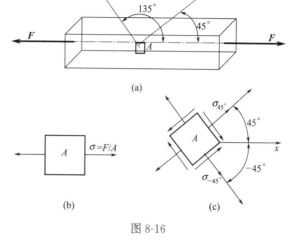

图 8-16

（2） 用广义胡克定律求应变。$45°$ 或 $135°$ 方向上的正应变 $\varepsilon_{45°}$、$\varepsilon_{-45°}$ 不仅与 $45°$ 或 $135°$ 角方向上的正应力有关，而且与和 $45°$ 或 $135°$ 方向相垂直的方向上的正应力有关，故需要应用胡克定律，得

$$\varepsilon_{45°}=\frac{1}{E}(\sigma_{45°}-\mu\sigma_{135°})=\frac{1}{E}\left(\frac{\sigma}{2}-\mu\frac{\sigma}{2}\right)=\frac{\sigma}{2E}(1-\mu)$$

$$\varepsilon_{135°}=\frac{1}{E}(\sigma_{135°}-\mu\sigma_{45°})=\frac{1}{E}\left(\frac{\sigma}{2}-\mu\frac{\sigma}{2}\right)=\frac{\sigma}{2E}(1-\mu)$$

二、强度理论

在强度问题中，失效包含了两种不同的含义：一是在外力作用下，由于应力过大而导致的断裂，例如铸铁试件拉伸和扭转时的破坏；二是发生了一定量的塑性变形，例如低碳钢试件拉伸时其应力超过屈服点产生的塑性变形。出现这两种情形中的任意一种时，构件都会丧失正常工作的能力，称为失效。

强度理论

大量试验表明，在常温静载作用下，**材料在不同应力状态下的失效大致可分为屈服失效和断裂失效**。关于材料在不同应力状态下失效的假设称为强度理论。根据这些假设，就可以用单向拉伸的试验结果推出在复杂应力状态下材料发生失效的判据，从而建立起相应的强度设计准则，即强度条件。本书从工程应用出发，简要介绍四种强度理论及其对应的强度准则。

1. 最大拉应力理论（第一强度理论）

这一理论认为：不论材料处于何种应力状态，当其最大拉应力达到材料在单向拉伸断裂时的抗拉强度 σ_b 时，材料就发生断裂破坏。因此材料发生破坏的条件是 $\sigma_1=\sigma_b$，引入安全系数后，$[\sigma]=\sigma_b/n_b$。其相应的强度条件为

$$\sigma_{xd1}=\sigma_1\leqslant[\sigma] \tag{8-7}$$

式中，σ_{xd1} 表示最大拉应力理论的相当应力。试验结果表明，这一理论只适用于材料在各种应力状态下发生脆性断裂的情形，主要用于铸铁、砖和石料等脆性材料制成的承受轴向拉力的杆件。

2. 最大拉应变理论（第二强度理论）

这一理论认为，最大拉应变是材料发生脆性断裂的原因。也就是说，不论材料处于何种

应力状态，当其最大拉应变达到材料在单向拉伸断裂时的最大拉应变值 ε_{-1}^0 时，材料就会发生断裂破坏。因此材料发生断裂破坏的条件是 $\varepsilon_1 = \varepsilon_1^0$，由广义胡克定律得

$$\varepsilon_1 = \frac{1}{E}[\sigma_1 - \mu(\sigma_2 + \sigma_3)] = \varepsilon_1^0 = \frac{1}{E}\sigma_b$$

引入安全系数后，$[\sigma] = \sigma_b/n_b$，其相应的强度条件为

$$\sigma_{xd2} = \sigma_1 - \mu(\sigma_2 + \sigma_3) \leqslant [\sigma] \tag{8-8}$$

式中，σ_{xd2} 表示最大拉应变理论的相当应力。试验结果表明，这一理论能够较好地解释石料、混凝土等脆性材料在受到轴向压缩时沿纵向发生断裂的现象。

3. 最大切应力理论（第三强度理论）

这一理论认为，最大切应力是材料发生塑性屈服失效的原因。也就是说，不论材料处在何种应力状态，只要其最大切应力 $\tau_{\max}$ 达到材料单向拉伸屈服时的极限切应力值 τ^0，材料就发生屈服失效，即 $\tau_{\max} = \tau^0$。

对于任意应力状态，都有 $\tau_{\max} = (\sigma_1 - \sigma_3)/2$。材料单向拉伸屈服时，$\sigma_1 = \sigma_s$，故屈服时的极限切应力值为 $\tau^0 = \sigma_s/2$，由此得

$$\frac{\sigma_1 - \sigma_3}{2} = \frac{\sigma_s}{2}$$

引入安全系数后，$[\sigma] = \sigma_s/n_s$，则其相应的强度条件为

$$\sigma_{xd3} = \sigma_1 - \sigma_3 \leqslant [\sigma] \tag{8-9}$$

式中，σ_{xd3} 表示最大切应力理论的相当应力。这一理论与多数塑性材料的试验结果相吻合。它只适用于发生屈服失效的情形。

4. "形状改变比能"理论（第四强度理论）

构件在变形过程中，假定外力所作的功全部转化为构件的弹性变形能。微单元体的变形能包括体积改变能和形状改变能两部分。对应于单元体的形状改变而积蓄的变形能称为形状改变能，单位体积内的形状改变能称为"形状改变比能"，在复杂应力状态下，"形状改变比能"与单元体主应力之间的关系（证明从略）为

$$U_d = \frac{(1+\mu)}{6E}[(\sigma_1 - \sigma_2)^2 + (\sigma_2 - \sigma_3)^2 + (\sigma_3 - \sigma_1)^2]$$

则其相应的强度条件为

$$\sigma_{xd4} = \sqrt{\frac{1}{2}[(\sigma_1 - \sigma_2)^2 + (\sigma_2 - \sigma_3)^2 + (\sigma_3 - \sigma_1)^2]} \leqslant [\sigma] \tag{8-10}$$

式中，σ_{xd4} 表示"形状改变比能理论"的相当应力。

大量塑性材料试验结果表明，"形状改变比能"理论比最大切应力理论更加接近实际。

各种强度理论的适用范围取决于危险点处的应力状态和构件材料的性质。一般对于脆性材料宜用第一强度理论，对于塑性材料宜用第三、第四强度理论。但在三向拉应力状态下，不论是脆性材料还是塑性材料，都会发生断裂破坏，应采用最大拉应力理论。在三向压缩应力状态下，不论是脆性材料还是塑性材料，都会发生屈服失效，宜采用最大切应力理论或"形状改变比能"理论。

【例 8-8】 已知铸铁构件上危险点的应力状态如图 8-17 所示。若铸铁的许用拉应力 $[\sigma]^+ = 30\text{MPa}$，试校核铸铁构件的强度。

解：根据所给危险点的应力状态，微单元体只有拉应力而无压应力，因此可以认为铸铁

在这种应力状态下可能发生脆性断裂，故采用最大拉应力理论，即由所给应力状态，用主应力计算公式：

$$\left.\begin{array}{l}\sigma_{\max}\\ \sigma_{\min}\end{array}\right\}=\frac{\sigma_x+\sigma_y}{2}\pm\sqrt{\left(\frac{\sigma_x-\sigma_y}{2}\right)^2+\tau_x^2}$$

$$=\left[\frac{10+23}{2}\pm\sqrt{\left(\frac{10-23}{2}\right)^2+(-11)^2}\right]\text{MPa}$$

$$=(16.5\pm12.8)\text{MPa}$$

得 $\sigma_1=29.3\text{MPa}<[\sigma]^+$，故此危险点的强度是足够的。

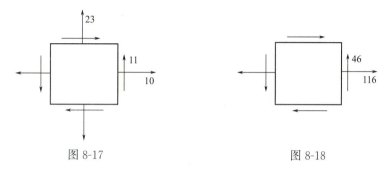

图 8-17　　　　　　　　　　图 8-18

【例 8-9】 已知钢构件危险点的应力状态如图 8-18 所示，材料的许用应力 $[\sigma]=160\text{MPa}$，试校核钢构件的强度。

解：根据所给危险点的应力状态知

$$\sigma_x=116\text{MPa}, \sigma_y=0, \tau_x=-46\text{MPa}$$

由主应力计算公式得

$$\sigma_1=\frac{\sigma_x}{2}+\frac{1}{2}\sqrt{\sigma_x^2+4\tau_x^2}, \quad \sigma_2=0, \quad \sigma_3=\frac{\sigma_x}{2}-\frac{1}{2}\sqrt{\sigma_x^2+4\tau_x^2}$$

构件材料为钢，故采用最大切应力理论（第三强度理论）或"形状改变比能"理论（第四强度理论）进行强度计算。

根据最大切应力理论（第三强度理论）的强度条件得

$$\sigma_{xd3}=\sigma_1-\sigma_3=\sqrt{\sigma_x^2+4\tau_x^2}=\sqrt{116^2+4\times(-46)^2}\text{MPa}=148\text{MPa}\leqslant[\sigma]$$

根据"形状改变比能"理论（第四强度理论）的强度条件得

$$\sigma_{xd4}=\sqrt{\frac{1}{2}[(\sigma_1-\sigma_2)^2+(\sigma_2-\sigma_3)^2+(\sigma_3-\sigma_1)^2]}=\sqrt{\sigma_x^2+3\tau_x^2}$$

$$=\sqrt{116^2+3\times(-46)^2}\text{MPa}=140.7\text{MPa}\leqslant[\sigma]=160\text{MPa}$$

故此钢构件满足强度条件。

第四节　弯曲与扭转组合变形

工程中的传动轴，大多处于弯曲与扭转组合变形状态。当弯曲变形较小时，传动轴可近似地按扭转问题来计算，当弯曲变形不能忽略时，就需按弯曲与扭转组合变形计算。例如，装有齿轮的传动轴和装有胶带轮的传动轴都是弯曲与扭转组合变形的例子。下面用电机轴的外伸部分为例，说明杆件在弯曲与扭转组合变形下强度计算的方法。

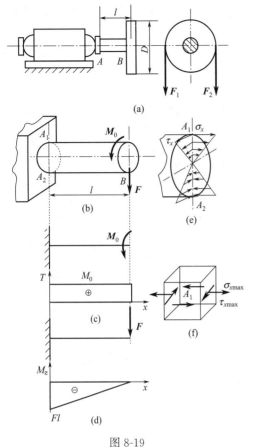

图 8-19

【例 8-10】 在电机轴的外伸部分的 B 端，装有直径为 D 的胶带轮，胶带轮紧边的拉力为 F_1，松边的拉力为 F_2，不计轮自重，分析 AB 轴的强度［图 8-19(a)］。

(1) 外力分析。A 端简化为固定端。为了分析皮带拉力对 AB 轴的作用，首先把 F_1 和 F_2 向轴心简化，得到作用于轴心的横向力 $F=F_1+F_2$ 和一个力偶 $M_0=(F_1-F_2)D/2$。横向力 F 使 AB 轴发生弯曲，力偶 M_0 使 AB 轴发生扭转，因此轴 AB 将发生弯曲与扭转组合变形。其计算简图如图 8-19(b) 所示。

(2) 内力分析，找出危险截面。分别画出 AB 轴的扭转和弯曲的内力图，即扭矩图和弯矩图，如图 8-19(c)、(d) 所示。显然，固定端点截面 A 是危险截面。

(3) 应力分析，确定危险点。画出弯曲正应力以及扭转切应力在危险截面上的分布，如图 8-19(e) 所示。在危险截面上、下 A_1、A_2 点 σ 和 τ 均达最大值，故该两点为危险点，其表达式分别为

$$\sigma_{\max}=\frac{M_{z\max}}{W_z} \qquad \tau_{\max}=\frac{T_{\max}}{W_P}$$

(4) 建立强度条件。在 A_1 点处用横截面、径向的纵截面及同轴圆柱面截取微单元体，各面上的应力如图 8-19(f) 所示。

其主应力为

$$\sigma_1=\frac{\sigma_x}{2}+\frac{1}{2}\sqrt{\sigma_x^2+4\tau_x^2}$$

$$\sigma_2=0$$

$$\sigma_3=\frac{\sigma_x}{2}-\frac{1}{2}\sqrt{\sigma_x^2+4\tau_x^2}$$

传动轴一般是塑性材料，根据最大切应力理论（第三强度理论）的强度条件 $\sigma_{xd3}=\sigma_1-\sigma_3\leqslant[\sigma]$、"形状改变比能"理论（第四强度理论）的强度条件

$$\sigma_{xd4}=\sqrt{\frac{1}{2}[(\sigma_1-\sigma_2)^2+(\sigma_2-\sigma_3)^2+(\sigma_3-\sigma_1)^2]}\leqslant[\sigma]$$

得

$$\sigma_{xd3}=\sqrt{\sigma_x^2+4\tau_x^2}\leqslant[\sigma] \tag{8-11}$$

$$\sigma_{xd4}=\sqrt{\sigma_x^2+3\tau_x^2}\leqslant[\sigma] \tag{8-12}$$

如果将 $\sigma_{\max}=\dfrac{M_{z\max}}{W_z}$ 和 $\tau_{\max}=\dfrac{T}{W_P}$ 分别代入式(8-11)和式(8-12)，并注意到对于圆截面来说 $W_P=2W_z$，即得到圆截面杆件承受弯曲与扭转组合变形的强度条件：

第三强度理论 $$\sigma_{xd3}=\frac{\sqrt{M_{\max}^2+T^2}}{W_z}\leqslant[\sigma] \qquad (8\text{-}13)$$

第四强度理论 $$\sigma_{xd4}=\frac{\sqrt{M_{\max}^2+0.75T^2}}{W_z}\leqslant[\sigma] \qquad (8\text{-}14)$$

【例 8-11】 图 8-20(a) 所示为传动轴 AB，在右端点的联轴器上受到外力偶 M 作用。已知：皮带轮的直径 $D=0.5\text{m}$，皮带的拉力 $F_{T1}=8\text{kN}$，$F_{T2}=4\text{kN}$，轴的直径 $d=90\text{mm}$，$a=500\text{mm}$，轴的许用应力 $[\sigma]=50\text{MPa}$。试按照第三强度理论校核轴的强度。

解：（1）外力分析。将皮带的拉力 $\boldsymbol{F}_{T1}$ 和 $\boldsymbol{F}_{T2}$ 平移到轴线，作传动轴 AB 的空间受力图，如图 8-20(b) 所示，有作用于轴上的载荷、作用在 C 点垂直向下的力 $\boldsymbol{F}_{T1}+\boldsymbol{F}_{T2}$ 和作用面垂直轴线的力偶矩 $M_1=(F_{T1}-F_{T2})D/2$ 的附加力偶。其中：

$$F_{T1}+F_{T2}=8+4=12(\text{kN})$$

$$M_1=(F_{T1}-F_{T2})\frac{D}{2}$$

$$=(8-4)\times\frac{0.5}{2}\text{kN}\cdot\text{m}=1\text{kN}\cdot\text{m}$$

$\boldsymbol{F}_{T1}+\boldsymbol{F}_{T2}$ 与 A、B 处的支座约束力 $\boldsymbol{F}_{Ay}$、$\boldsymbol{F}_{By}$ 使传动轴 AB 产生弯曲变形，附加力偶 $\boldsymbol{M}_1$ 与联轴器上所受到的外力偶矩 $\boldsymbol{M}$ 使传动轴 AB 产生扭转变形，所以 AB 轴发生弯曲与扭转组合变形。

（2）内力分析。先研究 zOy 平面，附加力偶 $\boldsymbol{M}_1$ 与联轴器上所受外力偶矩 $\boldsymbol{M}$ 使传动轴 AB 轴产生扭转变形。绘制出 AB 轴的 zOy 平面的受力图与扭矩图，如图 8-20(c)、(d) 所示，得 $T=1\text{kN}\cdot\text{m}$。再研究 xOy 平面，$\boldsymbol{F}_{T1}+\boldsymbol{F}_{T2}$ 与 A、B 处的支座约束力 $\boldsymbol{F}_{Ay}$、$\boldsymbol{F}_{By}$ 使传动轴 AB

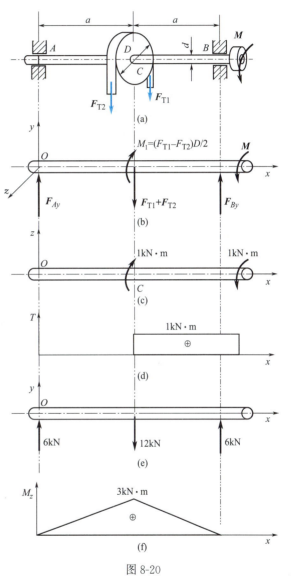

图 8-20

产生弯曲变形。绘制出传动轴 AB 轴的 xOy 平面的受力图与弯矩图，如图 8-20(e)、(f) 所示，得 $M_{C\max}=3\text{kN}\cdot\text{m}$。

（3）按第三强度理论校核轴的强度。以上分析可知，横截面 C 为危险截面，该横截面上的扭矩： $T=1\text{kN}\cdot\text{m}$
弯矩： $M_{C\max}=3\text{kN}\cdot\text{m}$

应用式(8-13)校核

$$\sigma_{xd3} = \frac{\sqrt{M_{C\max}^2 + T^2}}{W_z}$$

$$= \frac{32 \times \sqrt{3^2 + 1^2} \times 10^6}{\pi \times 90^3} \text{MPa} = 44.2\text{MPa} \leqslant [\sigma] = 50\text{MPa}$$

所以，轴的强度满足要求。

【例 8-12】 图 8-21 所示为圆截面杆件承受**双向弯曲变形**，试确定其强度条件。

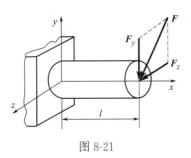

图 8-21

解：$F = \sqrt{F_y^2 + F_z^2}$

对 z 轴的弯矩：$M_z = F_y l$

对 y 轴的弯矩：$M_y = F_z l$

得 $M = \sqrt{M_z^2 + M_y^2}$，圆截面杆件双向弯曲变形时仍产生平面弯曲。在这种情况下，圆截面杆件承受双向弯曲与扭转组合变形的强度条件为

$$\sigma_{xd3} = \frac{\sqrt{M_z^2 + M_y^2 + T^2}}{W_z} \leqslant [\sigma] \quad (8\text{-}15)$$

$$\sigma_{xd4} = \frac{\sqrt{M_z^2 + M_y^2 + 0.75T^2}}{W_z} \leqslant [\sigma] \quad (8\text{-}16)$$

任务实施

图 8-22 所示为传动轴，皮带轮的直径 $D = 160\text{mm}$，皮带的拉力 $F_{T1} = 5\text{kN}$，$F_{T2} = 2\text{kN}$，轴的许用应力 $[\sigma] = 80\text{MPa}$，齿轮节圆的直径 $d_0 = 100\text{mm}$，压力角 $\alpha = 20°$，试按照第三强度理论设计传动轴的直径 d。

解：(1) 外力分析。将皮带轮、齿轮上的作用力平移到轴线，作传动轴的受力图，如图 8-22(c) 所示，根据平衡条件：

$$\sum M_y = 0 \qquad F_t \times \frac{d_0}{2} - (F_{T1} - F_{T2}) \times \frac{D}{2} = 0$$

得圆周力

$$F_t = (F_{T1} - F_{T2}) \times \frac{D}{d_0}$$

$$= (5-2) \times \frac{160}{100} \text{kN} = 4.8\text{kN}$$

径向力 $\qquad F_r = F_t \tan 20° = 4.8 \times 0.364 = 1.75\text{kN}$

力偶矩 $\qquad M_1 = M_2 = F_t \times \frac{d_0}{2} = 4.8 \times \frac{100 \times 10^{-3}}{2} = 0.24\text{kN} \cdot \text{m}$

力偶矩 M_1、M_2 使传动轴产生扭转变形，力 F_{T1}、F_{T2} 和 F_r 使传动轴在垂直面 Ayz 内产生弯曲变形，力 F_t、F_{Ax} 与 F_{Bx} 使传动轴在水平面 Axy 内产生弯曲变形，所以 AB 发生双向弯曲与扭转组合变形。

(2) 内力分析。在 Axz 平面，M_1 与 M_2 使传动轴 AB 绕 y 轴产生扭转变形。绘制传动轴 AB 的 Axz 平面的受力图与扭矩图，如图 8-22(d)、(e) 所示。得

$$T = 0.24\text{kN} \cdot \text{m}$$

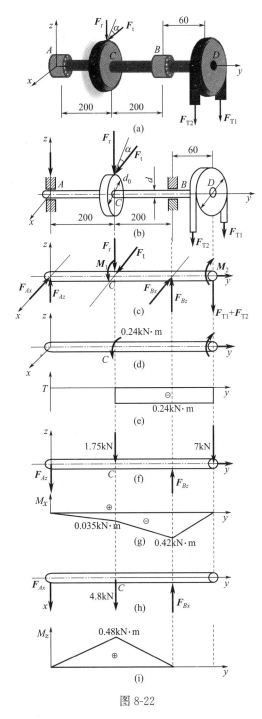

图 8-22

在 Ayz 平面，$F_{T1}+F_{T2}$ 与 A、B 处的支座约束力 F_{Az}、F_{Bz} 以及 F_r 使轴 AB 产生弯曲变形。绘制轴 AB 的受力图，如图 8-22(f) 所示。

由静力平衡方程计算出 A、B 支座约束力 $F_{Az}=-0.175\text{kN}$，$F_{Bz}=8.92\text{kN}$；截面 C、B 的弯矩为 $M_{Cx}=0.035\text{kN}\cdot\text{m}$，$M_{Bx}=0.42\text{kN}\cdot\text{m}$。绘制出轴 AB 的弯矩图，如图 8-22(g) 所示。

最后研究 Axy 平面，传动轴 AB 在 Axy 平面的受力图如图 8-22(h) 所示。由静力平衡

方程计算出 A、B 支座约束力 $F_{Ax}=F_{Bx}=2.4\text{kN}$，截面 C 的弯矩为 $M_{Cz}=0.48\text{kN}\cdot\text{m}$，绘制出传动轴 AB 的 Axy 平面的弯矩图，如图 8-22(i) 所示。

由弯矩合成可知，截面 C 合成弯矩为最大，是危险截面。

(3) 按第三强度理论设计传动轴的直径 d。横截面 C 为危险截面，其扭矩 $T=0.24\text{kN}\cdot\text{m}$，弯矩 $M_{Cx}=0.035\text{kN}\cdot\text{m}$，$M_{Cz}=0.48\text{kN}\cdot\text{m}$。根据双向弯曲与扭转组合变形的强度条件：

$$\sigma_{xd3}=\frac{\sqrt{M_{Cx}^2+M_{Cz}^2+T^2}}{W_z}=\frac{32\times\sqrt{0.035^2+0.48^2+0.24^2}\times10^6}{\pi\times d^3}\leqslant[\sigma]=80\text{MPa}$$

得

$$d\geqslant\sqrt[3]{\frac{32\times\sqrt{0.035^2+0.48^2+0.24^2}\times10^6}{\pi\times80}}\text{mm}=40.9\text{mm}$$

选取传动轴的直径 $d=42\text{mm}$。

本章小结

一、强度理论

(1) 第一强度理论：当其最大拉应力达到材料在单向拉伸断裂时的抗拉强度 σ_b 时，材料就发生断裂破坏。

$$\sigma_{xd1}=\sigma_1\leqslant[\sigma]$$

(2) 第二强度理论：当其最大拉应变达到材料在单向拉伸断裂时的最大拉应变值时，材料就会发生断裂破坏。

$$\sigma_{xd2}=\sigma_1-\mu(\sigma_2+\sigma_3)\leqslant[\sigma]$$

(3) 第三强度理论：最大切应力是材料发生塑性屈服失效的原因，只要其最大切应力 τ_{max} 达到材料单向拉伸屈服时的极限应力 τ^0，材料就发生屈服失效。

$$\sigma_{xd3}=\sigma_1-\sigma_3\leqslant[\sigma]$$

(4) 第四强度理论：构件在变形过程中，假定外力所作的功全部转化为构件的弹性变形能。对应于单元体的形状改变而积蓄的变形能称为形状改变能，单位体积内的形状改变能称为"形状改变比能"。

$$\sigma_{xd4}=\sqrt{\frac{1}{2}[(\sigma_1-\sigma_2)^2+(\sigma_2-\sigma_3)^2+(\sigma_3-\sigma_1)^2]}\leqslant[\sigma]$$

二、拉（压）和弯曲组合变形

(1) 杆件既发生拉（压）的变形又发生弯曲变形，称为拉（压）弯组合变形。

(2) 拉伸和弯曲组合变形强度准则为

$$\sigma_{max}=\left|\frac{F_N}{A}\right|+\left|\frac{M_{max}}{W_z}\right|\leqslant[\sigma]$$

三、弯曲和扭转组合变形

(1) 杆件既发生弯曲变形又发生扭转的变形，称为弯曲和扭转组合变形。

(2) 双向弯曲和扭转组合变形时，每个截面的弯矩要进行合成，即

$$M=\sqrt{M_z^2+M_y^2}$$

(3) 圆轴弯曲和扭转组合变形时的强度准则为

第三强度理论：

$$\sigma_{xd3}=\frac{\sqrt{M_{\max}^2+T^2}}{W_z}\leqslant[\sigma]$$

第四强度理论：

$$\sigma_{xd4}=\frac{\sqrt{M_{\max}^2+0.75T^2}}{W_z}\leqslant[\sigma]$$

弯扭组合变形强度计算

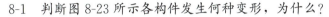

思考题

8-1 判断图 8-23 所示各构件发生何种变形，为什么？

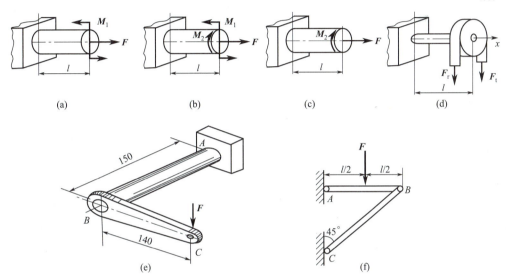

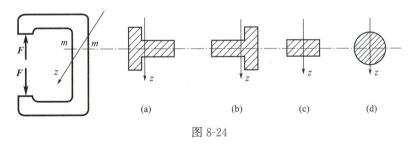

图 8-23

8-2 压力机受力如图 8-24 所示，立柱材料为铸铁，从材料强度的角度考虑，立柱 $m—m$ 横截面采用哪一种截面形状比较合理？

图 8-24

8-3 杆件同时发生双向弯曲和扭转变形时，如何确定截面的弯矩？
8-4 如何确定拉（压）弯组合变形的危险截面和危险点？
8-5 弯曲和扭转组合变形时，横截面上的应力能否用弯曲产生的正应力和扭转产生的切应力直接进行代数和求最大应力值？为什么？
8-6 何谓点的应力状态？为什么要研究点的应力状态？
8-7 什么是主平面和主应力？
8-8 当单元体同时存在切应力和正应力时，切应力互等定理是否仍然成立？为什么？

8-9 铸铁试件拉伸时,沿着横截面断裂;扭转时沿着与轴线成45°的螺旋面断裂,这是由什么因素引起的?

8-10 低碳钢试件拉伸屈服时,与轴线成45°的方向出现滑移线,则沿着纵横方向出现滑移线,这是由什么因素引起的?

8-11 工程中常用的强度理论有几个?指出它们的应用范围。

习 题

8-1 图 8-25 所示的矩形截面简支梁受集中力 F 作用,在 A、B、C、D、E 五点选取微单元体,分析其应力状态,并指出各个微单元体属于何种应力状态。

8-2 试计算图 8-26 所示各个微单元体 α 截面上的正应力和切应力(应力单位为 MPa)。

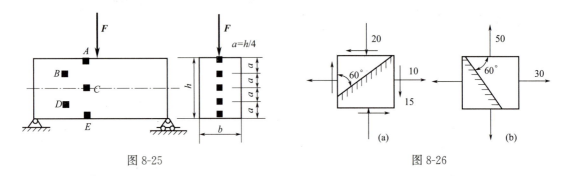

图 8-25   图 8-26

8-3 一圆杆件受力如图 8-27 所示。已知 $F=1\text{kN}$,$l=100\text{mm}$,$d=20\text{mm}$。试求固定端横截面圆周上 A、B、C 三点的应力值。

8-4 如果在正方形截面短柱的中间处开一个槽,使横截面面积减少为原截面面积的一半。试求最大正应力比不开槽时增大几倍(图 8-28)。

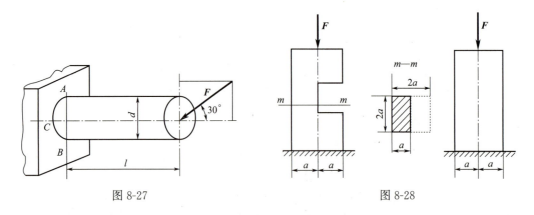

图 8-27   图 8-28

8-5 图 8-29 所示为某种夹具的尺寸,已知:夹紧力 $F=2\text{kN}$,$[\sigma]=160\text{MPa}$,试根据拉(压)和弯曲组合变形强度条件校核夹具 m—m 截面的强度(图中长度单位均为 mm)。

8-6 图 8-30 所示斜梁 AB 的横截面为正方形,边长 $a=100\text{mm}$,$F=3\text{kN}$,试计算其横截面上最大的拉应力和最大的压应力。

8-7 图 8-31 所示为旋转式起重机，起吊设备和起吊重量总重 $G=16\mathrm{kN}$，已知：$l=3.6\mathrm{m}$，$[\sigma]=120\mathrm{MPa}$，横梁 AB 采用工字钢，试根据拉（压）和弯曲组合变形强度条件选择工字钢型号。

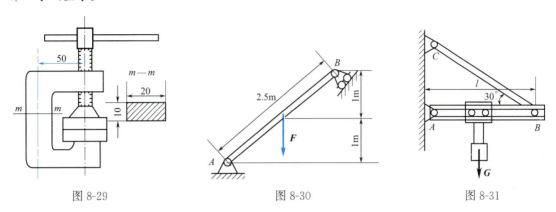

图 8-29　　　　　图 8-30　　　　　图 8-31

8-8 传动轴 AB 输出力偶矩为 $M_\mathrm{e}=1\mathrm{kN\cdot m}$，传动带紧边张力是松边张力的两倍，即 $F_\mathrm{T}=2F_\mathrm{t}$，轴承 B、C 相距 $a=200\mathrm{mm}$，带轮直径 $D=400\mathrm{mm}$，轴材料为 45 钢，其许用应力 $[\sigma]=120\mathrm{MPa}$。试按第三强度理论设计轴 AB 的直径 d（图 8-32）。

8-9 如图 8-33 所示轴，$F=4\mathrm{kN}$，$a=300\mathrm{mm}$，轮的直径 $D=400\mathrm{mm}$，轴径 $d=50\mathrm{mm}$，$[\sigma]=100\mathrm{MPa}$，试按第三强度理论校核该轴强度。

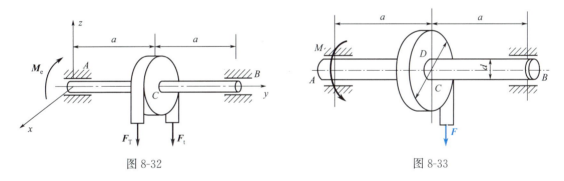

图 8-32　　　　　图 8-33

8-10 图 8-34 所示的曲拐 AB 段为圆形截面，其直径 $d=30\mathrm{mm}$，$F=3.2\mathrm{kN}$，$l=90\mathrm{mm}$，$a=140\mathrm{mm}$，若其材料的许用应力 $[\sigma]=100\mathrm{MPa}$，试按照第四强度理论校核 AB 杆的强度。

8-11 图 8-35 所示为等圆形截面轴，其受力和尺寸如图所示。C 处输入功率 $P=1.84\mathrm{kW}$，轴的转速 $n=12\mathrm{r/min}$，D 轮的直径为 $D=500\mathrm{mm}$，若其材料的许用应力 $[\sigma]=60\mathrm{MPa}$，试按照第三强度理论计算传动轴的直径 d（图中长度单位均为 mm）。

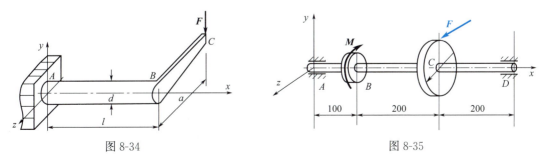

图 8-34　　　　　图 8-35

8-12 图 8-36 所示为铣刀轴的简图，已知：圆盘铣刀的外径 $D=90\text{mm}$，圆盘铣刀的切削力 $F_z=2.2\text{kN}$，$F_y=0.7\text{kN}$，铣刀轴材料的许用应力 $[\sigma]=80\text{MPa}$，试按照第四强度理论计算铣刀轴的直径 d（图中长度单位均为 mm）。

8-13 图 8-37 所示为斜齿轮传动轴，左端通过联轴器输入动力，作用在斜齿轮上的圆周力 $F_t=2\text{kN}$，径向力 $F_r=0.74\text{kN}$，轴向力 $F_a=0.35\text{kN}$，斜齿轮节圆的直径 $D=100\text{mm}$，轴的直径 $d=30\text{mm}$，若其材料的许用应力 $[\sigma]=50\text{MPa}$，试按照第三强度理论校核斜齿轮传动轴的强度。

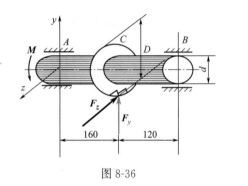

图 8-36

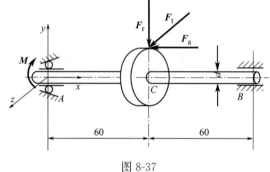

图 8-37

第九章 压杆稳定性

本章主要介绍有关受压杆件的稳定性概念，临界应力的分析方法和计算方法，稳定性校核，主要是指细长杆件的受压问题。它和构件的强度、刚度问题一样，也是材料力学所研究的基本问题之一。

知识目标

1. 认知受压杆件的稳定性概念；
2. 理解临界应力的分析方法；
3. 掌握稳定性校核。

能力目标

1. 能够正确建立力学模型；
2. 能够正确理解和计算柔度；
3. 能够根据临界应力总图选取恰当的临界应力公式；
4. 掌握稳定性校核方法。

素质目标

1. 学会脚踏实地做事；
2. 提升对事物的认知水平；
3. 理解稳中求进、进中求新的基调。

重点和难点

1. 临界应力曲线；
2. 稳定性校核。

任务引入

千斤顶如图 9-1 所示，丝杠长度 $l=37.5\text{cm}$，内径 $d=40\text{mm}$，材料为优质碳钢，最大起重量 $F=80\text{kN}$，规定的稳定安全系数 $[n_\text{W}]=4$，试校核丝杠的稳定性。

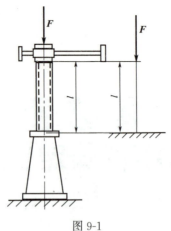

图 9-1

第一节 压杆稳定的实例分析

一、压杆的稳定性概念

如图 9-2 所示,取两根截面尺寸相同（30mm×5mm）而长度不同的矩形截面松木条,短的松木条长度 $l_1=30$mm,长的松木条长度 $l_2=1$m,分别作用有不同的压力,观察它们的变形。我们发现,短的木条在很大轴向压力（$F_b=6$kN）作用下发生了轴向压缩破坏;长的木条则在很小的轴向压力（$F_{cr}=30$N）作用下,明显地发生了压弯,继续加压,木条继续弯曲,直到折断。它是不同于强度失效和刚度失效的另一种失效形式。像这种**丧失原有直线平衡形态的现象**,称为丧失稳定,简称失稳。

动画：稳定性

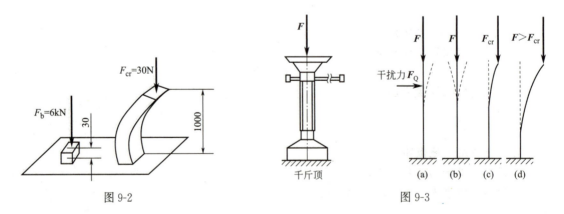

图 9-2　　　　　　　　　　　　图 9-3

二、实例分析

工程中,如千斤顶、连杆、桁架中的某些受压缩的杆件、薄壁筒等,这些构件除了要有足够的强度外,还必须有足够的稳定性,才能保证正常工作。如图 9-3 所示的千斤顶,简化为悬臂梁,工作时承受压力。在杆端点施加沿轴方向的压力 F［图 9-3(a)］,当 F 不大时,杆保持直线平衡状态;当给一个微小的横向干扰力时,杆发生微小的弯曲,干扰力消除后,杆经过几次摆动后仍恢复到原来直线平衡的位置,杆处于稳定的平衡状态［图 9-3(b)］;在

力 F 增大到某一确定值 F_{cr} 时，杆件开始由原来稳定的平衡状态，过渡到不稳定的平衡状态 [图 9-3(c)]，这种过渡称为临界状态，F_{cr} 称为临界压力或临界载荷；在力 F 大于 F_{cr} 时，只要有一点轻微的干扰，杆就会在微弯曲的基础上继续弯曲，甚至破坏 [图 9-3(d)]，这说明了杆已经处于不稳定状态。

第二节　压杆的临界应力

一、细长压杆的临界力

当作用在杆上的压力 $F=F_{cr}$ 时，去除干扰力，在临界力作用下，杆就开始有可能在微弯曲的形状下保持平衡，可以认为使杆在微弯曲形状下保持平衡的最小 F 值就是细长压缩杆件的临界力 F_{cr}。因此，临界力的大小与影响杆承受弯曲变形大小的因素有关。

当压杆件处于微弯曲平衡状态，并且在杆内应力不超过比例极限的情况下，就可以利用弯曲变形理论，经过推证，可得细长压缩杆件的临界力的计算公式(称为欧拉公式)。

$$F_{cr}=\frac{\pi^2 EI}{(\mu l)^2} \tag{9-1}$$

式中，I 为杆横截面对中性轴的惯性矩；EI 为杆的抗弯曲刚度；l 为杆的长度；μ 为与支承情况有关的长度系数，其大小见表 9-1，有些复杂的支承情况可查有关设计手册。

需要指出的是，应用式(9-1)时，当压缩杆件在各个方向的约束情况相同、轴惯性矩的值不相同时，应用值小的轴惯性矩 I_{min} 来计算临界力。

表 9-1　压杆的长度系数 μ

支承情况	两端铰支	一端自由，一端固定	两端固定	一端铰支，一端固定
长度系数 μ	1.0	2.0	0.5	0.7
压杆的挠曲线形状	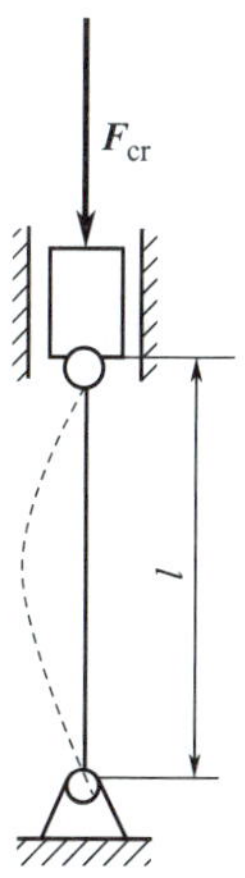	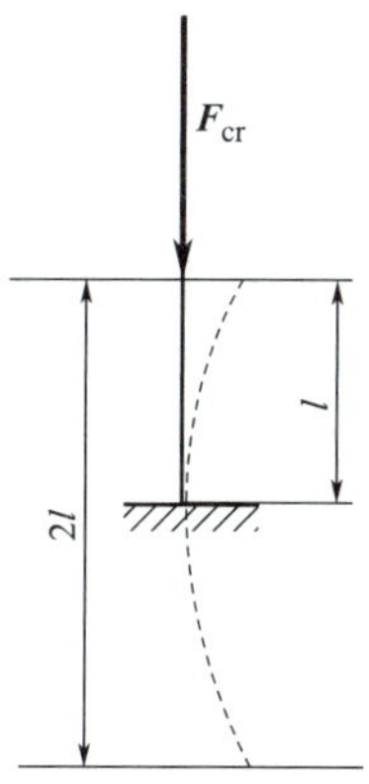	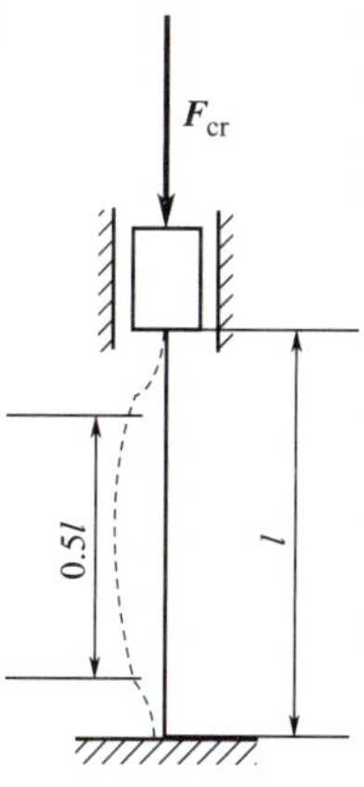	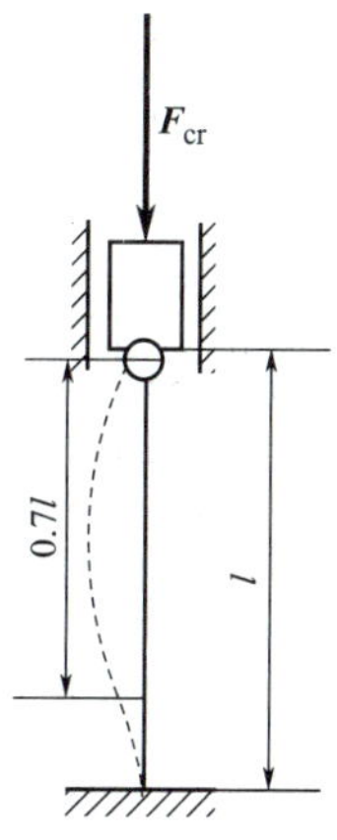

二、压杆的临界应力

压杆件处于临界状态时横截面上的平均应力，称为**压杆的临界应力**，用 σ_{cr} 表示。即

$$\sigma_{cr}=\frac{P_{cr}}{A}=\frac{\pi^2 EI}{(\mu l)^2 A} \tag{a}$$

令
$$i=\sqrt{\frac{I}{A}} \tag{b}$$

式中，i 称为截面对弯曲中性轴的惯性半径，其单位常用毫米（mm）、厘米（cm）。

将式(b)代入式(a)，得

$$\sigma_{cr}=\frac{P_{cr}}{A}=\frac{\pi^2 EI}{(\mu l)^2 A}=\frac{\pi^2 E}{\left(\frac{\mu l}{i}\right)^2} \tag{c}$$

令 $\lambda=\frac{\mu l}{i}$，代入式(c)，得

$$\sigma_{cr}=\frac{\pi^2 E}{\lambda^2} \tag{9-2}$$

式(9-2)称为**压杆临界应力欧拉公式**。式中，λ 称为"**柔度**"，是一个无量纲的量，它综合反映了杆的长度、杆两端支承情况、截面尺寸和形状等因素对临界应力的影响。显然，柔度 λ 越大，临界应力越小，杆越容易失稳，所以 λ 是度量压杆件丧失稳定性的重要参数。

三、三类不同受压杆件及其相应的表达式

根据"柔度"的大小，可以将压缩杆分为三类。

1. 细长杆

前面已经提到，欧拉公式只有在线弹性范围内才是适用的，这就要求压缩杆件在直线平衡位置时，横截面上的正应力不大于材料的比例极限，即

$$\sigma_{cr}=\frac{\pi^2 E}{\lambda^2} \leqslant \sigma_p$$

由此得到发生弹性弯曲时，"柔度"必须满足的条件：$\lambda \geqslant \sqrt{\frac{\pi^2 E}{\sigma_p}}$

令
$$\lambda_p \geqslant \sqrt{\frac{\pi^2 E}{\sigma_p}} \qquad \lambda_s = \sqrt{\frac{\pi^2 E}{\sigma_s}} \tag{9-3}$$

这是发生弹性弯曲时，"柔度"的最小值，凡是柔度 $\lambda \geqslant \lambda_p$ 的压缩杆件，称为"**细长杆**"或"**大柔度杆**"，都可以应用欧拉公式计算其临界载荷。

对于不同的材料，E、σ_p 各不相同，由式(9-3)计算的 λ_p 的值也不相同，例如，对于 Q235A 钢，$E=206$GPa，$\sigma_p=200$MPa，由式(9-3)计算的 $\lambda_p=101$。

2. 中长杆

柔度 λ 满足下列条件的压缩杆件，称为"**中长杆**"或"**中柔度杆**"。

$$\lambda_s \leqslant \lambda \leqslant \lambda_p \tag{9-4}$$

这类受到压缩杆件也会发生弯曲，但弯曲时，其横截面上的应力已经超过比例极限，称为"弹-塑性弯曲"。目前工程设计中多采用直线经验公式计算其临界载荷：

$$\sigma_{cr}=a-b\lambda \tag{9-5}$$

式中，a，b 为与材料有关、性能有关的常数。表 9-2 列出了几种常用材料的 a、b 值。

表 9-2　几种常用材料的 a、b、λ_p、λ_s 值

材料		a/MPa	b/MPa	λ_p	λ_s
Q235A	$\sigma_s=235$MPa　$\sigma_b\geqslant 372$MPa	304	1.12	101	61.6
优质碳钢	$\sigma_s=304$MPa　$\sigma_b\geqslant 471$MPa	460	2.57	100	60
硅钢	$\sigma_s=353$MPa　$\sigma_b\geqslant 510$MPa	578	3.74	100	60
铬钼钢		981	5.30	55	
硬木		37.5	2.14	50	
松木		39.2	0.199	59	

中长杆的柔度 λ 的下限值 λ_s，在杆件中临界应力等于屈服强度时，$\lambda=\lambda_s$，$\sigma_{cr}=\sigma_s$。于是，由式(9-5)得到

$$\lambda_s = \frac{a-\sigma_s}{b} \tag{9-6}$$

例如，对于 Q235A 钢，$\sigma_s=235$MPa，$a=304$MPa，$b=1.12$MPa，代入式(9-6)得 $\lambda_s=61.6$。

3. 粗短杆

压杆的柔度 λ 小于 λ_s，这类压缩杆件被称为"粗短杆"或"小柔度杆"。这类受压杆件一般不发生弯曲，而可能发生屈服（塑性材料）或断裂（脆性材料），其临界应力的表达式为

$$\sigma_{cr}=\begin{cases}\sigma_s & (\text{塑性材料})\\ \sigma_b & (\text{脆性材料})\end{cases} \tag{9-7}$$

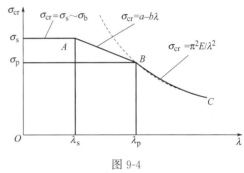

图 9-4

4. 临界应力总图

根据三类不同受压杆件的表达式(9-3)、式(9-4)、式(9-7)，在 σ_{cr}-λ 坐标中可以画出 σ_{cr}-λ 曲线，称为"临界应力总图"，如图 9-4 所示。可以明显看出，柔度 λ 越大，压杆的临界应力越小，对于细长压杆（图中的 BC 曲线段），随着柔度 λ 的增加，压杆件的临界力减小得越剧烈。

【**例 9-1**】　杆长 $l=800$mm，材料为 Q235A 钢，$E=206$GPa，两端固定（图9-5）。试分别计算此压缩杆的横截面为矩形截面和圆形截面时的临界应力和临界力（两根杆的横截面面积 A 相等）。

解：1. 计算矩形截面的临界应力和临界力

（1）计算 λ（柔度）。因两端固定，由表 9-1 查得 $\mu=0.5$，矩形截面对于 z 轴和 y 轴惯性矩分别为 $I_z=12\times 20^3/12 > I_y=20\times 12^3/12$，截面必定绕着 y 轴弯曲而失稳，故应计算对 y 轴的惯性半径：

$$i=\sqrt{\frac{hb^3/12}{hb}}=\frac{b}{\sqrt{12}}=\frac{12}{\sqrt{12}}=3.464(\text{mm})$$

柔度 λ 为

$$\lambda = \frac{\mu l}{i} = \frac{0.5 \times 800}{3.464} = 115.5$$

(2) 计算矩形截面的临界应力和临界力。因 $\lambda=115.5>\lambda_p=101$，应用欧拉公式计算临界应力和临界力：

$$\sigma_{cr} = \frac{\pi^2 E}{\lambda^2} = \frac{\pi^2 \times 206 \times 10^3}{115.5^2} = 152.4 (\text{MPa})$$

$$F_{cr} = \sigma_{cr} A = 152.4 \times 20 \times 12 = 36.6 \ (\text{kN})$$

2. 计算圆形截面的临界应力和临界力

(1) 计算 λ（柔度）。圆形截面：

$$i = \sqrt{\frac{\pi d^4/64}{\pi d^2/4}} = \frac{d}{4} = \frac{1}{4}\sqrt{\frac{4A}{\pi}} = \frac{1}{4}\sqrt{\frac{4 \times 20 \times 12}{\pi}} = 4.37 (\text{mm})$$

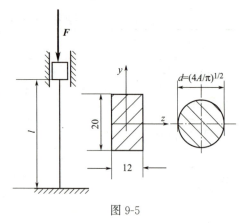

图 9-5

柔度 λ 为

$$\lambda = \frac{\mu l}{i} = \frac{0.5 \times 800}{4.37} = 91.5$$

(2) 计算圆形截面的临界应力和临界力。因 $\lambda=91.5$，介于 $\lambda_p=101$ 和 $\lambda_s=60.6$ 之间，应用直线公式计算临界应力和临界力：

$$\sigma_{cr} = a - b\lambda = 304 - 1.12 \times 91.5 = 201.5 (\text{MPa})$$

$$F_{cr} = \sigma_{cr} A = 201.5 \times 20 \times 12 = 48.4 (\text{kN})$$

计算结果说明，在材料、杆的长度、横截面面积及支承情况相同的情况下，矩形截面杆要比圆形截面杆的临界力小，容易失稳。因此，压杆应用圆形截面较为合理。

第三节　压杆的稳定性计算

一、压杆的稳定性校核

前面讨论的临界力和临界应力是受到压缩的杆件丧失工作能力的极限值，这仅相当于在强度问题中知道了材料的极限应力。为了保证压杆具有足够的稳定性，还需建立类似于强度条件的稳定条件。本节介绍的稳定计算方法又称为安全系数法。

在工程实际中，常根据强度条件和结构需要，初步选定其横截面，然后按安全系数法进行其稳定校核，此法中所用的稳定条件是

$$F \leqslant \frac{F_{cr}}{n_W} \qquad \sigma \leqslant \frac{\sigma_{cr}}{n_W} \tag{9-8}$$

在机械设计中，常根据强度条件和结构需要，初步确定杆的截面形状和尺寸，然后校核其稳定性，通常采用安全系数法进行**稳定校核**，即将式（9-8）改写为

$$n = \frac{F_{cr}}{F} \geqslant [n_W] \qquad n = \frac{\sigma_{cr}}{\sigma} \geqslant [n_W] \tag{9-9}$$

式中，F 为压杆在工作中所受的轴向的压力；n 为压杆工作时实际稳定安全系数；$[n_W]$ 为压杆的规定稳定安全系数。考虑到压杆的初始弯曲、加载偏心及材料的不均匀等因素对压杆的临界力影响较大，所以 $[n_W]$ 一般比强度安全系数规定得高（表 9-3）。

注意：失稳前没有太大塑性变形，突然失稳，应提高工程设计计算能力，加强技能培养，弘扬大国工匠精神。

大国工匠精神

表 9-3 几种常见零件的规定稳定安全系数

钢制	[n_W]	1.8~3.0	铸铁	[n_W]	4.5~5.5
木材		2.5~3.5	起重螺旋		3.6~5.0
高速发动机的挺杆		2.0~5.0	机床中走刀箱的丝杠		2.5~4.0
磨床中油缸的活塞杆		4.8~6.0	低速发动机的挺杆		4.0~6.0

【**例 9-2**】 由 Q235A 钢制成的矩形截面（$b \times h$）杆的两端约束及受力情况如图 9-6 所示。其中图（a）为正视图，杆在两端可以绕销钉转动，图（b）为俯视图，杆两端被其他的零件夹紧，若已知：$l=2.3$m，$b=40$mm，$h=60$mm，材料的弹性模量 $E=206$GPa，规定的稳定安全系数 [n_W]=4。求压杆的许可载荷 [F]。

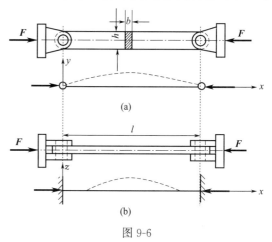

图 9-6

解：（**1**）计算 λ（柔度）。杆两端为单方向铰链约束，它与球铰链约束不同的是，球铰链约束使杆在约束处各个方向都可自由转动。杆在正视图 xy 平面失稳时，两端可以自由转动，这相当于铰链约束。这时，有 $\mu_{xy}=1$，则

$$i_z = \sqrt{\frac{I_z}{A}} = \sqrt{\frac{bh^3/12}{bh}} = \frac{h}{\sqrt{12}} = \frac{h}{2\sqrt{3}}$$

$$\lambda_z = \frac{\mu l}{i} = \frac{1 \times 2.3 \times 10^3 \times 2 \times \sqrt{3}}{60} = 133$$

杆在俯视图 xz 平面失稳时，杆两端被夹紧而不能自由转动，这可视为两端固定约束。这时，有 $\mu_{xz}=0.5$，则

$$i_y = \sqrt{\frac{I_y}{A}} = \sqrt{\frac{hb^3/12}{hb}} = \frac{b}{\sqrt{12}} = \frac{b}{2\sqrt{3}}$$

$$\lambda_y = \frac{\mu l}{i} = \frac{0.5 \times 2.3 \times 10^3 \times 2 \times \sqrt{3}}{40} = 99.6$$

计算结果表明：$\lambda_z > \lambda_y$，说明杆将在正视图 xy 平面失稳。

（**2**）计算临界力。对于 Q235A 钢，$\lambda_z=133 > \lambda_p=101$，属于细长压杆，故应用欧拉公式计算临界力，即

$$F_{cr} = \sigma_{cr} A = \frac{\pi^2 E}{\lambda_z^2} A = \frac{\pi^2 \times 206 \times 10^3 \times 40 \times 60}{133^2} = 276 \text{kN}$$

（**3**）确定压杆的许可载荷 [F]。由稳定条件：

$$n = \frac{F_{cr}}{F} = \frac{276}{F} \geq [n_W] = 4$$

得

$$[F] \leq \frac{276}{4} \text{kN} = 69 \text{kN}$$

二、提高压杆稳定性的主要措施

压杆临界应力的大小，反映了压杆稳定性的高低。因此，要提高压杆的稳定性，就必须设法增大其临界应力。由压杆的临界应力公式 $\sigma_{cr}=\pi^2 E/\lambda^2$ 和 $\sigma_{cr}=a-b\lambda$ 可知，压杆的承载能力与材料的强度、弹性模量 E 和压杆的柔度 λ 有关。而柔度 $\lambda=\mu l/i$，$i=(I/A)^{1/2}$，又综合了压杆的长度、截面形状和尺寸，以及两端支承情况等因素对临界应力的影响，因此，可以根据这些因素，采取适当措施来提高压杆的稳定性。

(1) 改善支承情况。 杆端点约束越牢固，长度系数 μ 就越小，临界力就越大，从而也就提高了压杆的稳定性。

(2) 减小压杆的长度。 在条件允许的情况下，尽量减小压杆长度或增加中间支座，可以有效地提高压杆的稳定性。

(3) 合理选择截面形状。 在选择或设计压杆横截面的形状和尺寸时，应尽量使各个方向的抗丧失稳定能力相等，即应使 $\lambda_z > \lambda_y$，在不增加截面面积的条件下，选择惯性矩 I 大的截面形状。这样的压杆比较理想。

(4) 合理选择材料。 对于细长压杆，临界应力 σ_{cr} 与弹性模量 E 成正比，选择 E 值大的材料，可提高其稳定性。但需注意，由于各种钢材的 E 值相差不大，选用高强度钢，增加了成本，却不能提高其稳定性，所以，宜选用普通钢材；对于中长和粗短压缩杆，临界应力的大小与材料的强度有关，材料的强度高，临界应力也高，所以，选用高强度钢，可提高其稳定性。

任务实施

千斤顶如下图所示，丝杠长度 $l=37.5$cm，内径 $d=40$mm，材料为优质碳钢，最大起重量 $F=80$kN，规定的稳定安全系数 $[n_W]=4$，试校核丝杠的稳定性。

解：(1) 计算 λ（柔度）。 丝杠的工作部分可简化为下端固定、上端自由的受压杆，长度系数取 $\mu=2$。

$$i=\sqrt{I/A}=d/4=40/4=10\text{(mm)}$$

得 $$\lambda=\frac{\mu l}{i}=\frac{2\times 375}{10}=75$$

由表 9-2 查得，优质碳钢的 $\lambda_p=100$，$\lambda_s=60$，柔度 λ 介于两者之间，为中长杆，故应该用经验公式计算其临界力。

(2) 计算临界力，校核稳定性。 由表 9-2 查得：$a=460$MPa，$b=2.57$MPa，利用中长杆的临界应力公式求得临界力为

$$F_{cr}=\sigma_{cr}A=(a-b\lambda)\times \pi d^2/4=(460-2.57\times 75)\pi\times 40^2/4$$
$$=335.8\times 10^3\text{ (N)}=335.8\text{kN}$$

应用式(9-9) 计算丝杠的工作稳定安全系数为

$$n=\frac{F_{cr}}{F}=\frac{335.8}{80}=4.2\geqslant [n_W]=4$$

校核结果可知，此千斤顶中的丝杠具有稳定性。

本章小结

一、压杆的稳定性概念

当杆件受到的压力小于或等于临界力时，压杆的直线平衡状态是稳定的；当压力大于临

界力时，压杆的直线平衡状态是不稳定的。

二、压杆的临界应力和临界力

（1）柔度 $\lambda \geqslant \lambda_p$ 的细长压杆，应用欧拉公式计算其临界载荷：

$$\sigma_{cr} = \frac{\pi^2 E}{\lambda^2}$$

（2）柔度 $\lambda_s \leqslant \lambda \leqslant \lambda_p$ 的中长压杆，应用经验公式计算其临界载荷：

$$\sigma_{cr} = a - b\lambda$$

（3）柔度 $\lambda < \lambda_s$ 的短粗压杆，应用拉压公式计算其临界载荷：

$$\sigma_{cr} = \sigma_s$$

三、细长压杆的稳定性

（1）稳定性校核：

$$n = \frac{F_{cr}}{F} = \frac{\sigma_{cr}}{\sigma} \geqslant [n_W]$$

（2）提高稳定性的措施：
① 改善支承情况；
② 减小压杆的长度；
③ 合理选择截面形状；
④ 合理选择材料。

思考题

9-1 什么是失稳？什么是稳定平衡与不稳定平衡？

9-2 什么是长度系数 μ、惯性半径 i、柔度 λ？各如何确定？

9-3 如何确定"细长杆""中长杆""粗短杆"及它们的临界应力？

9-4 一根圆柱细长压缩杆，当其直径增大一倍时，临界力增大几倍？若长度增大一倍，临界力又增大几倍？

9-5 如图9-7所示的三根杆件，其材料、截面、两端约束及受到的压力均相等，试问哪一根最稳定？哪一根最不稳定？如果两端约束都更换为两端铰支座，则三根中哪一根最稳定？

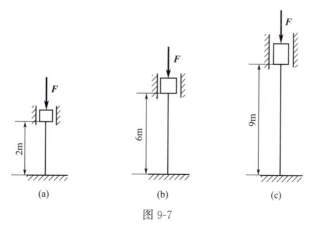

图 9-7

9-6 两端为球铰链约束的受压杆，当其横截面为图9-8所示的形状时，试分析压杆失稳时其横截面将绕着哪根轴转动。

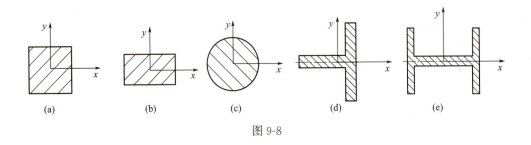

图 9-8

习 题

9-1 千斤顶能承受的最大重量 $F=150\text{kN}$,螺杆的长度 $l=500\text{mm}$,内径 $d=40\text{mm}$,材料为 45 钢,$\lambda_p=100$,$\lambda_s=60$,试求螺杆的工作安全系数。

9-2 由 Q235A 钢制成圆截面压杆,两端固定,长度 $l=4\text{m}$,直径 $d=52\text{mm}$,弹性模量 $E=206\text{GPa}$,规定的稳定安全系数 $[n_W]=2$。试求钢压杆的许用轴向压力 F。

9-3 图 9-9 所示为四根压杆,杆的材料均为 Q235A 钢,$\sigma_s=235\text{MPa}$,$\lambda_p=101$,$\lambda_s=61.6$,材料的弹性模量 $E=206\text{GPa}$,直径 $d=160\text{mm}$,试计算它们的临界力 F_{cr},哪一根杆的临界力最大?

9-4 图 9-10 所示为细长压杆,两端均为球形铰支座,压杆材料为 Q235A 钢,材料的弹性模量 $E=206\text{GPa}$,试计算下列三种情况下的临界力 F_{cr}:(1)圆形截面,直径 $d=25\text{mm}$,杆长 $l=1\text{m}$;(2)矩形截面,$h=2b=40\text{mm}$,杆长 $l=1\text{m}$;(3)16 工字钢,杆长 $l=2\text{m}$。

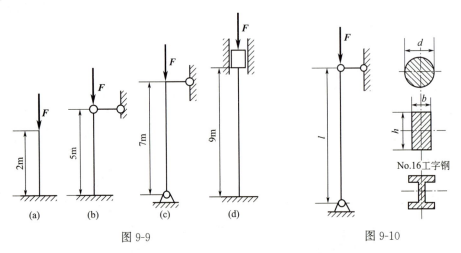

图 9-9　　　　　　　　　　　图 9-10

9-5 图 9-11 所示的托架结构中 AB 杆的直径 $d=40\text{mm}$,杆长 $l=800\text{mm}$,A、B 两处均视为铰链约束,若已知:材料为 Q235A 钢,材料的弹性模量 $E=206\text{GPa}$。(1)试计算 AB 杆的临界力 F_{cr};(2)若载荷 $G=70\text{kN}$,稳定安全系数 $[n_W]=2$,试校核 AB 杆的稳定性。

9-6 图 9-12 所示为五根圆形截面优质钢的杆组成的正方形结构,杆的直径均为 $d=40\text{mm}$,$a=1\text{m}$,材料的弹性模量 $E=206\text{GPa}$,许用正应力 $[\sigma]=160\text{MPa}$,连接处均为铰链约束,稳定安全系数 $[n_W]=2$,试求结构的最大许可载荷 $[F]$。

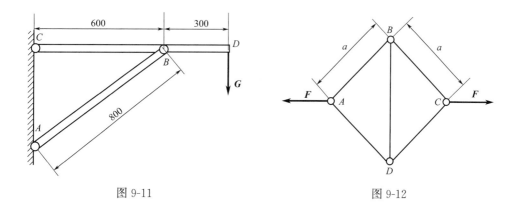

图 9-11   图 9-12

9-7 图 9-13 所示的结构中,梁 AB 为 N14 工字钢,支撑柱 BC 的直径 $d=20$mm,两者的材料均为 Q235A 钢,结构受力如图所示,A、C、D 三处均为铰链连接,若已知:$F=12.5$kN,$a=1.25$m,$l=0.55$m,材料的弹性模量 $E=206$GPa,梁的许用正应力 $[\sigma]=160$MPa,稳定安全系数 $[n_W]=2$。试校核此结构是否安全。

9-8 图 9-14 所示的结构中,梁 AB 为 N16 工字钢,支撑柱 BC 的直径 $d=60$mm,两者的材料均为 Q235A 钢,结构受力如图所示,A 端为固定端约束,B、D 两处均为铰链连接,若已知:材料的弹性模量 $E=206$GPa,$\sigma_s=275$MPa,强度安全系数 $n=2$,$\lambda_p=90$,$\lambda_s=50$,稳定安全系数 $[n_W]=3$。试求结构的最大许可载荷 $[G]$。

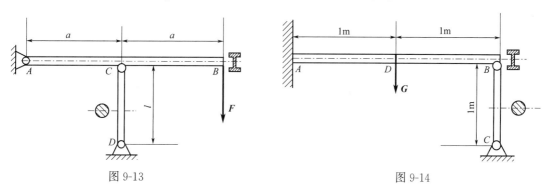

图 9-13   图 9-14

第十章 交变应力和疲劳破坏

本章讲述动载荷、交变应力概念、疲劳破坏特征、确定材料疲劳强度的方法,以及影响构件疲劳强度的主要因素。

 知识目标

1. 了解交变应力变化曲线的含义;
2. 理解疲劳破坏的过程;
3. 理解材料的持久极限和构件的持久极限的区别。

 能力目标

1. 能正确认知交变应力变化曲线;
2. 能正确理解疲劳破坏的过程;
3. 能正确区分材料与构件持久极限的区别。

 素质目标

1. 培养百折不挠的坚韧品质;
2. 保持积极乐观的态度;
3. 提高拼搏进取的能力。

 重点和难点

1. 循环特性;
2. 疲劳破坏。

第一节　交变应力与循环特性

一、交变应力的概念

在静力学和材料力学中,我们所讨论的应力都是构件在静载荷作用下的

动画:交变应力

应力。但在工程实际中，我们将碰到许多机器或机械中的不少零件或部件，例如减速器中的传动轴、火车车轴等，其上所受的载荷大小和方向虽然不随时间而变化，但由于承载轴不停地转动，其横截面上各点位置却随时间而变化，因此，横截面上确定点的应力也随时间作周期性变化。这样的应力称为交变应力。如图 10-1(a) 所示为火车车轴的受力简图。图 10-1(b) 所示为轴的中间部分横截面上 A 点位置随时间变化的情形：在某一瞬间，A 点位于中性轴，此时应力为零，当承载轴转动后，A 点将先后转到 A_1、A_2、A_3、A_4 等位置，应力先由零逐渐变为最大值（A_2 点），然后由最大值逐渐减小至零（A_3 点）；以后再从零逐渐变为负的最大值（A_4 点）；最后，又回到 A 点的初始位置，应力又变为零，如此循环，周而复始。

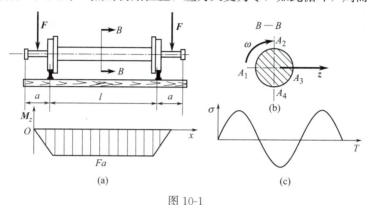

图 10-1

注意：机车行驶过程中，轮子上任意点 A 受到的应力 σ 是从 0 至最大作周期性反复变化的，但机车总的运动趋势是向前的。同理，在学习和生活中会遇到这样、那样的挫折，但对美好生活的追求一如既往，勇往直前。

稳中求发展

二、循环特性

应力变化一个周期，称为一次"应力循环"。例如，应力从最大值变化到最小值，再从最小值变回到最大值，即为一次应力循环。

循环特征——应力循环中绝对值最小的应力与最大的应力的比值，用 r 表示：

$$r = \frac{\sigma_{\min}}{\sigma_{\max}} \tag{10-1}$$

平均应力——最大应力与最小应力的代数平均值。

$$\sigma_m = \frac{\sigma_{\max} + \sigma_{\min}}{2} \tag{10-2}$$

应力幅值——应力变化的幅度。

$$\sigma_a = \frac{\sigma_{\max} - \sigma_{\min}}{2} \tag{10-3}$$

最大应力与最小应力——应力循环中的最大值和最小值。

$$\sigma_{\max} = \sigma_m + \sigma_a \qquad \sigma_{\min} = \sigma_m - \sigma_a \tag{10-4}$$

对称循环——应力循环中，$\sigma_{\max} = -\sigma_{\min}$，这种循环称为"对称循环"。这时

$$r = -1, \qquad \sigma_m = 0, \qquad \sigma_a = \sigma_{\max}$$

脉动循环——应力循环中，仅应力的数值随时间变化，且最小应力等于零，这种应力循环称为"脉动循环"。这时

$$r = 0, \qquad \sigma_{\min} = 0$$

静应力——作为交变应力的一种特例，不随时间变化的应力称为静应力。这时，
$$r=1, \quad \sigma_{max}=\sigma_{min}=\sigma_m, \quad \sigma_a=0$$

需要注意的是，应力循环系指某一点的应力随时间变化的情形，上述定义中的最大和最小应力等均指一点的应力循环中的最大和最小值。

第二节　疲劳破坏与持久极限

一、疲劳破坏

构件在交变应力作用下发生的破坏现象，称为疲劳破坏或疲劳失效。

疲劳破坏特点与原因简述如下。

大量试验结果以及实际构件的疲劳破坏现象表明，构件在交变应力作用下发生疲劳破坏时，具有以下明显特征。

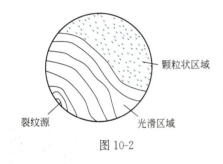

图 10-2

(1) 破坏应力远低于材料在静载荷下的强度指标。

(2) 构件在确定的应力水平下发生疲劳破坏需要一个过程，即需要一定量的应力交变循环次数。

(3) 构件在破坏前和破坏时都没有明显的塑性变形，即使在静载荷下塑性很好的材料，也呈现脆性断裂。

(4) 同一疲劳破坏断口，一般都有明显的两个区域：光滑区域和颗粒状区域，如图 10-2 所示。

通常认为，当交变应力的最大应力超过一定限度时，经过很多次的应力循环，在构件最大应力作用处和材料的缺陷处，产生了微裂纹。微裂纹生成后，在裂纹尖端处局部区域的应力会达到很大的数值。这种局部应力增长的现象称为"应力集中"，在应力集中和应力反复交变的条件下，微裂纹不断扩展，形成较大的裂纹。再经过若干次应力交变之后，宏观裂纹继续扩展，致使构件截面削弱，类似于构件上尖锐的"切口"。这种切口造成的应力集中使局部区域内的应力达到很大数值。结果，在很低的应力作用下，构件便发生破坏。

由于裂纹的产生和扩展需要一定的应力交变次数，所以疲劳破坏需要经历一定的时间过程。

在裂纹尖端处，不仅形成局部应力集中，使应力达到很高数值，而且使尖端附近的材料处于三向应力状态，即使塑性很好的材料，也会发生脆性断裂。因此，疲劳破坏时很突然，没有明显的塑性变形，产生的后果往往很严重。

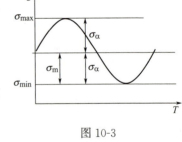

图 10-3

此外，在宏观裂纹扩展的过程中，由于应力反复变化，裂纹处时张、时合，类似研磨过程。因而形成了疲劳破坏断口上的光滑区域。断口上的颗粒状区域则是最后的脆性断裂的特征。图 10-3 所示为构件的横截面上一点的应力 σ 随时间 T 的变化曲线。

二、材料的持久极限

1. 持久极限概念

材料在交变应力作用下如果最大应力不超过某一极限值，则该材料能够经历无限次应力

循环而不发生疲劳破坏，把这一极限值称为材料的**持久极限**，用 σ_r 表示，r 为交变应力的循环特征。在循环特征不同的交变应力作用下，材料的持久极限是不相同的，以对称循环下的疲劳极限 σ_{-1} 为最低，所以通常将它作为材料疲劳强度计算的主要强度指标。

2. 材料持久极限的测定

构件在交变应力下，即使其最大应力低于材料在静载时的屈服极限，但经过长期运转后仍有可能发生疲劳破坏。所以屈服极限或强度极限等静强度指标已不适用于交变应力时的情况。要建立构件在交变应力下的强度条件，首先必须确定交变应力作用下材料的极限应力。

下面通过疲劳试验机测定材料在对称循环下的持久极限。图 10-4 所示为疲劳试验机示意图，将试件装夹到疲劳试验机上，在载荷作用下试件中部为纯弯曲，当试件绕轴线旋转时，横截面上各点经受对称循环的交变应力。通过砝码对一组（6~8 根）或数组光滑小试件依次施加从大至小的载荷，直至发生疲劳破坏，使每一根试件危险点应力循环中的最大应力值由高到低递减。记录下每根试样危险截面上的最大应力值 $\sigma_{\max}$ 以及破坏时所经历的循环数（N）。将试验结果标在 $\sigma_{\max}$-N 坐标系中并光滑地连成一条曲线，称之为**疲劳曲线**，如图 10-5 所示，可以看出疲劳曲线最后逐渐趋近于水平，其水平渐近线的纵坐标值即为材料的持久极限。或者说，能经受无限次应力循环而不发生疲劳破坏的最高应力值称为材料的持久极限。以上由对称循环试验得到的持久极限用 σ_{-1} 表示。试验结果表明，钢制光滑标准小试件取 $N=10^7$ 次循环对应的最大应力值作为持久极限 σ_{-1}。其他材料的持久极限可以从有关手册中查得。

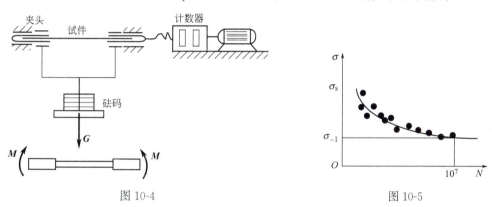

图 10-4　　　　　　　　　　　图 10-5

有色金属及其合金在对称循环下的 $\sigma_{\max}$-N 曲线中没有明显的水平渐近线。这表明，很难得到试样经历无穷多次应力循环而不发生疲劳破坏的最大应力值的最高限。一般取 $N=(5\sim10)\times10^7$ 次时对应的最大应力作为持久极限。

大量试验资料表明，钢材在拉伸（压缩）、弯曲、扭转对称循环下的疲劳极限与静载强度极限之间存在一定的数量关系：

$$\sigma_{-1}(拉压)\approx 0.28\sigma_b,\ \sigma_{-1}(弯曲)\approx 0.40\sigma_b,\ \sigma_{-1}(扭转)\approx 0.23\sigma_b$$

这些可作为粗略估计疲劳极限的参考。

第三节　构件的持久极限与疲劳强度计算

一、构件的持久极限

1. 影响因素

构件的持久极限也是由试验测定的，它不同于材料的持久极限，它受到的影响因素有以下几点。

(1) **应力集中的影响** 在构件上截面突变处，如阶梯轴的过渡段、开孔、切槽等处，会产生不同程度的应力集中现象，在应力集中区域内，由于应力很大，不仅容易形成微裂纹，而且会促使裂纹扩展，因而使持久极限降低。

应力集中对持久极限的影响用"有效应力集中系数"度量，它表示持久极限降低的倍数。有效应力集中系数分别用 k_σ 与 k_τ 表示，二者均大于 1.0。

(2) **构件尺寸的影响** 构件尺寸对疲劳极限有着明显的影响，这是疲劳强度问题与静载强度问题的重要差别之一。试验结果表明，当构件横截面上的应力非均匀分布时，构件尺寸越大，持久极限越低。

尺寸对持久极限的影响用"尺寸系数"度量，尺寸系数用 ε 表示，$\varepsilon<0$。

(3) **构件表面加工质量的影响** 粗糙的机械加工，会在构件表面形成深浅不同的刻痕，这些刻痕本身就是初始裂纹。当应力比较大时，裂纹的扩展首先从这里开始。因此，随着表面加工质量的提高，疲劳极限将增加。表面加工质量对疲劳极限的影响用"表面质量系数"度量。我国以抛光表面质量系数 $\beta=1$ 为基准，其余表面加工（磨削、精车、粗车等）质量系数均小于 1。

2. 对称循环下构件的持久极限

利用光滑小试件在弯曲和扭转对称循环下的疲劳极限 σ_{-1}，考虑应力集中、构件尺寸以及表面加工质量的影响，可以得到构件在弯曲和扭转对称循环下的疲劳极限为

$$\sigma_{-1}^0 = \frac{\varepsilon_\sigma \beta}{k_\sigma} \sigma_{-1} \tag{10-5}$$

构件的持久极限除以上主要影响因素外，还有如温度的变化、传媒介质的腐蚀等因素的影响，影响疲劳极限的系数均可从有关的手册中查得。

二、构件疲劳强度

1. 疲劳强度计算

为校核构件的疲劳强度，可将式(10-5)中构件的疲劳极限除以规定的安全系数得到疲劳许用应力，然后将工作应力与许用应力进行比较，即可判断疲劳强度是否安全。

$$\sigma_{\max} \leqslant [\sigma_{-1}^0] = \frac{\varepsilon_\sigma \beta}{n k_\sigma} \sigma_{-1} \tag{10-6}$$

工程上大都采用"安全系数法"对构件作疲劳强度校核，即构件的疲劳极限与最大工作应力的比值，又称强度储备与"规定安全系数"相比较，若前者大于后者，则构件的疲劳强度是安全的；否则是不安全的。

若用 n_σ 表示只有正应力循环时的工作安全系数，用 n 表示规定安全系数，则对称循环交变正应力下的疲劳强度条件准则为

$$n_\sigma = \frac{\sigma_{-1}^0}{\sigma_{\max}} = \frac{\varepsilon_\sigma \beta \sigma_{-1}}{k_\sigma \sigma_{\max}} \geqslant n \tag{10-7}$$

只有对称循环交变切应力下的疲劳强度与上述相似。对于非对称循环，只在对称循环的强度计算公式中增加一个修正项即可得到其疲劳强度计算公式。

2. 提高构件疲劳强度的途径

所谓提高疲劳强度，通常是指在不改变构件的基本尺寸和材料的前提下，通过减小应力集中和改善表面质量，以提高构件的疲劳极限。通常有以下一些途径。

(1) 缓和应力集中　截面突变处的应力集中是产生裂纹以及裂纹扩展的重要原因,因此,为了降低应力集中的影响,对于截面突变处〔如阶梯轴、开孔和切槽(例如键槽)〕采用圆角过渡,需要直角过渡时,在大直径轴段上设置卸荷槽和退刀槽,提高构件的疲劳强度。

(2) 提高构件表面层质量　在应力非均匀分布的情形(例如弯曲和扭转)下,疲劳裂纹大都从构件表面开始形成和扩展。因此,通过机械或化学的方法(如渗氮、渗碳、滚压、喷丸或表面淬火等)对构件表面进行强化处理,改善表面层质量,使构件的疲劳强度有明显的提高。

本章小结

一、交变应力
(1) 随时间作周期性交替变化的应力,称为交变应力。
(2) 循环特征

$$r = \frac{\sigma_{\min}}{\sigma_{\max}}$$

$r=-1$,称为对称循环;$r=0$,称为脉动循环;$r=1$,称为静载荷。

二、疲劳破坏
(1) 概念:构件在交变应力作用下发生的破坏现象,称为疲劳破坏。
(2) 发生疲劳破坏的原因:构件在交变应力作用下,经过多次应力循环,在最大应力作用处和材料的缺陷处,产生了微裂纹,随着微裂纹不断扩展,形成较大的裂纹,再经过若干次应力交变,致使构件截面削弱,造成应力集中,突然发生破坏。疲劳破坏实质上就是裂纹产生、扩展和断裂的整个过程。

三、持久极限
在无数次的应力循环之下,试件不发生疲劳破坏的最大应力值。对称循环交变应力下材料的持久极限用 σ_{-1} 表示。

四、疲劳强度计算的安全系数法

$$n_\sigma = \frac{\sigma_{-1}^0}{\sigma_{\max}} = \frac{\varepsilon_\sigma \beta \sigma_{-1}}{k_\sigma \sigma_{\max}} \geq n$$

思 考 题

10-1　何谓交变应力?何谓对称循环、非对称循环和脉动循环?它们的循环特征各为何值?对每种各举例说明。

10-2　为什么对砂轮的转速要有一定的限制?转速过大会出现什么问题?

10-3　疲劳失效有别于静载失效,有哪些特征?

10-4　疲劳破坏产生的原因是什么?

10-5　构件发生疲劳失效时,其断口分成哪几个区域?试解释这几个区域是怎样形成的。

10-6　交变应力中的"最大应力"与前面内容所讲的最大应力有什么区别?

10-7　什么是"疲劳极限"?试件疲劳极限与构件疲劳极限之间有何区别、有何联系?

10-8　影响构件疲劳极限有哪些因素?提高构件疲劳强度有哪些途径?

10-9　工程实际中如何避免或消除应力集中？

10-10　如图 10-6 所示，试确定下列情况下，轴上边缘点 B 的应力循环特征。

（a）轴固定不动，滑轮绕轴转动，滑轮上作用有大小和方向都保持不变的铅垂方向力。（b）轴与滑轮固结并一起转动，滑轮上作用有大小和方向都保持不变的铅垂方向力。

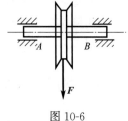

图 10-6

附 录
型 钢 表

一、热轧等边角钢（GB/T 706—2016）

角钢号数	尺寸/mm			截面面积/cm²	理论重量/(kg/m)	外表面积/(m²/m)	参考数值										z_0/cm
							$x-x$			x_0-x_0			y_0-y_0			x_1-x_1	
	b	d	r				I_x/cm⁴	i_x/cm	W_x/cm³	I_{x0}/cm⁴	i_{x0}/cm	W_{x0}/cm³	I_{y0}/cm⁴	i_{y0}/cm	W_{y0}/cm³	I_{x0}/cm⁴	
2	20	3	3.5	1.132	0.889	0.073	0.40	0.59	0.29	0.63	0.75	0.45	0.17	0.39	0.20	0.81	0.60
		4		1.459	1.145	0.077	0.50	0.58	0.36	0.78	0.73	0.55	0.22	0.38	0.24	1.09	0.64
2.5	25	3		1.432	1.124	0.098	0.82	0.76	0.46	1.29	0.95	0.73	0.34	0.49	0.33	1.57	0.73
		4		1.859	1.459	0.097	1.03	0.74	0.59	1.62	0.93	0.92	0.43	0.43	0.40	2.11	0.76
3.0	30	3		1.749	1.373	0.117	1.46	0.91	0.68	2.31	1.15	1.09	0.61	0.59	0.51	2.71	0.85
		4		2.276	1.786	0.117	1.84	0.90	0.87	2.92	1.13	1.37	0.77	0.58	0.62	3.63	0.89
3.6	36	3	4.5	2.109	1.656	0141	2.58	1.11	0.99	4.09	1.39	1.61	1.07	0.71	0.76	4.68	1.00
		4		2.756	2.163	0.141	3.29	1.09	1.28	5.22	1.38	2.05	1.37	0.70	0.93	6.25	1.04
		5		3.328	2.654	0.141	3.95	1.08	1.56	6.24	1.36	2.45	1.65	0.70	1.09	7.84	1.07
4.0	40	3	5	2.359	1.852	0.157	3.59	1.23	1.23	5.69	1.55	2.01	1.49	0.79	0.96	6.41	1.09
		4		3.086	2.422	0.157	4.60	1.22	1.60	7.29	1.54	2.58	1.91	0.79	1.19	8.56	1.13
		5		3.791	2.976	0.156	5.53	1.21	1.96	8.76	1.52	3.10	2.30	0.78	1.39	10.74	1.17
4.5	45	3	5	2.659	2.088	0.177	5.17	1.40	1.58	8.20	1.76	2.58	2.14	0.90	1.24	9.12	1.22
		4		3.486	2.736	0.177	6.65	1.38	2.05	10.56	1.74	3.32	2.75	0.89	1.54	12.18	1.26
		5		4.292	3.369	0.176	8.04	1.37	2.51	12.74	1.72	4.00	3.33	0.88	1.81	15.25	1.30
		6		5.076	3.985	0.176	9.33	1.36	2.95	14.76	1.70	4.64	3.89	0.88	2.06	18.36	1.33
5	50	3	5.5	2.971	2.332	0.197	7.18	1.55	1.96	11.37	1.96	3.22	2.98	1.00	1.57	12.50	1.34
		4		3.897	3.059	0.197	9.26	1.54	2.56	14.70	1.94	4.16	3.82	0.99	1.96	16.69	1.38
		5		4.803	3.770	0.196	11.21	1.53	3.13	17.79	1.92	5.03	4.64.	0.98	2.31	20.90	1.42
		6		5.688	4.465	0.196	13.05	1.52	3.68	20.68	1.91	5.85	5.42	0.98	2.63	25.14	1.46

续表

角钢号数	尺寸/mm			截面面积/cm²	理论重量/(kg/m)	外表面积/(m²/m)	参考数值										z_0/cm
							$x-x$			x_0-x_0			y_0-y_0			x_1-x_1	
	b	d	r				I_x/cm⁴	i_x/cm	W_x/cm³	I_{x0}/cm⁴	i_{x0}/cm	W_{x0}/cm³	I_{y0}/cm⁴	i_{y0}/cm	W_{y0}/cm³	I_{x0}/cm⁴	
5.6	56	3	6	3.343	2.624	0.221	10.19	1.75	2.48	16.14	2.20	4.08	4.24	1.13	2.02	17.56	1.48
		4		4.390	3.446	0.220	13.18	1.73	3.24	20.92	2.18	5.28	5.26	1.11	2.52	23.43	1.53
		5		5.415	4.251	0.220	16.02	1.72	3.97	25.42	2.17	6.42	6.61	1.10	2.98	29.33	1.57
		8		8.367	6.568	0.219	23.63	1.68	6.03	37.37	2.11	9.44	9.89	1.09	4.16	47.24	1.68
6.3	63	4	7	4.978	3.907	0.248	19.03	1.96	4.13	30.17	2.46	6.78	7.89	1.26	3.29	33.33	1.70
		5		6.143	4.822	0.248	23.17	1.94	5.08	36.77	2.45	8.25	9.57	1.25	3.90	41.73	1.74
		6		7.288	5.721	0.247	27.12	1.93	6.00	43.03	2.43	9.66	11.20	1.24	4.46	50.14	1.78
		8		9.515	7.469	0.247	34.46	1.90	7.75	54.56	2.40	12.25	14.33	1.23	5.47	67.11	1.85
		10		11.657	9.151	0.246	41.09	1.88	9.39	64.85	2.36	14.56	17.33	1.22	6.36	84.31	1.93
7	70	4	8	5.570	4.372	0.275	26.39	2.18	5.14	41.80	2.74	8.44	10.99	1.40	4.17	45.74	1.86
		5		6.875	5.397	0.275	32.21	2.16	6.32	51.08	2.73	10.32	13.34	1.39	4.95	57.21	1.91
		6		8.160	6.406	0.275	37.77	2.15	7.48	59.93	2.71	12.11	15.61	1.38	5.67	68.73	1.95
		7		9.424	7.398	0.274	43.09	2.14	8.59	68.35	2.69	13.81	17.82	1.38	6.34	80.29	1.99
		8		10.667	8.373	0.274	48.17	2.12	9.68	76.37	2.68	15.43	19.98	1.37	6.98	91.92	2.03
7.5	75	5	9	7.367	5.818	0.295	39.97	2.33	7.32	63.30	2.92	11.94	16.63	1.50	5.77	70.56	2.04
		6		8.797	6.905	0.294	46.95	2.31	8.64	74.38	2.90	14.02	19.51	1.49	6.67	84.55	2.07
		7		10.160	7.976	0.294	53.57	2.30	9.93	84.96	2.89	16.02	22.18	1.48	7.44	98.71	2.11
		8		11.503	9.030	0.294	59.96	2.28	11.20	95.07	2.88	17.03	24.86	1.47	8.19	112.97	2.15
		10		14.126	11.089	0.293	71.98	2.26	13.64	113.92	2.84	21.49	30.05	1.46	9.56	141.71	2.22
8	80	5	9	7.912	6.211	0.315	48.79	2.48	8.34	77.33	3.13	13.67	20.25	1.60	6.66	85.36	2.15
		6		9.397	7.376	0.314	57.35	2.47	9.87	90.98	3.11	16.08	23.72	1.59	7.65	102.50	2.19
		7		10.860	8.525	0.314	65.589	2.48	11.37	104.07	3.10	18.40	27.09	1.58	8.58	119.70	2.23
		8		12.303	9.658	0.314	73.49	2.44	12.83	116.60	3.03	20.61	30.39	1.57	9.46	136.97	2.27
		10		15.126	11.874	0.313	88.43	2.42	15.64	140.09	3.04	24.76	36.77	1.52	11.08	171.74	2.35
9	90	6	10	10.637	8.350	0.354	82.77	2.79	12.61	131.26	3.51	20.63	34.28	1.80	9.95	145.87	2.44
		7		12.301	9.656	0.354	94.83	2.78	14.54	150.47	3.50	23.64	39.18	1.78	11.19	170.30	2.48
		8		13.944	10.946	0.353	106.47	2.76	16.42	168.97	3.48	26.55	43.97	1.78	12.35	194.80	2.52
		10		17.167	13.476	0.353	128.58	2.74	20.07	203.90	3.45	32.04	53.26	1.76	14.52	244.07	2.59
		12		20.306	15.940	0.352	149.22	2.71	23.557	236.21	3.41	37.12	62.22	1.75	16.49	293.76	2.67
10	100	6	12	11.932	9.366	0.393	114.95	3.10	15.68	181.98	3.90	25.74	47.92	2.00	12.69	200.07	2.67
		7		13.79	10.830	0.393	131.86	3.09	18.10	208.97	3.89	29.55	54.74	1.99	14.26	233.54	2.71
		8		15.638	12.276	0.393	148.24	3.08	20.47	235.07	3.88	33.24	61.41	1.98	15.75	267.09	2.76
		10		19.261	15.120	0.392	179.51	3.05	25.06	284.68	3.84	40.26	74.35	1.96	18.54	334.43	2.84
		12		22.800	17.898	0.391	208.90	3.03	29.48	330.95	3.81	46.80	86.84	1.95	21.08	402.34	2.91
		14		26.256	20.611	0.391	236.53	3.00	33.73	374.06	3.77	52.90	99.00	1.94	23.44	470.75	2.99
		16		29.627	23.257	0.390	262.53	2.98	3337.82	414.16	3.74	58.57	110.89	1.94	25.63	539.80	3.06

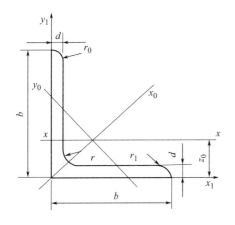

热轧等边角钢中
- b—边宽；
- d—边厚；
- W—截面系数；
- i—惯性半径；
- z_0—形心距离；
- I—惯性矩；
- r—内圆弧半径；
- r_1—边端圆弧半径

热轧普通工字钢中
- b—腿宽；
- h—高度；
- d—腰厚；
- t—平均腿厚；
- r—内圆弧半径；
- r_1—外圆弧半径；
- I—惯性矩；
- W—截面系数
- i—惯性半径
- S—半截面的静矩

二、热轧普通工字钢（GB/T 706—2006）

型号	尺寸/mm						截面面积/cm²	理论重量/(kg/m)	参考数值						
									x-x				y-y		
	h	b	d	t	r	r_1			I_x/cm⁴	W_x/cm³	i_x/cm	$I_x:S_x$	I_y/cm⁴	W_y/cm³	i_y/cm
10	100	68	4.5	7.6	6.5	3.3	14.3	11.2	245	49	4.14	8.59	33	9.72	1.52
12.6	126	74	5	8.4	7	3.5	18.1	14.2	488.43	77.529	5.195	10.85	46.906	12.677	11.609
14	140	80	5.5	9.1	7.5	3.8	21.5	16.9	712	102	5.76	12	64.4	16.1	17.3
16	160	88	6	9.9	8	4	26.1	20.5	1130	141	6.68	13.8	93.1	21.2	1.89
18	180	94	6.5	10.7	8.5	4.3	30.6	24.1	1660	185	7.36	15.4	122	26	2
20a	200	100	7	11.4	9	4.5	35.5	27.9	2370	237	8.15	17.2	158	31.5	2.12
20b	200	102	9	11.4	9	4.5	39.5	31.1	250	250	7.96	16.9	169	33.1	2.06
22a	220	110	7.5	12.3	9.5	4.8	42	33	3400	309	8.99	18.9	225	40.9	2.31
22b	220	112	9.5	12.3	9.5	4.8	46.4	36.4	3570	325	8.78	18.7	239	42.7	2.27
25a	250	116	8	13	10	5	48.5	38.1	5023.54	41.88	10.18	21.58	280.046	48.283	2.403
25b	250	118	10	13	10	5	53.5	42	5283.96	422.72	9.938	21.27	309.297	52.423	2.404
28a	280	122	8.5	13.7	10.5	5.3	55.45	43.4	7114.14	508.15	11.32	24.62	345.051	56.565	2.495
28b	280	124	10.5	13.7	10.5	5.3	61.05	47.9	7480	534.29	11.08	24.24	379.496	61.209	2.493
32a	320	130	9.5	15	11.5	5.8	67.05	52.7	11075.5	692.2	12.84	27.46	459.93	70.758	2.619
32b	320	132	11.5	15	11.5	5.8	73.45	57.7	11621.4	726.33	12.38	27.09	501.53	75.989	2.614
32c	320	134	13.5	15	11.5	5.8	79.95	62.8	12167.5	760.47	12.34	26.77	543.81	81.166	2.608
36a	360	136	10	15.8	12	6	76.3	59.9	15760	875	14.4	30.7	552	81.2	2.69
36b	360	138	12	15.8	12	6	83.5	65.6	16530	919	14.1	30.3	582	84.3	2.64
36c	360	140	14	15.8	12	6	90.7	71.2	17310	962	13.8	29.9	612	87.4	2.6
40a	400	142	10.5	16.5	12.5	6.3	86.1	67.6	21720	1090	15.9	34.1	660	93.2	2.77
40b	400	144	12.5	16.5	12.5	6.3	94.1	73.8	22780	1140	15.6	33.6	692	96.2	2.71

附录 型钢表

续表

型号	尺寸/mm						截面面积 /cm²	理论重量 /(kg/m)	参考数值						
									x-x				y-y		
	h	b	d	t	r	r_1			I_x /cm⁴	W_x /cm³	i_x /cm	$I_x:S_x$	I_y /cm⁴	W_y /cm³	i_y /cm
40c	400	146	14.5	16.5	12.5	6.3	102	80.1	23850	1190	15.2	33.2	727	99.6	2.65
45a	450	150	11.5	18	13.5	6.8	102	80.4	32240	1430	17.7	38.6	855	114	2.89
45b	450	152	13.5	18	13.5	6.8	111	87.4	33760	1500	17.4	38	894	118	2.84
45c	450	154	15.5	18	13.5	6.8	120	94.5	35280	1570	17.1	37.6	938	122	2.79
50a	500	158	12	20	14	7	119	93.6	46470	1860	19.7	42.8	1120	142	3.07
50b	500	160	14	20	14	7	129	101	48560	1940	19.4	42.4	1170	146	3.01
50c	500	162	16	20	14	7	139	109	50640	2080	19	41.8	1220	151	2.96
56a	560	166	12.5	21	14.5	7.3	135.25	106.2	65585.6	2342.31	22.02	47.73	1370.16	165.08	3.182
56b	560	168	14.5	21	14.5	7.3	146.45	115	68512.5	2446.69	21.63	47.17	1486.75	174.25	3.162
56c	560	170	16.5	21	14.5	7.3	157.35	123.9	71439.4	2551.41	21.27	46.66	1558.39	183.34	3.158
63a	630	176	13	22	15	7.5	154.9	121.6	93916.2	2981.47	24.26	54.17	1700.55	193.24	3.314
63b	630	178	15	22	15	7.5	167.5	131.5	98083.6	3163.98	24.2	53.51	1812.07	203.6	3.289
63c	630	180	17	22	15	7.5	180.1	141	102251.1	3298.42	23.82	52.92	1924.91	213.88	3.268

参 考 文 献

[1] 哈尔滨工业大学理论力学教研室. 理论力学. 北京：高等教育出版社，1986.
[2] 蒋平. 工程力学基础. 北京：高等教育出版社，2004.
[3] 范钦珊. 工程力学教程. 北京：高等教育出版社，1998.
[4] 王亚双. 工程力学. 北京：中国计量出版社，2006.
[5] 杨玉贵，夏虹. 工程力学. 北京：机械工业出版社，2001.
[6] 机械职业教育基础课教学指导委员会，工程力学学科组. 工程力学. 北京：机械工业出版社，2002.
[7] 朱炳麒. 理论力学. 北京：机械工业出版社，2001.
[8] 彭国让. 工程力学. 武汉：武汉工业大学出版社，1995.
[9] 张东焕，等. 工程力学. 北京：北京航空航天大学出版社，2013.
[10] 刘鸿文. 材料力学. 第6版. 北京：高等教育出版社，2016.